生物安全发展报告

——科技保障安全

中国科学院武汉文献情报中心
生物安全战略情报研究中心 /编著

LANDSCAPE OF BIOSAFETY DEVELOPMENT

科学出版社
北京

内 容 简 介

随着生命科学和生物技术的发展，生物安全问题日益受到人们的关注。本书系统阐述了生物安全的相关内容，包括其定义、发展历程，以及国际、国内生物安全形势及其相关战略规划等，重点分析主要国家及地区，特别是美国、日本、欧盟等的生物安全现状及其应对策略，从科技投入、主要战略、政策计划等方面深入剖析我国面临的生物安全形势及现阶段需采取的生物安全对策。在此基础上，为改善我国的生物安全现状提出相关的建议。

本书可供各级行政和科技部门、发展规划部门、科技政策和管理研究部门，以及高校和研发机构研究人员、各生物行业企业的有关人士阅读参考。

图书在版编目（CIP）数据

生物安全发展报告：科技保障安全 / 中国科学院武汉文献情报中心，生物安全战略情报研究中心编著. —北京：科学出版社，2014

ISBN 978-7-03-042221-7

Ⅰ. ①生… Ⅱ. ①中… ②生… Ⅲ. ①生物技术–安全管理–研究报告–2014 Ⅳ. ①Q81

中国版本图书馆 CIP 数据核字（2014）第 243260 号

责任编辑：石 卉 王酋艳 / 责任校对：朱光兰
责任印制：李 彤 / 封面设计：无极书装

科学出版社 出版
北京东黄城根北街 16 号
邮政编码：100717
http://www.sciencep.com
北京凌奇印刷有限责任公司印刷
科学出版社发行 各地新华书店经销
*
2015 年 1 月第 一 版 开本：720 × 1000 1/16
2025 年 2 月第七次印刷 印张：18 1/4
字数：358 000

定价：92.00 元

（如有印装质量问题，我社负责调换）

《生物安全发展报告——科技保障安全》

总 策 划

钟永恒　张　军　梁慧刚

编 写 组

组　长： 梁慧刚

撰稿人： 梁慧刚　黄　翠　张　军

马廷灿

前 言

随着科学技术的不断发展，其成果不断地渗透到人们的生活当中，同时对各国的经济、军事等方面产生愈发深远的影响。近二十多年来，生命科学、生物技术以空前的速度在全球范围内蓬勃发展，已经成为当今科学技术中最活跃的前沿学科。21世纪初，人类基因组被成功破译，标志着生物经济时代已进入快速的成长阶段。生物技术也已成为世界科技竞争的焦点。

随着生命科学和生物技术的发展，生物安全问题日益受到人们的关注。近年来，国际和国内出现了一系列重大生物安全问题，如SARS、禽流感、甲型H1N1流感等烈性传染病在局部地区的流行，新发和再发传染病的爆发在世界范围内呈上升趋势；外来生物入侵所引起的生态安全、粮食安全和人口健康等问题日益严重，如水葫芦对旅游业、航运业、渔业和水利业等造成的威胁；现代生物技术，特别是合成生物学等技术滥用所带来的威胁，转基因生物对生物多样性和粮食安全可能存在的风险等。

《2010年中国国防白皮书》指出，当前国际形势正在发生新的深刻复杂变化。经济全球化、世界多极化、社会信息化进程不可逆转，和平、发展、合作的时代潮流不可阻挡，但国际战略竞争和矛盾也在加剧，全球性挑战更加突出，安全威胁的综合性、复杂性、多变性日益明显。当前世界的安全形势面临着诸多挑战，恐怖主义、环境灾难、气候变化、严重疫病、跨国犯罪等问题愈发突出，亚太地区恐怖主义、分裂主义、极端主义等势力日益猖獗，重大自然灾害等非传统安全问题频发。由于我国人口众多，流动性强，在遭受生物恐怖袭击之后，病原体传播性更强、控制更难、危害更大。总之，无论是在全球，还是区域范围内，乃至我国国内，生物安全均存在着严峻的挑战。

在这一时代背景下，中国科学院武汉文献情报中心/生物安全战略情报研究中心在多年来对生物安全相关政策规划、技术发展趋势的跟踪和积累的基础上，编写了《生物安全发展报告》，旨在通过全面系统的分析，使关心生物安全发展的相关人员了解全球生物安全发展状况，同时为决策层提供咨询建议。

生物安全相关的政策和计划，尤其是发达国家的政策和计划，对于我国生物安全政策和计划的制订、实施和管理具有重要的借鉴意义。深入剖析国际生物安全主要领域的发展现状和趋势，有助于我们切实地把握未来。因此，本书在撰写过程中，注重将国际态势和国内发展相结合，将现状分析和趋势展望相结合，将问题分析和对策建议相结合。

全书共分为七章，第一章主要介绍生物安全和生物安全问题的定义、分类及其重要意义；第二章阐述主要生物安全问题的发展历程；第三章介绍国际生物安全现状和趋势，重点分析美国、日本、欧盟及其成员国等的生物安全战略和政策，从生物安全战略、生物安全计划、生物安全政策、生物安全科技投入、主要研究机构等方面进行分析研究；第四章总体分析国内生物安全现状和趋势；第五章重点从国家安全战略、生物安全相关规划、生物安全法律法规、生物安全管理体制等多角度全面阐述国内的生物安全现状，并提出我国生物安全领域存在的问题及相应建议；第六章提出“生物安全产业”这一目前国际上还没有的概念，并重点分析这一产业的特点及其全球形势；第七章主要对国际上近几年发生的生物安全事件进行分析，具体从事件、各国反应及疫情防控经验教训等层面进行分析，另外对近几年国内食品安全事件进行统计分析，突出国内食品安全的主要问题。

本书在撰写过程中得到了宋冬林、王志友等各位专家学者的悉心指导和大力支持，在此表示衷心的感谢。

因作者知识和经验的局限，书中难免会有疏漏和不足之处，敬请广大读者批评指正。

中国科学研究武汉文献情报中心
生物安全战略情报研究中心

目　录

图目录

表目录

第一章

生物安全概述

人为或非人为生物因素的安全问题一直是人类面临的巨大困扰，然而，在人类有文字记录的历史上，尽管有几次影响深远、损失巨大的灾难性事件发生（如欧洲黑死病），但限于科学认识和科学手段的局限，生物安全并没有成为被关注的重要对象，一直到最近的一两百年（龙火生等，2003）。19～20 世纪，随着免疫学和微生物学的发展，人们对于生物因素的安全性问题的研究越来越深入，逐渐认识到在人类已知经验之外的巨大危险。一些国家或组织甚至发展和利用这种危险因素来获取战争利益或威慑优势。比较典型的生物安全事件是 2001 年美国“9・11”事件之后发生的“炭疽事件”。这一次通过常规信件散布炭疽杆菌的恐怖事件，让美国乃至世界很多国家人心惶惶、草木皆兵。一时间生物安全问题成为美国乃至全球不得不关注的焦点。此后，SARS 和禽流感的爆发，真正意义上让享受着现代发达医学文明的人们认识到了生物安全问题的严重性。

第一节　生物安全的定义

近些年来，生物安全术语频繁地出现在各种媒体上。然而，关于生物安全的定义尚无广泛认可的统一概念，在不同场合所指内容相差很大。在我国，对生物安全的认识也是各不相同，仁者见仁、智者见智，大多数人都是从某个专业或某个侧面来定义或描述生物安全的概念，阐释生物安全问题（秦川，2008）。

目前，国内学术界对生物安全的定义也是众说纷纭，人们比较普遍地认为生物安全是专指现代生物技术的研究、开发、应用，以及转基因生物（genetically modified organisms，GMO）在进出口或跨越地区、国境的转移时，可能会对生物多样性、生态环境和人类健康产生不利或潜在的影响（高崇明和张爱琴，2004）。特别是当一些转基因生物活体释放到环境中，可能会对生物多样性构成潜在的风险或威胁（陈思礼和袁媛，2008）。另一些人则认为，生物安全是指人们利用现代生物技术，在造福人类的同时，对人类健康和生态环境所产生的某些不利的影响（Petro et al.，2003）。还有一种观点认为，生物安全是专指致病微生物的实验室安全防护与管理，其主要目的是防止实验室工作人员感染，或因致病微生物意外泄漏导致环境污染和社区人群感染。

目前关于生物安全的定义，有三种比较有代表性（黄培堂，2005），见表 1-1。

表 1-1　生物安全的代表性定义

定义内容	评述
现代生物技术的研究、开发、应用，以及 GMO 的跨国越境转移，可能会对生物多样性、生态环境和人口健康产生潜在的不利影响，特别是各类转基因活生物体释放到环境中可能对生物多样性构成的潜在风险与威胁	从生物多样性和 GMO 对人类环境安全及健康影响的角度出发，实际上是环境保护主义者对《卡塔赫纳生物安全议定书》的片面理解。《卡塔赫纳生物安全议定书》反映的只是生物安全领域有关某一问题的单向议定书，而不是关于生物安全所有问题的议定书
指生命科学领域，特别是现代生物技术在研究、开发、应用以及产业化过程中，在造福人类的同时，对人类健康及生态环境所产生的不利影响	相对客观。反映了生物科学的研究以及生物技术的发展在给人类带来利益的同时还存在着风险和危害。但这种定义存在外延不全的弊端
特指致病微生物的实验室安全防护与管理，其主要目的是防止实验室工作人员感染或者意外泄漏导致环境污染和社区人群感染	主要反映实验室科研活动过程中微生物安全管理方面的认识，局限性比较大

很显然，以上三种定义都是对生物安全某个方面的概述和界定，都不是全面的生物安全定义。其中第一种定义使用最多，影响最大。尽管该定义强调了转基因活生物体环境释放对生物多样性的威胁，但定义中生物安全的主体是生物技术和转基因生物，客体是生态环境及人民健康，而不仅是生物多样性的安全问题（钱迎倩等，2001）。

目前生物安全的定义有狭义和广义之分（秦川，2008）：狭义生物安全是指防范由现代生物技术的开发和应用（主要指转基因技术）所产生的负面影响，即对生物多样性、生态环境及人体健康可能构成的危险或潜在风险（张庆铃和王卫明，2010）。广义生物安全则泛指与生物有关的各种因素对国家、社会、经济、生态环境及人类健康所产生的危害及潜在风险。在这个定义中，与生物有关的因素是生物安全的主体；社会、经济、生态环境和人类自身的健康是生物安全的承载客体；而一切危害因素或潜在风险均是生物安全的外在表现。这里所讲述的生物是指自然界各种天然的生物因子，包括一切生物物种及生命活动的中间产物、代谢产物，转基因生物以及各种有关的现代化生物技术及其产品（张庆铃和王卫明，2010）。

目前，人们对生物安全的认识还局限于狭义的概念。主要原因是国际上对此还没有一个统一的认识。但是目前一些发达国家，如澳大利亚、新西兰和英国等，在实际管理中已经应用了生物安全的广义内涵，并且将检疫作为保障国家生物安全的重要组成部分（胡隐昌等，2005）。

本书认为，生物安全的概念处于不断发展和完善的过程，生物技术的发展、生态环境的压力，以及人口健康和国家安全的需求从不同侧面不断丰富和完善着生物安全的内涵。因而，我们选取的定义应当是能广泛地涵盖涉及人口健康、社会可持续发展和国家安全（无论是军事安全还是经济安全）的人为或者非人为生物因素的影响。从这个角度而言，我们应采取广义的生物安全概念，即应当把生物安全看做是国家安全的重要组成部分，指与生物有关的人为或非人为因素对国家社会、经济、人民健康及生态环境所产生的危害或潜在风险，以及对这些危害或风险进行防范、管理的战略性、综合性措施。一般认为，人为的、非人为的生物因素包括自然界天然的生物因子、转基因生物和生物技术[①]，见表 1-2。

表 1-2　人为或非人为生物因素

自然界天然的生物因子	转基因生物	生物技术
动物、植物、微生物	转基因动物、转基因植物和转基因微生物	生物技术的滥用有可能对人类健康、生态环境以及社会、经济造成严重危害，已经成为国际社会一个重大的安全问题
由微生物特别是致病性微生物所导致的安全问题，如生物武器、生物恐怖、重大传染病的爆发流行等，是人类社会所面临的最重要和最现实的生物安全问题	转基因生物安全问题正日益受到国际社会的广泛关注	人们在利用生物技术造福人类的同时，也可能带来意想不到的安全问题（如转基因食品、基因治疗技术等）

第二节　生物安全问题的内容

生物安全问题是伴随着生物经济发展而在近年来为国内外环境法学者与生命法学者所共同关注并重点研究的一个重要问题。然而，作为研究生物安全法的逻辑起点，生物安全问题的概念却一直没有在国内外学术界达成一致看法。有学

① 中国科学院. 生物安全不等于生物物种安全. http：//www.cas.cn/jzd/jfk/jxzktx/200207/t20020710_1725295.shtml [2008-11-13]

者认为，生物安全问题就是指在转基因生物体的实验研究、中间试验、规模化生产、市场化过程中，因转基因生物体释放、生产、使用和处置不当而可能对人类赖以生存和发展的自然生态环境构成难以估量的风险（柯坚，2001）。现在一般认为，生物安全问题是指由于人类不当活动干扰、侵害、损害、威胁生物种群的正常发展而引起的问题，包括生物、生态系统、人体健康和公私财产受到污染、破坏、损害等问题（蔡守秋，2002）。

生物武器的使用或生物恐怖袭击导致大批人群感染，或大面积农作物减产绝收、经济动物大量死亡等都属于生物安全问题的范畴（郑涛和黄培堂，2012）。因此，生物安全问题主要表现为以下几个方面。

（1）传染性疾病（infectious diseases）的巨大危害。传染性疾病是指由各种病原体所引起的一组具有传染性的疾病（袁冬梅，2007）。它包括人类传染病、动物传染病和植物传染病，其中人类传染病是最重要的生物安全问题。目前，传染病居于全球死亡病因的首位。病原体通过某种方式在人群中传播，常造成传染病流行，对人们的生命健康和国家经济建设具有极大的危害性（Daszak and Cunningham，2000）。一方面，原有病原体不断地变异，或产生抗药性，或增加毒性，或重新流行；另一方面，新传染病不断被发现（赵吉春，2014）。根据传染病出现时间的不同，可以将传染病分为新、旧两种类别。旧传染病是指历史上出现过的，并且广为人知的流行性疾病，如鼠疫（黑死病）、霍乱、天花、疟疾、流感等；新传染病是指新被确认、发现或是在现今条件下新产生的流行性疾病（陆忠伟，2003）。目前，引起民众大规模恐慌的流行性疾病，基本上都属于新型传染性疾病。因此，新型传染病对人类威胁更大。

（2）生物武器和生物恐怖的潜在威胁。生物武器是利用细菌、病毒等致病微生物以及各种毒素和其他生物活性物质来杀伤人、畜和毁坏农作物，以达成战争目的的一类武器。它传染性强，传播途径多，杀伤范围大，作用持续时间长，且难防难治（刘建飞，2007）。因此，制止生物武器在全球范围的扩散是国际社会面临的重大挑战之一。20 世纪，国际社会为禁止生物武器进行了不懈的努力，也取得了一些进展。然而，近年来，国际社会普遍认为生物武器的潜在威胁已大大增加，其主要原因包括三方面：一是一些国家和地区可能仍在继续研究和发展生物武器；二是生物技术的迅速发展大大增强了生物武器的潜在威胁；三是以美国“炭疽事件”为标志，生物恐怖已经对国际安全构成了现实威胁（马文丽和郑文岭，2004）。另外，生物技术的非和平应用也大大增加了生物武器的潜在威胁和生物恐怖的巨大风险。

（3）生物技术的误用或负面作用。生物技术的误用或负面作用主要表现为：

一是人们在开发利用生物技术时，有可能会出现意想不到的安全问题；二是生物技术的误用也可能会带来很大的安全隐患；三是生物技术的非道德应用。限于科学技术水平，现阶段我们只能严格防范，而无法完全杜绝生物技术的负面作用（吴东等，2010）。

（4）生物资源及生物多样性面临的威胁。从生物安全的角度，这种威胁主要来自三个方面：一是外来物种的入侵，指生物物种由原产地通过自然或人为的途径迁移到新的生态环境的过程，其过程可分为四个阶段，即侵入（introduetion）、定居（colonization）、适应（naturalization）和扩散（spread）；二是生物资源的流失；三是前述转基因活生物体的环境释放（杨京平和卢剑波，2002）。

（5）微生物学实验室的安全隐患。微生物实验室管理上的疏漏和意外事故不仅可以导致实验室工作人员的感染，也可造成环境污染和大面积人群感染（张忠心，2011）。实验室感染事件不仅损害实验室工作人员的健康，给所在单位、部门带来不利影响，甚至可造成环境安全事故（如危害物的泄漏、排放等）和社会安全事故（如危险品的逸出、丢失等），危及更广大群众的健康和生命安全（王俊丽等，2013）。1941 年，美国报道实验室工作人员因处理微生物或标本时吸入含有布鲁氏杆菌的灰尘而引发了实验室相关布鲁氏杆菌感染[①]。另据英国专家统计，44%的口蹄疫疫情是因实验室和疫苗生产企业中病毒逃逸引起的[②]。实验室生物安全问题还可能直接涉及国家安全。2001 年，美国“9·11”事件后又遭受“炭疽事件”，于 10 月 5 日起，在佛罗里达、纽约、新泽西州陆续出现了由邮递白色粉末引发的 13 例炭疽病例，发现 45 例感染者，其中 5 人死亡[③]。

（6）食品安全。1974 年 11 月，联合国粮食及农业组织（Food and Agriculture Organization，FAO）在世界粮食大会上通过了《世界粮食安全国际约定》，该约定从食品数量满足人们基本需要的角度，第一次提出“食品安全”的概念[④]。经过近 40 年的发展，现在，“食品安全”的含义包含以下三个方面：从数量的角度，要求人们既能买得到、又买得起需要的基本食品；从质量的角度，要求食品的营

① A historical overview of Biosafety in Microbiological and Biomedical Laboratories di luisa Infante. http://www.diritto.it/materiali/transnazionale/infante.html[2012-11-2]

② 中国科学院. 确保奥运期间无实验室生物安全事故. http://www.cas.cn/zt/jzt/kyzt/kjay/mtbd/200808/t20080805_2665126.shtml[2008-8-5]

③ 广东省动物疫病预防控制中心. 实验室生物安全事件选编. http://www.gdahsi.org/news/1000_46_1001_411.html[2011-2-10]

④ World Food and Agriculture Situation. http://www.fao.org/docrep/meeting/007/F5340E/F5340E03.html[1974-11-1]

养全面、结构合理、卫生健康；从发展的角度，要求食品的获取注重生态环境的保护和资源利用的可持续性。引发食品安全问题的因素成千上万，食品从原料的种植、养殖、生长、收获、捕捞、屠宰、采购、加工、运输、贮存、销售到食用前等过程的各个环节中，都有可能被引入或产生某些有毒有害物质，从而使食品的营养或质量安全性降低，进而对人体产生不同程度的危害（Grunert，2005）。因此，食品安全问题是一个系统工程，需要全社会各方面的积极参与才能得到全面解决。

总的来说，生物安全问题主要包括传染病、生物威胁和生物恐怖、生物技术的误用和负面作用、生物资源及生物多样性面临的威胁、微生物学实验室的安全隐患、食品安全等方面的内容，见表 1-3。

表 1-3 生物安全问题的基本内容

生物安全问题	内容
传染病	原有病原体不断变异，或产生抗药性，或增加毒性，或重新流行；新传染病不断出现
生物武器和生物恐怖	利用细菌、病毒等致病微生物以及各种毒素和其他生物活性物质来杀伤人、畜和毁坏农作物，以达成战争、恐怖威慑的目的
生物技术的误用或负面作用	在开发利用生物技术时，有可能出现意想不到的安全问题；生物技术的误用也可能带来很大的安全隐患；生物技术的非道德应用
生物资源及生物多样性面临的威胁	一是外来物种的入侵；二是生物资源的流失；三是转基因活生物体环境释放
微生物学实验室的安全隐患	微生物实验室管理上的疏漏和意外事故不仅可以导致实验室工作人员的感染，也可造成环境污染和大面积人群感染
食品安全	食品从原料的种植、养殖、生长、收获、捕捞、屠宰、采购、加工、运输、贮存、销售到食用前等过程的各个环节中，都有可能被引入或产生某些有毒有害物质，从而使食品的营养或质量安全性降低，进而对人体产生不同程度的危害

第三节 生物安全问题的特点

生物安全属于非传统安全，它与军事安全、政治安全以及经济安全等传统安全有所不同，生物安全问题具有其自身的特点，包括威胁传播的跨国性、高难度防扩散性、影响的潜伏性和连带性，以及内容的交叉性等。

第一，生物安全威胁传播的跨国性。在经济全球化背景下，各国间的贸易日趋频繁，旅游业日益扩大，国际人口流动率不断攀升，这就大大增加了许多病原体在全球范围传播的可能性。传染性强的流行性疾病能够通过患者的流动快速传播到全球各地，使得与疫区接壤的国家和地区、拥有国际机场的每一个国家都有爆发疫情的危险；交通枢纽地带和人口密集的城市爆发疫情的可能性更大（陆忠伟，2003）。例如，艾滋病病毒（HIV），一般认为其最早出现在中非和中东的绿猴身上，而现在艾滋病患者及艾滋病病毒感染者已遍及世界，据推测就是因为前往扎伊尔的海地人在与携带艾滋病病毒的绿猴嬉戏时被其咬伤感染了艾滋病病毒，后来这些海地人移居就将病毒传到了美国，接着又通过美国这个人口流动性最大的国家将艾滋病病毒传播给了全世界（蒋翠红，2003）。

第二，生物安全威胁的高难度防扩散性。许多疾病的潜伏期较长（超过 36 小时），大于全球任何两个地方之间的最长可能飞行时间。因此，恐怖分子或自然暴发疾病的患者在出现症状之前都可以通过海关的检疫，进而可以将疾病带到世界任何地方。也正是因为如此，2003 年，SARS 疫情迅速席卷了世界 30 多个国家和地区（蒋翠红，2003）。

第三，生物安全威胁影响的潜伏性。一项新的生物技术或转基因生物产品对环境、人类健康和社会诸因素是否会产生影响以及产生多大的影响，由于受到科技水平的限制，往往不易被认识到，只有待相关事件出现后，人们才能从中得到反馈（张国雄，2004）。20 世纪 50 年代，有人认为具有一定观赏价值的水生植物水葫芦有净化水质的作用，并且还能做猪饲料，于是被大量引入，以净化当地的水质。结果，几十年来，水葫芦疯狂地生长繁殖，堵塞河道、影响通航，更严重的是，它们已成为破坏江河生态平衡的罪魁祸首，致使当地的生物多样性遭到严重的破坏（蒋翠红，2003）。

第四，生物安全威胁影响的连带性。生物安全虽然属于安全问题的一种，但它的影响却是全方位的，一旦生物安全得不到保障，不仅会影响到生物多样性、自然界的生态平衡和人类的身心健康，还会影响到国家的政治安全、经济安全、军事安全以及社会伦理、道德等方面。近年来，生物安全问题越来越呈现出多样化、复杂化的倾向。以传染病为例，它不仅造成人类健康状况恶化和人口死亡，还造成收入分配差距扩大，增加国家反贫困的难度。据联合国艾滋病规划署估算，如果一个家庭有一人感染了艾滋病，其家庭收入平均减少 40%～60%。世界卫生组织（World Health Organization，WHO）也宣布，如果一个国家的成人感染率达到 20%，其国民生产总值将会下降一个百分点（陆忠伟，2003）。此外，艾滋病的流行还可能引起更大范围的人道主义危机，严重影响地球医疗卫生系统的正常运作，并明显削弱严重流行国家的国防能力等。美国《发现》杂志把生物技术灾难列入“21 世纪威胁人类的 20 大危害之一”（张谨，2004）。

第五，生物安全内容的交叉性。生物安全包括生物多样性保护、生物入侵、转基因生物和食品、生物恐怖主义和流行性疾病等多方面的内容。不同方面的内容在一定的条件下可以相互转化。有些转基因动物具有普通动物不具备的优势特征，其逃逸到环境中后，会通过改变物种间的竞争关系而使生物多样性遭到破坏（李东阳，2002）。有专家指出：经过转基因处理的农作物基因通过花粉散逸，使作物的近亲野草与之杂交（刘洋和文治瑞，2005）。杂交野草经过遗传获得了转基因作物的防虫以及抗除草剂的特性，便会毫无节制地滋生蔓延，反过来影响农作物的正常生长，形成恶性循环，最终破坏生态平衡（颜文洪和胡玉佳，2003）。因此，在一定条件下，转基因生物将成为生物入侵的根源，并会导致侵入地的生物多样性遭受严重破坏。这种交叉性也增加了生物安全的复杂性和预防的难度（张忠臣，2006）。

生物安全问题是关系民生的重大问题，需要给予足够的重视，并采取相应的有效措施加以预防和控制。另外，生物安全威胁不是个别国家和地区面临的局部问题，一旦成势就具有很强的惯性，非短期内能够化解，也非靠少数国家的努力能够解决。因此，必须立足长远，加强国际合作，健全生物安全国际合作机制，并建立长期有效的预防和控制体系（Gaudioso and Salerno，2004）。

第四节 生物安全问题的重要意义

生物安全对于国家稳定发展具有重要的意义，主要体现在人口健康、经济安全和军事安全这三个方面。

一、生物安全与人口健康

生物安全与人口健康的关系非常密切，其中最大的影响来源于重大、烈性、爆发性传染病。传染病包括人类传染病、动物传染病、植物传染病，其中人类传染病是最重要的生物安全问题。据 WHO 统计，2011 年全球 1006.6 万人死于传染性疾病；近 20 年来全世界新发现了 39 种传染病，其中半数为病毒性传染病。在贸易全球化和国际旅行飞速发展的今天，某些传染病完全可以在数天或数月内蔓延全世界。在我国，传染病仍然严重威胁人民健康和国家安全，在 39 种新发现的传染病中，我国现已发现了 20 多种。2011 年，我国传染病发病率达到每 10 万人 241.44 例，死亡率达到每 10 万人 1.138 例[①]。

① 中国疾病预防控制中心. 2012 年中国卫生统计提要. http：//www.chinacdc.cn/tjsj/gjwstjsj/201206/t20120608_63463.htm[2012-6-6]

另外，微生物学实验室的安全隐患；外来生物入侵对生态环境和经济发展产生的重大危害；食品安全问题对人类健康的影响；转基因生物对生物多样性和粮食安全存在的可能风险（陈永红等，2003）；生物恐怖和新型生物制剂对群体、社会和种族生存形成的潜在威胁等都与人口健康息息相关。因此，人们应该通过强化烈性传染病和生物恐怖风险的预防与控制、微生物实验室的管理、外来生物入侵的预警和控制、新型生物技术和生物制剂的利用与控制、食品安全的管理，全面提升我国生物安全水平，建设世界先进水平的生物安全科技保障系统，建设突发公共卫生事件及生物防范网络和系统，有效防范对人民生活和生态环境的生物威胁，维护国家利益，捍卫国家主权，保障社会稳定。

二、生物安全与经济安全

生物技术的进步极大地推动了生物产业化的进程。根据安永会计师事务所发布的年度生物技术报告——《安永 2012 超越国界》（*Ernst & Young 2012 Beyond Borders*）[①]，2011 年，美国生物技术企业的总收入达到 588 亿美元，相比 2010 年增长 12%，2011 年研发开支增加 9%[②]。与生物药品同步增长的是生物技术原料药的快速崛起。现在，农业生物技术产业已经成为各国政府农业发展的战略重点，应用基因工程、细胞工程等高新技术培育的农林牧渔新品种、兽用疫苗、新型作物生长调节剂及病虫害防治产品、高效生物饲料及添加剂等已推广运用，产生了巨大的经济效益。食品生物技术产业产值占生物产业总产值的 15%～20%（Shelton et al.，2002）。此外，保健食品行业是全球性的朝阳产业，市场增长迅速。总之，生物技术已经成为一个新的经济增长点，其增长速度在 25%～30%，是整个经济增长平均数的 8～10 倍。

生物因素的影响对国家的经济安全而言也是十分关键的。例如，外来物种的入侵可造成巨大的经济损失。据初步统计，松材线虫等 13 种主要农林入侵物种每年对我国造成 574 亿元的直接经济损失。又如，生物资源的流失有可能给国家利益造成巨大损害。我国野生大豆资源的流失就是突出例证。中华民族遗传资源的保护事关民族安危和国家重大经济利益，必须引起高度重视。再如，2003 年我国部分地区爆发 SARS 疫情，对我国造成了 1278.6 亿元人民币的经济损失；2009 年，墨西哥爆发的甲型 H1N1 流感疫情给墨西哥造成约 23 亿美元的损失。

① Ernst & Young，Beyond Borders，Global Biotechnology Report 2012. http：//www.ey.com/Publication/vwLUAssets/Beyond_borders_2012/$FILE/Beyond_borders_2012.pdf[2012-7-20]

② 生物技术增长回归常态. http：//web.yyjjb.com：8080/html/2012-06/27/content_170383.htm[2012-6-27]

三、生物安全与军事安全

军事安全是国家综合安全的一个重要组成部分，是保障国家经济安全、社会安全等其他安全利益和目标的重要手段。随着经济全球化的发展，军事也存在全球化的趋势①，这对世界大多数国家的军事安全而言是一个巨大的挑战。在全球化的背景下，人为或非人为的生物因素的影响对世界各国军事安全而言不容忽视，换言之，生物安全是军事安全的重要内容之一。生物因素可造成非战斗减员或战斗力显著降低，可使战争资源匮乏，造成社会动荡，形成不利于军事的不稳定因素，对军事安全造成非常巨大的影响。就生物安全的角度而言，军事安全的最大挑战是生物武器和生物恐怖的潜在威胁（表 1-4）。

表 1-4 生物因素对军事安全的影响

影响	表现
非战斗减员或战斗力降低	军队中传染病流行可显著降低士兵的作战能力，造成大范围恐慌
军事资源匮乏	生物因素（如传染病、病虫害、基因武器）可造成诸如粮食减产、战略物资产量降低、劳动力短缺等重大问题，从而造成军事战略资源匮乏
社会动荡	生物因素可导致社会剧烈动荡，从国家内部直接影响整体的军事安全形势

生物武器的使用可以追溯到史前，人类涂抹从动植物中提取的毒素在箭头或标枪上用以捕猎或战斗。20 世纪初开始大规模使用生物武器。20 世纪 30 年代确立了免疫学和微生物学之后，一些国家开始大量研制生物武器。1937 年，日本帝国主义在我国东北建立代号为“731 部队”的实验室，专门进行生物武器的研究和生产，给中国人民造成了深重的灾难。20 世纪，国际社会为禁止生物武器进行了不懈的努力，也取得了一些进展。然而，近年来，国际社会普遍认为生物武器的潜在威胁已大大增加，其原因主要包括三方面：一是一些国家和地区可能仍在继续研究发展生物武器；二是生物技术的迅速发展大大增强了生物武器的潜在威胁；三是以美国“炭疽事件”为标志，生物恐怖对国际安全已经构成了现实威胁。目前，全世界约有 15 个国家和地区可能拥有生物武器研究发展计划，这些国家和地区大多处于不稳定的热点地区。2002 年 11 月，美国在日内瓦《禁止生物武器公约》执行情况缔约国第五次审查会议上公开指出，伊朗、伊拉克、朝鲜、利比亚、叙利亚、苏丹六国违约研发生物武器。联合国对伊拉克的核查，证实伊拉

① 姚洪越. 论全球化时代下的中国的军事安全. http：//www.xslx.com/htm/gjzl/jsgc/2004-11-09-17700.htm [2008-11-23]

克曾研制生产了多种生物武器，并已装备部队形成战斗力。相对于核、化武器而言，生物武器技术要求低，投入少，杀伤力大，施放简便，难于侦检，是较理想的恐怖主义手段。表 1-5 为历史上出现的重大生物恐怖活动和生物战重要事件。

表 1-5　生物恐怖活动与生物战重要事件

时间	事件
公元前 6 世纪	最早得到记录的生物恐怖事件是亚述人用 rye ergot（吸入后可致人抽搐的真菌）污染敌人的水井
1346 年	鞑靼人进攻克里米亚战争中利用鼠疫攻进卡法城（Kaffa）。原来鞑靼士兵中有人因感染鼠疫而死亡，他们把死者的尸体抛进卡法城里，结果鼠疫在守城者中蔓延，终于放弃了卡法城。逃离卡发城的居民可能引发了黑死病的蔓延
1754 年	英国侵略军在加拿大用赠送天花患者的被子和手帕的办法在印第安人部落中散布天花，使印第安人不战而败
1870 年	德国科学家 Robert Koch 证实微生物引起传染性疾病
1882 年	法国 Louis Pasteur 首次成功研制出预防动物炭疽的疫苗
1915～1917 年	1915 年，德国间谍对即将离开美国港口、运往欧洲协约国的马和牛使用细菌战剂 1915～1916 年，在俄国彼得堡企图撒布鼠疫菌的德国间谍被捕 1916～1917 年，德国人在罗马尼亚的布加勒斯特以马鼻疽菌和炭疽杆菌感染对方马群 1917 年 2 月，德国用飞机传播与撒下污染了细菌战剂的水果、巧克力和玩具 1917 年，德国用生物战剂感染了 4500 头美国准备运回协约国的骡子
1937 年	日本在中国东北实施生物战项目——臭名昭著的“731 部队”。战后研究显示，“731 部队”规模庞大，每年可生产 300kg 乳浆鼠疫杆菌菌液，500～600kg 炭疽杆菌，1000kg 霍乱弧菌和近 200kg 跳蚤，同时还研制出磁制气雾剂、铜壳榴霰弹等多种生物炸弹
1940 年	日军飞机在中国投放带菌跳蚤后，中国部分地区爆发瘟疫
1942 年	英国在苏格兰外海的格纳德岛屿（Gruinard Island）上投下含有炭疽杆菌的炸弹，原以为它远离陆地，不会对英国半岛造成威胁，结果 1943 年苏格兰沿岸的牛羊群爆发了炭疽病。这次污染影响非常巨大，以致在 20 世纪 70～80 年代必须要花费庞大的人力物力才把小岛彻底清理干净
1942 年	美国开始攻击性生物武器计划，由位于马里兰州的 Fort Detrick 研究所领导进行，生产基地在印第安纳州，试验基地在密西西比和犹他州。美国先后进行过炭疽、布鲁氏杆菌的生物弹试验，但由于生产环节的安全措施不佳，曾多次造成泄漏污染，难以大规模生产，尽管当时已装配了约 5000 枚装有炭疽杆菌芽孢的生物弹，美军未能在第二次世界大战中实施。在第二次世界大战结束后该工厂关闭转为民用药厂，但基础研究和开发仍旧在马里兰州进行
1953 年	美国开始在生物战中如何保护士兵的防御性对策（如疫苗等）研究
1969 年	美国总统尼克松签署了美国将中止攻击性生物武器计划的总统令，之后的研究计划仅限于防御性质，如针对生物攻击的诊断试剂、疫苗及治疗药物
1971～1972 年	美国所有的生物武器包括储备的战剂及投射工具在联邦政府农业部（United States Department of Agriculture，USDA）、卫生部，以及阿肯色州、科罗拉多州和马里兰州政府有关部门的主持监督下予以销毁
1972 年	美国及一些国家签署《禁止生物武器公约》，其主要内容包括：缔约国在任何情况下不发展、不生产、不储存、不取得除和平用途外的微生物制剂、毒素及其武器；也不协助、鼓励或引导他国取得这类制剂、毒素及武器。苏联和伊拉克是公约的签约国

续表

时间	事件
1979 年	在苏联斯维尔德洛夫斯克（Sverdlovsk）的生物武器工厂发生了意外事件，向空气中泄漏了炭疽芽孢。证实有 66 人死亡，但实际死亡人数未知。洛斯阿拉莫斯实验室认为炭疽芽孢包括至少四种不同的菌株
1984 年	Rajneeshee 邪教徒在美国俄勒冈州的达拉斯，用沙门氏病菌在十几个沙拉配餐中下了毒，试图以此来影响该州的地方选举结果
1991 年	波斯湾战争之前，美国军队注射疫苗以预防炭疽
1991 年	海湾战争之后，联合国首次核查伊拉克的生物武器能力。伊拉克政府代表向联合国核查小组证实伊拉克开展了炭疽、波特淋菌及其他毒素应用的研究工作
1995 年	奥姆真理教在日本东京地铁释放沙林神经毒气，造成 11 人死亡，5500 人受伤的惨剧。后又在长野县松本制造同样事件，7 人死亡，200 多人受伤
2001 年	2001 年 10 月，即遭受“9・11”恐怖袭击之后不久，美国发生多起通过信件传播炭疽病菌的事件，先后致使 5 人死亡、17 人受感染

第二章

生物安全发展的历程

第一节 传染病与生物恐怖

自古至今，传染性疾病一直都困扰着人类。由于社会、经济文化发展水平的原因，在过去并没有将其放在国家安全的高度予以重视，直到20世纪90年代初冷战结束以后，传染性疾病才逐渐被当做一个重要的安全问题来对待。

一、传染病的历史

在人类早期历史上，传染病曾给人类健康造成巨大的危害（王宏萍等，2011）。历史学家发现，在大部分有记载的历史中，瘟疫的爆发对人类社会的发展产生了重要的影响。瘟疫使得人口数量无法持续增加，生产效率难以有效提高。大规模的瘟疫爆发甚至影响到历史的演进、战争的胜负、王朝的兴衰和文明的灭绝。公元542年，地中海地区爆发鼠疫，持续时间长达五六十年，史称“查士丁尼瘟疫”。这场瘟疫在很大程度上导致了东罗马帝国的衰落。公元14～17世纪，黑死病在欧洲持续流行，长达300多年之久。1347～1351年，黑死病开始在欧洲出现，并逐步蔓延。该病最初由商船上感染有黑死病的老鼠和跳蚤带入埃及和意大利，在其后的5年内，扩散至整个欧洲，导致欧洲1/3人口多达2400万人死亡（UN，2004）。1510年，英国发生有案可查的世界上第一次流感。1580、1675和1733年，在欧洲均出现大规模流感。19世纪发现麻风病、疟疾、伤寒、结核病、霍乱、破伤风、布鲁氏菌病等。20世纪发现了梅毒、百日咳、斑疹伤寒等，在此期间，人类同传染病进行艰苦的斗争，取得了重大的成就，但也迎来了新的挑战。其中，新传染病的不断出现和发现令人瞩目。自20世纪

70 年代以来，人类已发现和确认了近 40 种新的传染病，许多新传染病的危害已被广泛认识，如艾滋病已成为人类头号杀手之一；埃博拉出血热、疯牛病等疾病的高致死率震撼世界；莱姆病被发现遍及五大洲几十个国家；大肠杆菌 O157、O139 霍乱、戊型肝炎等疾病曾在一些国家大规模地爆发和流行（吴忠道，2003）。20 世纪 90 年代以来，随着商品和人口在全球范围内的流动日益频繁，艾滋病、疯牛病、埃博拉出血热、SARS、甲型 H1N1 流感、“超级细菌”、致命大肠杆菌等新发传染病先后在全球范围内爆发并传播，引起人们的恐慌，使得控制传染病的需求更加紧迫（徐志凯等，2010）。新发传染病的全球流行严重危及人们的身体健康与生命安全，影响经济和社会的发展，甚至威胁到地区与全球的安全与稳定（邵家胜和卢洪洲，2011）。传染病的全球化使得公共卫生问题由单纯的国内法管辖的事项演变成了全球性的公共卫生危机（徐建国，2013）。

二、传染病的现状

目前，传染病仍然是全球卫生和安全的重大威胁之一。虽然传染病在发达国家已经得到了相当有效的控制，但在发展中国家，它仍然在危害人类的健康（王永怡等，2009）。据 WHO 统计，2011 年，全球传染病（包括呼吸道感染）死亡人数为 1006.6 万，占总死亡人数的 18.4%，即每 10 万人口中有 145 人死于传染病，相比 2000 年减少 4.8%。2011 年，前 20 大死亡病因中的传染病包括下呼吸道感染、艾滋病和结核病，2011 年死亡人数分别为 320.3 万人、159.1 万人和 97.6 万人（表 2-1）。发展中国家传染病死亡人数远远超过发达国家。随着经济全球化进程的进一步发展，发展中国家的传染病将随着商品和人员的跨国界流动传播到发达国家（张玲霞和王永怡，2012）。

表 2-1　2011 年全球传染病死亡人数

排名	死亡病因	死亡人数/万人	占总死亡人数比例/%	每 10 万人死亡人数/人	相对 2000 年
3	下呼吸道感染	320.3	5.9	46	减少 0.8%
6	艾滋病	159.1	2.9	23	减少 0.1%
13	结核病	97.6	1.8	14	增加 0.1%
	传染病合计	1006.6	18.4	145	减少 4.8%

1. 结核病

近年来，不少国家因对结核病防治的忽视而减少了财政投入，再加上人口的增长、耐多药结核病的出现、艾滋病的传播，以及人口流动等原因，使得结核病流行疫情下降速度缓慢，在某些国家和地区还有所回升。根据 WHO 发布的《2012 年全球结核病报告》（*Global Tuberculosis Report 2012*）中提供的相关数据（WHO，2012），结核病仍然是当今一个主要的传染病杀手，是艾滋病患者的首位死因。结果显示：

（1）罹患结核病的人数不断下降，但全球负担仍然很重，在 2011 年有 870 万新发病例；

（2）全球估计有 140 万人死于结核病，包括 50 万名妇女，使该病突出成为全世界妇女的主要杀手之一；

（3）尽管非洲和欧洲地区尚不能按计划实现到 2015 年将 1990 年死亡率数字减半的目标，但 WHO 所有六个区域的新发病例和死亡率均有所下降；

（4）在应对耐多药结核病方面的进展一直比较缓慢，从全球情况看，估计患者中只有 1/5 得到诊断。

对《2012 年全球结核病报告》中提供的相关数据进行分析发现，2011 年，东南亚地区和西太平洋地区出现的结核病例最多，其次是美洲地区、欧洲地区、非洲地区和东地中海地区（图 2-1）。

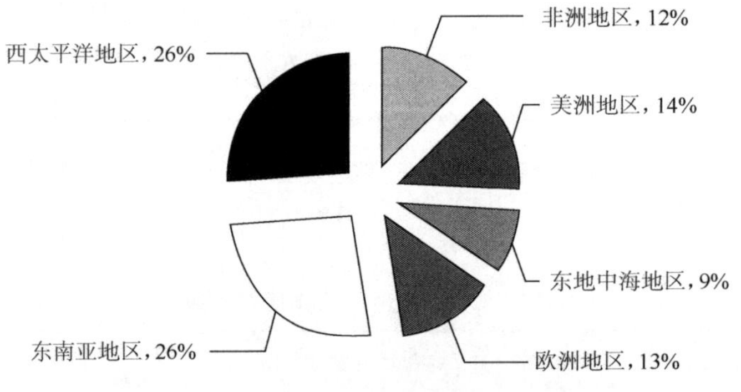

图 2-1　2011 年结核病例地区分布

随着人口的增长、世界范围内的旅行和人口流动的增加，耐药性结核病例更趋上升态势，每年约增加 30 万新病例。耐药结核病的流行持续威胁着结核病防治工作，而广泛耐药结核病的出现更加剧了这一威胁。2010 年，WHO 发布了《耐多药结核病和广泛耐药结核病：2010 年全球监测与反应报告》。报告显示，在世界部分地区，每 4 个结核病患者当中就有 1 个会发展成用标准药物治疗方案不能治愈的患者。该报告指出，2010 年在全球范围内接受治疗的患者当中，有 60%报告治愈，但在耐多药结核病患者中，只有大约 7%得以确诊。全世界将近 50%的耐多药结核病病例发生在中国和印度。

对《2012 年全球结核病报告》中提供的相关数据进行分析发现，2011 年，结核病病例中耐多药结核病所占比重最大的地区为欧洲，其次是西太平洋地区和东地中海地区（图 2-2）。

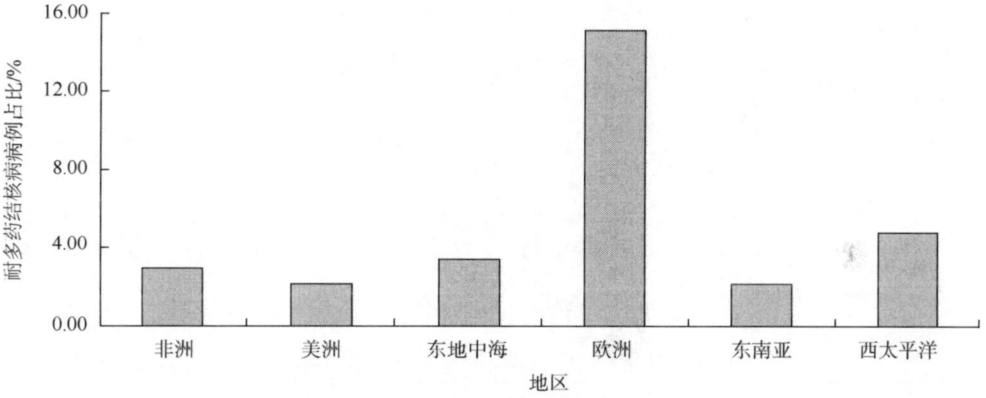

图 2-2　2011 年各地区耐多药结核病病例所占比重

2. 艾滋病

艾滋病是人类头号杀手之一。据 WHO 报道，2010 年，全世界大约有 270 万人新感染了艾滋病病毒。2001～2010 年，东欧和中亚艾滋病死亡人数增加了 11 倍以上，从大约 7800 人增至 9 万人，东亚艾滋病死亡人数增加了一倍多，从 2.4 万人增至 5.6 万人。中东和北非艾滋病死亡人数也增加了 60%，从 2.2 万人增至 3.5 万人。2010 年年底，约有 3400 万人携带艾滋病病毒。图 2-3 和图 2-4 分别显示 2011 年 WHO 六大区域艾滋病病毒携带者和艾滋病死亡人数①。

由图 2-3 可以看出，2011 年，WHO 非洲区域艾滋病病毒携带者人数达到 2300 万人，其次是东南亚区域，人数达到 350 万人。由图 2-4 可以看出，WHO 非洲区域艾滋病死亡人数达到 120 万人，其次是东南亚区域，人数达到 23 万人。

①World Health Statistics 2013. http://apps.who.int/iris/bitstream/10665/81965/1/9789241564588_eng.pdf?ua=1 [2013-3-10]

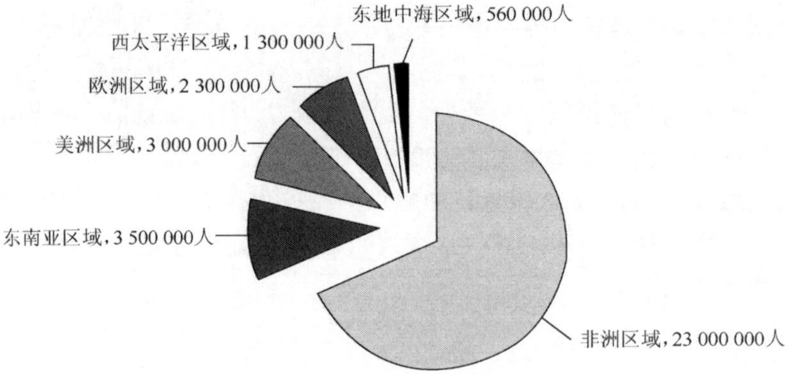

图 2-3　2011 年 WHO 六大区域艾滋病病毒携带者数量

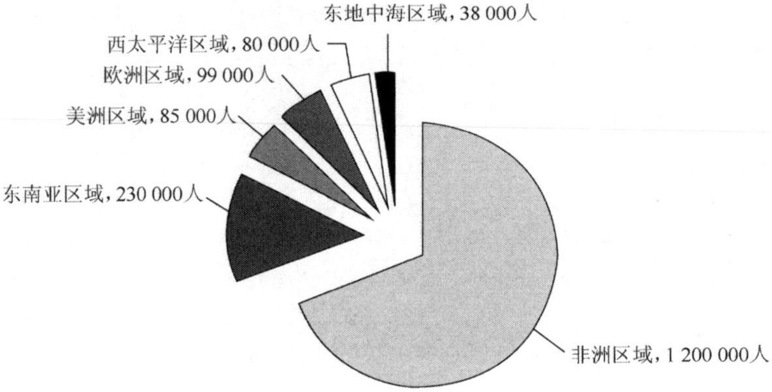

图 2-4　2011 年 WHO 六大区域艾滋病死亡人数

三、传染病的发展趋势

目前，全球不断有新传染病出现，并且人类以往的一些传染病又重新出现。例如，20 世纪 50 年代，人们认为结核病很快就会归于消灭，然而到现在，结核病非但没有被消灭，反而再次成为全世界关注的严重问题。美国医学协会（IOM，1992）指出，导致传染病卷土重来的主要原因包括：

（1）随着全球化的发展，人口在全球范围内流动日益增加，传染病也随之周游列国。携带病菌的患者从一个国家到达另一个国家，所需要的时间往往比传染病的潜伏期还要短。

（2）我们消费越来越多的加工食品，这些食品可能来自遥远的他乡甚至异国。在种植、采摘、加工、包装、运输、储存和销售等各个环节如果出现污染，都可能会导致传染病传播。

（3）人口结构的变化和城市化。发达国家进入了老龄化社会，老年人对疾病的免疫能力下降，更容易被病毒击溃。城市化导致人口居住过度集中，尤其是在一些大城市中出现的贫民窟，卫生条件极端糟糕，成为城市中被遗忘的角落，但是也是病菌最容易藏身的地方。

（4）战争和自然灾害是瘟疫的催化剂。战争过后瘟神接踵而至，在战争和自然灾害中流离失所的难民会进入城市或逃往其他国家，加速了传染病的传播。

（5）农业灌溉、砍伐森林、砍伐完森林重新植树造林，这些都改变了携带病菌的昆虫和动物的生活习性。很多传染病的爆发都是因为生物习性的改变，如疟疾的传播范围超越了热带地区就是因为带菌的蚊子活动范围扩大了。

（6）静脉注射和不安全的性生活。

（7）微生物本身也有进化过程，进化机制使得它们能够适应新的寄主细胞或找到新的物种作为寄主，它们会生产毒素、破坏人们的免疫系统、对药物和抗生素产生抵抗能力，而人们大量使用杀虫剂、抗生素又加速了病毒抵抗能力的发展。

（8）人们进入热带雨林和其他人迹罕至的地方探险，带回了很多人类原本未曾接触过的病菌。

（9）20世纪中期，人类对抗传染病取得的胜利使得大家变得麻痹大意，原有的防治传染病的系统逐渐衰落，公共健康的注意力逐渐转移到心血管病和癌症等“现代病”上，疫苗的提供没有跟上，财政支持不够，人员培训和公众教育相对落后。

从这些原因可以看出，传染病正在成为一个日益严重的全球问题，这一方面增加了传染病发生与传播的风险，另一方面也使得传染病的治理变得更加复杂与艰难。正如IOM在1997年的一份报告中所指出的，“区分国内健康问题和国际健康问题正在失去其意义，并且常常会产生误导”（IOM，1997）。因此，防治传染病依赖于全世界各国之间深入有效的合作。

四、传染病对国家安全的影响

从历史来看，传染病对于国家安全和国际政治造成的影响不容忽视（Morens et al.，2004）。《伯罗奔尼撒战争史》指出，公元前430～前427年，雅典发生的一场瘟疫彻底改变了希腊的政治格局。这次重大传染病疫情造成雅典1/4的主力军死亡，随后雅典开始衰落。黑死病疫情的兴起也是西欧封建制度瓦解和新兴民族国家崛起的一个主要原因。另外，中国历史上发生的几次大规模瘟疫催生了社会的动荡，如东汉末年和明末清初，这两个时期也是战乱和社会动荡的时期。

传统的现实主义国家安全观基本上忽视了传染病对国家安全的深刻影响，而是片面地关注国家间的战争、各国军事力量对比等。传染病、全球环境恶化、国际移民等随着全球化出现的新问题都对国家安全和国际政治提出了新的挑战，并需要我们重新审视国家安全概念（John and Robert.，2001）。其中，传染病通过影响经济增长、人口数量和人口流动、国防，以及政府治理等四个方面影响国家安全。

1. 经济增长

传染病可造成人口死亡、健康状况恶化、劳动力生产效率下降、人均收入减少等。研究表明，人们沦为贫困人口大多是因为疾病，传染病的爆发可在一定程度上扩大贫困人口的数量；另外，传染病的爆发还会对各个经济行业造成影响，其中劳动力密集型产业、旅游、餐饮、交通等服务业受到的打击最为严重。由于这些行业能够提供更多的就业岗位，所以当这些行业受到打击之后，又将导致一国失业状况恶化。由此可见，传染病可能会对发展中国家的经济增长带来极大的负面影响。Cuddington 的一项研究表明，仅艾滋病就可造成坦桑尼亚的 GDP 减少 15%～25%（John，1993）。

2. 人口数量和人口流动

在人类还没有摆脱马尔萨斯陷阱之前，传染病几乎是控制人口数量增长、保持人口与资源平衡关系的工具。大规模传染病过后，人口大量死亡，这将对国家实力甚至社会秩序带来巨大冲击，造成当地经济的凋敝。例如，巴西和哥伦比亚的某些农村地区、泰国和缅甸交界的地区，都由于疟疾流行而无法开发。受到传染病袭击的地区会发生人口外流，有时候这种人口流动的范围是在一国国境之内，但是跨国界的人口外流也越来越多。例如，印度 1994 年爆发瘟疫，以及 1995 年扎伊尔爆发埃博拉病毒的时候，均发生了大规模移民现象。外流的人口可能携带着病菌并导致传染病流行范围的扩大，由于人口外流的方向往往是由落后地区流向发达地区，会对流入地区的经济发展带来影响。

3. 国防

战争能够帮助传播疾病，如第一次世界大战期间，流感伴随着军队的行程在全球范围内爆发并导致大约 4000 万人口死亡。到 20 世纪，在历次战争中死于瘟疫的士兵几乎都比死于敌手的士兵要多。历史上类似事件包括伯罗奔尼撒战争、西班牙人征服美洲、李自成进入北京等。与传染病全球化紧密相连的新问题是近年来国内出现的生物恐怖主义。与常规武器、核武器、化学武器等相比，生物武器的成本更低。美国疾病预防控制中心已确定了十余种可能被恐怖分子利用的病菌，这些病菌携带方便，可引发天花、炭疽热等多种传染病，导致大规模人口死亡，并且很难防治（魏晓青等，2008）。

4. 政府治理

传染病爆发后留下的贫穷、贫富分化、大规模人口流动等问题会增加政府治理的负担。传染病作为突发的危机事件，会对政府的危机管理能力提出挑战。危机的爆发会影响到公众对政府的信心，危机的处理涉及资源的重新分配，这些都使得危机变得更加政治化。比如 SARS 期间，WHO 和国外媒体的介入在很大程度上影响到中国政府采取的措施。总之，成功处理危机的关键在于建立政府的公信力。如果政府无法成功地应对传染病的挑战，就可能会导致政府的合法性受到损害，在极端的情况下可能会成为“失败国家”。

第二节 食品安全

食品产业属于永恒不衰的生命产业。从产业形态上看，食品产业涉及第一产业中的农业、林业、畜牧业和渔业，第二产业中的农副食品加工业、食品制造业、饮料制造业，第三产业中的餐饮业等；从跨越环节上看，食品生产经营涉及种植养殖、生产加工、市场流通、餐饮消费等多个环节（徐景和，2012）。根据国家统计局统计，2011 年全年国内生产总值为 471 564 亿元，比上年增长 9.2%；全国规模以上食品工业企业 31 735 家，实现现价食品工业总产值 78 078.32 亿元，同比增长 31.6%，占全国工业总产值比重的 9.1%。截至 2011 年年底，全国持证餐饮服务单位约 250 万家，餐饮业零售额达到 20 635 亿元，同比增长 16.9%，占社会消费品零售总额的 11.2%[①]。食品产业具有业态多、链条长、产值高等显著特点。

食品产业属于支柱产业，食品安全问题自然成为事关国民经济运行的重大经济问题。食品安全问题事关国计民生，关注食品安全问题，就是关注经济发展。食品安全问题属于非传统安全问题，具有跨国性、全球性、社会性、突发性、动态性等显著特点。随着经济全球化和贸易自由化步伐的加快，各种化学性和生物性的污染正在全球范围内以超乎寻常的广度和深度扩散着。食品安全问题已跨越

① 中华人民共和国国家统计局统计数据. http://data.stats.gov.cn/[2012-5-11]

国界，严重影响着人类的生存和社会的发展，成为人类社会共同面临的重大课题。据 WHO 统计，在工业化国家，每年有 30%的人受食源性疾病危害。如美国每年约有 7600 万人次发生食源性疾病，约占总人口的 27%，而发展中国家问题则会更严重。英国发生疯牛病后，仅宰杀“疯牛”造成的损失就高达 300 亿美元并导致英国、德国政府改组；1999 年比利时发生的“二噁英”污染事件直接经济损失达 3.55 亿欧元，如果加上对相关食品工业的影响，损失已超过 10 亿欧元，并直接导致执政长达 40 年之久的社会党政府垮台；三鹿牌婴幼儿奶粉事件直接导致企业倒闭，责任人锒铛入狱，并使我国奶牛养殖业遭受重创，奶农损失严重，社会反响强烈。

一、食品安全问题的历史

食品安全问题贯穿于人类社会发展的全过程。从发展进程来看，早期的食品安全问题主要表现为食品供给问题，也就是数量安全问题。那时的食品安全问题往往也被称为粮食安全问题。联合国粮食及农业组织多次召开世界粮食大会，共同研究如何解决食品数量供给，使人类免于饥饿的长期困扰。此时，解决食品安全问题的主力部门是各国的农业部门。在食品供给问题初步解决后，新的食品安全问题，即生物性风险和化学性风险凸显出来（Wilcock et al.，2004）。“食物中毒”这个词最早出现于 19 世纪 80 年代，当时是用来描述大量食源性疾病的。在科学家将动物疾病与当地肉类食物中毒事件联系起来之后，消费者逐渐意识到，不良的食品卫生条件可能会威胁他们的健康，进而引发了公众对于此类事件的关注（Peter Foster，2012）。以下就美国、日本、欧盟等国家和地区食品安全问题的历史分别予以介绍。

1. 美国

美国食品安全的历史拐点可以追溯到 100 多年前，处于经济增长和社会转型的时代。1927 年，美国成立了食品药品监督管理局（FDA），旨在监督和管理食品的供应环节。

20 世纪 40 年代，食物生产的大规模机械化和食物销售范围广的特点，大大增加了食物源性疾病的发病率。1963 年 4 月，两名底特律的女性因食用金枪鱼罐头而死于肉毒杆菌中毒。1971 年，一对年老夫妇因食用了感染有肉毒杆菌的灌装奶油浓汤而患了麻痹症。

1996 年 7 月，时任美国总统的比尔·克林顿下令全方位开展针对畜类及家禽类肉制品的审查制度。对大肠杆菌和沙门氏菌强制实行微生物检测，并制定新的清洁标准。通过这些措施，克林顿希望能一改那套已沿用数十年之久的老旧检查机制——只凭借观察外表和气味来甄别去除有毒污染的食物。如今，就算一只刚被宰杀的鸡也会在纽约市邮政大街的家禽市场里接受消毒。

2. 日本

20 世纪初，因为水污染的原因，日本富山县发生了含镉大米事件。1931 年，许多当地人出现腰疼、关节痛的症状。几年后，这些患者全身骨痛，呼吸困难，到了晚期，骨骼软化、萎缩，就连咳嗽都能引起骨折。

1953 年，日本九州熊本县水俣镇发生“水俣病”，当时由于病因不明，故称之为“水俣病”。水俣镇一家醋酸合成厂使用含汞的物质作为催化剂，然后随废水排入大海，而且那个时期正好日本农业大量使用含汞的杀螨农药，这些农药也随着河流汇入水俣镇附近的大海中，污染了整个海湾的海洋生物，当地人食用鱼类后，便出现中毒。

1955 年的“森永砒霜奶中毒事件”是日本第一起特大食品公害事件，一名婴儿死亡，冈山大学附属医院解剖认定为砒霜中毒，并且从婴儿吃的奶粉中检验出砒霜，这种奶粉是森永乳业公司的工厂生产的。一年后，卫生部公布，中毒婴儿多达 12 131 名，死亡 130 名，估计实际受害者要多达几倍，世界上史无前例。

20 世纪 60 年代，日本出现过一次“地沟油”危机。当时，我国台湾和日本的不良商人勾结，将日本的“地沟油”搜集提炼后，制成食品出口到台湾。

1968 年，日本出现了米糠油中毒事件，这个事件不仅是日本最大的食品公害事件，而且是人类历史上最大的摄食二噁英类食品公害事件。

进入 21 世纪后，日本也陆续出现了一些食品安全事件。2007 年，日本西点业百年老铺“不二家”曝出使用过期牛奶丑闻，北海道肉类加工企业 Meathope 的严重造假事件，北海道代表性特产“白色恋人”巧克力点心出售过期食品事件，九州地区以进口廉价鳗鱼伪造“国货”等事件相继发生。2008 年，日本爆出大阪市三笠食品公司出售“限用于工业用途的发霉或残留农药超标的问题大米事件”，以及东京大学附属农场出售“使用违禁（含水银）农药生产的大米事件”，引起社会不满。2011 年日本经历严重地震后，其核电站遭到破，释放出来的大量核辐射对地区内的食物造成了严重污染。

3. 欧洲

食品卫生和安全方面的立法管理，西方起步较早，历史上很早就有食品法典。在古雅典，人们检验啤酒和葡萄酒的纯度和卫生；而罗马人有一套组织完善的国家食品管理系统，保护消费者不会受到掺假或不良食品的伤害。在中世纪的欧洲，一些国家通过了各种有关蛋、香肠、奶酪、啤酒、葡萄酒以及面包质量和安全的规定。

历史上，欧洲也出现了一系列的食品安全事件，造成了严重的损失，其中影响最大的食品安全事件包括“英国爆发的疯牛病”以及“英国和爱尔兰等国相继爆发的口蹄疫”等。

疯牛病最早于1986年在英国被发现，1996年3月英国政府宣布了新型克雅氏病患者与疯牛病有着密切关系，短短几个月中，英国直至整个欧洲都“谈牛色变”，牛肉在欧盟多个国家的销量骤降70%，英国先后宰杀了400多万头牛，损失高达30亿英镑。2001年疯牛病又相继在法国、德国、比利时、西班牙等国家爆发，欧盟国家的牛肉及其牛肉制品销售遭受了历史上最为严重的损失，有多达35万工人失业。疯牛病影响了欧洲各国居民的食品安全和生活消费习惯，同时还造成了严重的公共卫生危机，仅英国就有120人死于疯牛病。

2001年9月，英国和爱尔兰等国相继爆发了口蹄疫，此次危机事件持续了11个月，对欧洲国家的肉类市场造成严重打击，饲养户以及商场损失惨重。

2006年，世界著名巧克力食品企业英国吉百利公司的清洁设备污水对巧克力造成了污染，造成42人因为食用被沙门氏菌污染的巧克力而中毒，吉百利公司随即紧急在欧盟和全球范围内召回上百万块巧克力。

2008年12月6日，爱尔兰政府通报，爱尔兰发现被宰杀的生猪遭到二噁英的污染，其成分是欧盟安全标准上限的80～200倍，这些被污染的猪肉可能被出口到了包括中国和美国在内的25个国家和地区。

2011年1月12日，赛默飞世尔科技宣布其位于德赖艾希的全球食品安全响应中心正在检测德国的二噁英危机，大约有3000吨遭到二噁英污染的动物饲料添加剂被发放销售，超过4500家农场因为二噁英的污染而被迫关闭。

二、食品安全问题的现状

食源性疾病是涵盖范围非常广泛的疾病，也是世界各地发病率和死亡率的一个重要原因。据WHO统计，全球每年发生的食源性疾病病例超过30亿人次。在发展中国家，全球每年因食品不卫生引发腹泻的病例达到15亿人次，其中由食品不安全造成儿童死亡的人数高达300万。其中，70%的食源性疾病病例是由致病性微生物污染食品或饮用水造成的（张红波，2004）。发达国家（包括美国）发生食源性疾病的概率也相当高，平均每年有1/3人群感染食源性疾病。这表明，工业化程度的发达并不能保证食源性疾病爆发危险性的降低，反而工业化程度越发达，食物供应链越难控制，一旦发生食品安全问题，其影响面和波及面会更大。

另外，由于工业化产品的规模大，不安全食品的召回、销毁所带来的经济损失也会更大。由此可以看出，食品安全对社会、经济的影响是非常大的，在食品安全不良的条件下，儿童、孕妇、年老体弱者和免疫力低下的人群更容易感染食源性疾病，成为最主要的受害人群。

据报道，2012 年，我国卫生部共收到全国食物中毒类突发公共卫生事件报告 174 起，中毒 6685 人，死亡 146 人。与 2011 年数据相比，报告起数和中毒人数分别减少 7.9%和 19.7%，死亡人数增加 6.6%。从食物中毒原因来看，2012 年微生物性食物中毒事件报告中毒人数最多，主要是由沙门氏菌、蜡样芽孢杆菌、副溶血性弧菌、大肠杆菌、肉毒毒素、葡萄球菌肠毒素、变形杆菌、气单胞菌、志贺氏菌、肺炎克雷白杆菌、椰毒假单胞菌等引起的细菌性食物中毒。有毒动植物及毒蘑菇引起的食物中毒事件报告起数和死亡人数最多，也是食物中毒事件的主要死亡原因，中毒因素包括毒蘑菇、河豚毒素、未煮熟四季豆和草药，其中以毒蘑菇为主。化学性食物中毒事件的中毒因素包括亚硝酸盐、有机磷农药、剧毒鼠药及甲醇等，其中以亚硝酸盐为主[①]。

三、食品安全问题的发展趋势

随着食品生产和消费的全球化，食品安全问题已经不只是某一个国家存在的问题，而是一个全球性的问题。

全球化食品生产的一个重要特点是，出现超级食品供应链，它不仅长，而且穿越国界甚至洲界，从农场到工厂，从超市菜场餐厅，再到消费者，可能牵涉许多国家和地区。超级供应链的出现，食品流通从原来本地买卖，变成全球商业活动。从种植、收成、加工、运输、存储到上架销售，这条供应链上每一环都有可能因为人工操作失误，或者气候环境因素变化而污染食物，引发疾病。超级供应链带来的难题是，一旦发生食品安全事故，追踪和确认病毒的源头需要花费更长的时间。如何化解这类危机，是摆在世界各国面前的一道难题。

一方面，全球化使得食品业供应链分布区域极为广泛。我国台湾地区含有塑化剂的“毒饮料”已广销美国、越南、新加坡等多个国家和地区；欧洲的“毒黄瓜”也涉及西班牙、丹麦、荷兰等多个出口国。供应商的多元化，增加了进口国管理的难度，出现问题的机会相应增加。一旦危机发生，薄弱的全球治理机制无

① 卫生部办公厅关于 2012 年全国食物中毒事件情况的通报. http://www.chinacdc.cn/tjsj/tfggwssj_1696/201303/t20130307_78236.htm[2013-3-7]

法提供足够的途径发现问题根源。对此，国际社会须未雨绸缪，加强在食品安全领域国际合作的机制化建设，尽早补齐全球治理的短板，否则，恐怕欧洲“毒黄瓜”到现在仍查不清感染源的事情以后还会重演。

另一方面，食品安全问题已不再仅是食品领域的问题。拿塑化剂来说，这种工业用剂从19世纪30年代以来，被世界各国广泛应用于塑料增塑剂、农药、化妆品等。而在欧洲、美国、日本等发达国家和地区，每人每年消耗的塑料达50～60kg之多。在各种塑料制品中，特别是在聚氯乙烯塑料制品中，为了增加塑料的可塑性和提高塑料的强度，都需要添加学名为邻苯二甲酸酯的塑化剂，其含量有时可达产品的50%。随着使用时间的推移，目前塑化剂已普遍存在于大气飘尘、河流和土壤中，进而以各种途径进入人体。目前，这种学名为邻苯二甲酸酯的物质已成为地球上最为广泛的环境污染物。其实，面对食品安全危机，每个国家和地区都是一个整体。而整个地球的空气无法分割，流经各大洲的海洋无法筛选。一个地方的环境污染，在时间的作用下，会毒害整个人类；一个地区的有毒产品，在全球物流体系下，会扩散到更多地区。

四、食品安全问题对国家安全的影响

2011年，全国人民代表大会常务委员会（简称全国人大常委会）审议食品安全法执法检查报告时将食品安全纳为“国家安全”的组成部分，并指出其重要性不亚于金融安全、粮食安全、能源安全、生态安全。食品在生产和流通过程中很容易遭“农业恐怖主义”威胁。2012年2月，美国联邦调查局在定期发布的“执法公告”中，提出了“农业恐怖主义”（agroterrorism）的概念，并将“农业恐怖主义”定义为“生物恐怖主义”的一个分支，具体指通过传播动物植物疾病，在目标国家里制造恐惧，造成经济损失，影响社会稳定。攻击田地和农场要比攻击军事基地或政府大楼容易得多，而它造成的损失和影响却不可估量得大。

美国国民生产总值的1/6和1/8的就业机会是农业创造的，根据美国国会研究部门的统计，如果恐怖分子进行生物攻击，致使动物疾病流行，将会造成100亿～300亿美元的损失，考虑到农产品出口减少的因素，损失可能会达到1400亿美元。美国一些以农业为主导经济的州已经制定了一些法案，视农业恐怖主义为大规模杀伤性武器。

农业恐怖主义不仅会损害农业和贸易，还可能会使疫病传染到人身上。除导致受害国或地区商业活动受损，旅游业下滑之外，英国爆发的口蹄疫造成了240亿美元的损失，甚至威胁到人的生命。

美国农业经济学教授福斯特认为[①]，恐怖分子在农业领域内造成的损害会比普通流行病要严重得多。恐怖分子可以选择监控系统中最薄弱的、最合适的地方，在最有利的时机，同时在几个地方发动攻击。一旦发作，非常不容易控制，将会造成较大的损失。

第三节　转基因生物安全

近年来，国内外应用转基因技术培育出了抗虫性强的棉花、玉米、水稻等。抗虫转基因作物的大面积种植，大幅度地减少了农药的使用。应用转基因技术修饰生物的生理生化代谢途径，可以大幅度地提高生产力，如通过转基因技术培育的延缓叶片衰老的水稻，单株生产力显著提高；转生长激素基因的鱼、猪表现出快速生长、饵料利用效率提高、品质改良等优点，既提高产出，又可降低养殖成本，对我国畜牧业、渔业的发展和人民生活水平的改善，均会起到保障作用。目前，转基因技术广泛应用于医药、工业、农业、环保、能源、新材料等领域。此外，转基因技术还可用于环境保护，如污染物的生物降解；用于能源生产，如利用转基因生物发酵酒精；用于新材料领域，如利用转基因生物生产高价值的工业品等（李忠爱和王子成，2005）。

转基因生物技术可以将无关联的生物品种，包括植物、动物和微生物中的遗传材料相互转移（并且可以指定要转移的基因），产生出新型的植物、动物和微生物。但是，技术本身还是存在一些不能确证但却危害巨大的隐患，包括对生态环境和公众健康的威胁（杨晴川，2002）。在生态方面，如果转基因作物的外源基因向亲缘野生种转移，就会污染到整个种子资源基因库。1997 年，人们在玉米的原产地——墨西哥山区的野生玉米内检测到转基因成分，但转基因玉米的栽培地却是在离山区几百里之遥的美国境内。人们由此觉得转基因生物的负面生态影响必须得到重视。

转基因生物安全，是指为使转基因生物及其产品在研究、开发、生产、运输、销售、消费等过程中受到安全控制、防范其对生态和人类健康产生危害，以及救济转基因生物所造成的危害、损害而采取的一系列措施的总和（谢铭，2002）。

一、转基因生物发展历史

“转基因生物”一词的最初来源是英语“transgenic organisms”，因为在 20 世

① 林海. 人类进入生物恐怖主义世纪 防农业恐怖为重中之重. http://gb.cri.cn/[2004-4-2]

纪70年代，重组脱氧核糖核酸技术（rDNA）刚开始应用于动植物育种的时候，常规的做法是将外源目的基因转入生物体内，使其得到表达，因而在早期的英语文献中，这种移植了外源基因的生物被形象地称为“transgenic organisms”，即“转基因生物”。但随着分子生物技术的不断发展，尤其是20世纪90年代末以来，科学家们能够在不导入外源基因的情况下，通过对生物体本身遗传物质的加工、敲除、屏蔽等方法也能改变生物体的遗传特性，获得人们希望得到的性状。在此类情形下，没有转入外源基因，严格说就不能再称为转基因，称为“基因修饰”更加合适和全面，因此现在开始用“genetically modified organisms”（GMO），即“基因修饰生物”来代替早期的“transgenic organisms”。

转基因技术自诞生以来，争论就从未间断过。可以说，争论由来已久，世界各地无处不在（范云六等，2012）。美国在激烈争论中逐渐形成了基本共识，抓住技术发展机遇，抢占产业发展先机，迅速成为转基因产业的全球霸主。欧盟对转基因的态度曾一度比较消极，但近年来趋向积极，一方面加紧研究，一方面放宽转基因食品进口，2010年还批准了转基因马铃薯商业化种植（黄国华和耿献辉，2002）。世界转基因技术研究与应用发展迅速。据统计[①]，1996～2012年，种植转基因作物的国家由6个发展到28个；种植面积由170万公顷发展到1.7亿公顷，增长了100倍。自20世纪80年代以来，我国转基因技术取得了显著进展。1997年我国商业化种植转基因棉花，截至2010年共培育转基因抗虫棉品种200多个，全年种植面积达到330万公顷（占棉花种植面积的75%），累计效益超过380亿元，从根本上解决了困扰我国棉花生产中的棉铃虫危害的问题。

二、转基因生物发展现状

转基因技术作为一种新兴的技术，一方面，它对生物多样性、生态环境和人类健康可能存在长期潜在风险，因此引起了大量的国际贸易争端；另一方面，全球转基因作物的种植面积在生物安全的激烈争论中迅速发展。

2013年3月1日，国际农业生物技术应用服务组织（ISAAA）发布《2012年市场化生物技术及转基因作物的全球现状》报告，指出2012年全球转基因作物种植面积大约为1.7亿公顷。2012年28个种植转基因作物的国家中，20个为发展中国家，8个为发达国家。报告指出，2012年发达国家转基因作物种植面积约160万公顷，比2011年增加了3%；发展中国家的种植面积约为900万公顷，增加了11%。前五

① 农业部农业转基因生物安全管理办公室等. 2011. 农业转基因生物知识100问. 北京：中国农业出版社

位种植转基因作物的发展中国家是中国、印度、巴西、阿根廷和南非。巴西的发展速度最快，2012 年转基因作物种植面积达到 370 万公顷，增加了 20%以上，使其成为全球转基因作物市场中增速最快的国家。2012 年，巴西转基因作物种植面积居全球第二，仅次于美国。转基因作物种植面积较大的发达国家只有美国和加拿大，其转基因作物主要用作食品加工的原料，并未直接食用（图 2-5）。

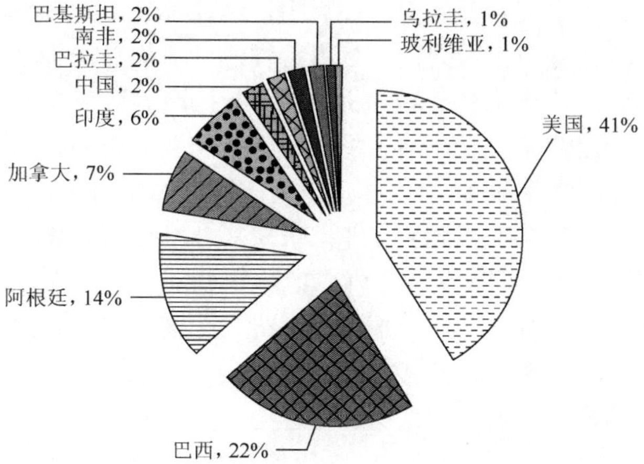

图 2-5　2012 年全球主要国家的转基因作物种植面积占比

国际上至今已批准的商品化转基因作物主要有大豆、玉米、油菜、棉花、番茄、马铃薯等，由它们生产加工的产品已近万种。转入的基因主要包括耐除草剂基因、抗虫基因、抗真菌病害基因、抗细菌病害基因、抗干旱基因、抗盐碱基因、品质改良基因、控制雄性不育基因等类型（Séralini et al.，2012）。其中，大豆、玉米、棉花转基因作物的种植较为普遍。《2012 年市场化生物技术及转基因作物的全球现状》报告指出，2012 年，具有复合性状（既抗虫又耐受除草剂）的转基因作物种植面积有所增加，全球共种植 4400 万公顷，占总面积的 1/4 以上。

目前，全世界人口数量快速增长，粮食的增长速度难以追上人口的增长速度，因此人类面临着粮食短缺的问题。种植转基因的种子可以使粮食产量提高，但目前还没有国家宣布将主粮（水稻、小麦）转基因化。2009 年，我国农业部下属的国家农业转基因生物安全委员会颁发了两种转基因水稻、一种转基因玉米的安全证书。如果中国推进转基因水稻的种植，那我们将会成为世界上第一个将主粮转基因化的国家。

三、转基因生物发展趋势

当前，少数跨国公司主导转基因作物市场和农业生物技术，发达国家主导着转基因作物品种、技术的知识产权体系。以当前应用最广泛的抗虫基因和抗除草剂基因为例，孟山都、拜耳、杜邦、先正达、陶氏益农等五家公司掌控约70%以上的抗虫基因专利和84.5%的抗除草剂基因EPSPS专利，特别是孟山都公司控制着全世界50%以上的转基因抗虫品种和69.2%的抗草甘膦品种。

转基因作物的种植特性仍以抗除草剂和抗虫性为主。这一类被称为第一代转基因作物，可以免受虫害、杂草和病害影响，通过减少损失而被动地实现产量的明显增加。第二代转基因作物则依靠自身特性进一步提高产量。目前，转基因作物育种的重点已经从第一代产品转向提升抗旱、抗涝等适应能力为代表的第二代产品上。这种多基因叠加的复合性状将成为未来的发展趋势。相比于抗除草剂性状的转基因作物5%的增长和抗虫性状的转基因作物11%的增长，2011年复合性状转基因作物种植面积的增长达到31%。未来复合性状的转基因作物产品将包含抗虫、耐除草剂和耐干旱等农艺输入性状，以及Omega-3油用大豆或增强型维生素A金米等改善品质的输出性状。据预计，抗旱性状作物对世界范围内种植体系的可持续性将具有重大影响，尤其是撒哈拉以南非洲地区、拉丁美洲及亚洲等干旱状况更为普遍和严重的发展中国家和地区。

四、转基因与国家安全

公众和科学家对转基因生物安全性的争议已持续了几十年，但由于现代生物技术对转基因技术并未完全掌握，还缺乏理性的研究，转基因生物究竟会给人类带来什么影响至今尚无定论。总的来说，转基因生物的安全问题主要体现在以下四个方面：转基因生物对生物多样性的威胁、转基因生物对生态环境的破坏、转基因生物及食品对人类健康的危害、转基因生物对社会伦理的影响（马兰和殷正坤，2004）。

第四节　生 物 入 侵

生物入侵是指某种生物从外地自然传入或人为引种后成为野生状态，并对本地生态系统造成一定危害的现象（黄振艳等，2008）。这些生物被叫做外来物种。外来物种是指那些出现在其过去或现在的自然分布范围及扩散潜力以外的物种、亚种或以下的分类单元，包括其所有可能存活、继而繁殖的部分、配子或繁殖体（夏少敏和张娟红，2004）。外来物种的“外来”是以生态系统来定义的。外来入侵物种具有生态适应能力强，繁殖能力强，传播能力强等特点；被入侵生态系统具有足够的可利用资源、缺乏自然控制机制、人类进入的频率高等特点（祝列克，2005）。

一、生物入侵发展历史

1845 年，爱尔兰从南美引进的马铃薯带有疫病，导致境内马铃薯全部枯死，饿死 150 万人，成为人类史上生物入侵造成的最大悲剧。19 世纪中期，从俄国侵入北美的白松锈病，几乎毁灭了美国全部的白松。1859 年，英国人托马斯·奥斯汀向澳大利亚引进了 24 只兔子，为打猎而放养了 13 只，这 13 只兔子至今已繁衍 6 亿多只后代，给澳大利亚政府带来了无尽烦恼。20 世纪 50 年代初，一种棕色的树蛇被引进关岛，从此以后，12 种鸟类从岛上绝迹，其他一些物种也已经接近灭绝。自 1978 年以来，由于蛇爬到电线上而导致的电力中断超过 1200 次。20 世纪 70 年代初，原产于尼罗河的河鲈在维多利亚湖疯狂繁殖，该湖的原产鱼类几乎绝迹。20 世纪 80 年代初，一种冠状水母经由海运工人带进黑海海域，现在这种水母在黑海一些海域所占的生物量比例高达 95%，导致当地原先年产高达 2.5 亿美元的渔业几乎崩溃。1986 年，欧共体国家为防源于英国的疯牛病入境，至少耗去 30 亿欧元。

二、生物入侵发展现状

根据 2005 年《入侵植物：经济和农业视角》杂志发布的一篇文章，美国入侵的外来植物 25 000 种，动物 20 种，鸟类 97 种，爬行动物和两栖动物 53 种，鱼类 138 种，节肢动物 4500 种，软体动物 88 种，微生物 20 000 种。外来物种（非本土）入侵造成的经济损失约为 1203.85 亿美元。在美国野生生境中，外来杂草以大约 70 万公顷/年的速度传播和入侵。如千屈菜（Lythrum salicaria），自 19 世纪初作为观赏植物被引进后，以 11.5 万公顷/年的速度传播开来，导致 44 种本土植物数量降低，使海龟和野鸭等许多野生物种濒临灭绝，防治成本和草料损失每年达到 4500 万美元。据保守估计，由外来微生物和其他寄生种类导致的美国家畜经济损失每年超过 90 亿美元（Pimentel，2005）。

截至 2013 年，入侵我国的外来生物已经确认有 544 种，其中大面积发生、危害严重的达 100 多种。在国际自然保护联盟公布的全球 100 种最具威胁的外来物种中，入侵我国的就有 50 余种。近 10 年来，我国相继发现了西花蓟马、Q 型烟粉虱、三叶草斑潜蝇等 20 余种世界危险性与爆发性物种的入侵，平均每年增加 1～2 种。科学技术部（简称科技部）“973”计划生物入侵项目首席科学家万方浩在第 2 届国际生物入侵大会上表示，目前入侵我国的外来生物种类很多，我国是遭受生物入侵最严重的国家之一。

据调查分析，自 16 世纪到 21 世纪，我国外来有害生物入侵的时间可划分为三个阶段，分别是16世纪到19世纪的缓慢增长阶段，19世纪至20世纪的快速增长阶段以及20世纪后期以来的危险性入侵种增长期（陈小帆等，2005），见图2-6①。

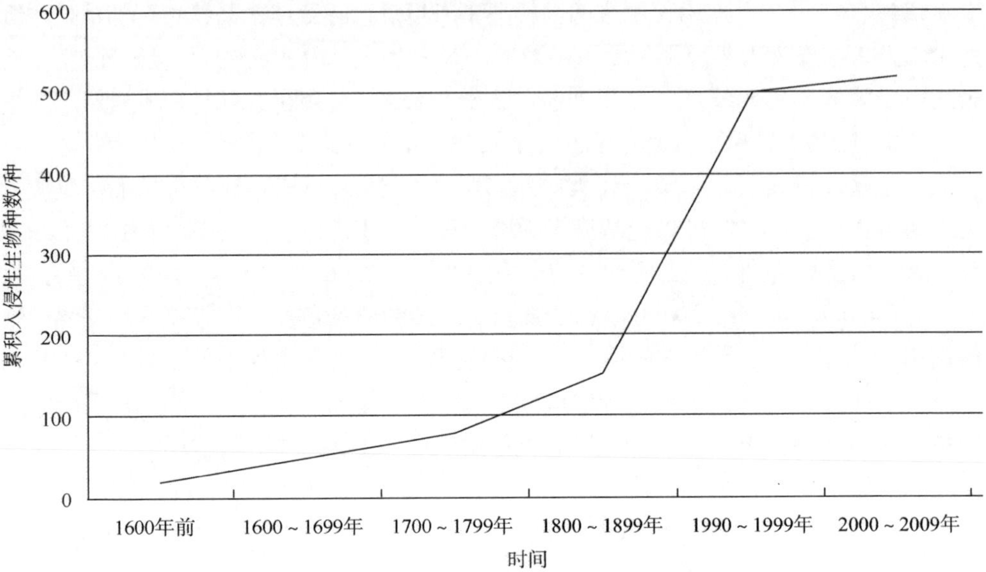

图2-6　我国16～21世纪生物入侵的发生趋势

据统计，在入侵我国的外来有害生物中，从美洲传入的最多，约占54%，其中来自北美洲的约占30%，南美洲的约占24%；亚洲其他国家和地区传入的约占20%，欧洲、非洲及大洋洲传入的分别占17%、6%和3%，见图2-7②。

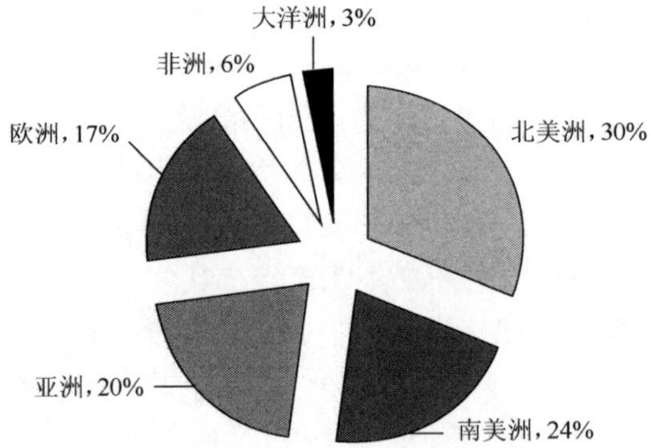

图2-7　我国入侵物种的传入来源

① 生物入侵时间特征. http://www.chinaias.cn/liPart/PlayFlash.aspx?ID=5[2011-4-8]

② 生物入侵物种的传入来源. http://www.chinaias.cn/liPart/PlayFlash.aspx?ID=6[2011-4-8]

三、生物入侵的趋势

随着国际经济一体化进程与国际贸易的飞速发展，生物入侵问题越加突出，危害不断加剧，形势越加严重。在大多数国家和地区，入侵物种肆意，新的疫情频繁发生，生物入侵的威胁日益加重。地球上几乎所有的国家都领略了外来有害生物带来的危害，品尝到了有害生物入侵的苦果（万方浩，2007）。在西欧，引进北美虾的同时也引进了北美虾病毒，在病毒的侵袭下当地虾从河流中逐渐消失；在北爱尔兰，人们对引种马铃薯时带进的疫病记忆犹新，那种病菌曾导致当地马铃薯毁灭性的减产；在东非，一种起源于南亚的草已静悄悄地侵入了数百万公顷的热带森林，使当地多种植物受到侵害；在新西兰，引进的澳洲袋鼠在这里食欲大开，一晚上可吃掉或毁掉 20 吨绿色植物。

生物入侵已成为全球关注的环境问题，据生物多样性公约组织（CBD）报告显示：外来生物每年给美国造成的损失是 1370 亿美元、印度为 1170 亿美元、巴西为 500 亿美元、南非 70 亿美元（安榆林，2004）。国际自然及自然资源保护联盟有关报告显示，生物入侵每年给世界各国造成的经济损失约在 4000 亿美元。

四、生物入侵与国家安全

生物入侵种具有极强的破坏性。由于具有隐蔽性强、变异频率高、潜伏期短和危害严重持久等特点，一旦有害生物侵入，就极难根除，并且后患无穷（姚一建和魏铁铮，2001）。历史上频繁出现过外来病原微生物肆虐事件，造成了极其严重的生态危害。例如，起源于东亚的荷兰榆树病分别于 1910 年和 1970 年左右出现两次大流行，第一次历时 40 余年，造成大多数欧洲国家和北美 10%～40% 的榆树死亡；第二次流行产生新的病原菌，导致大多数欧洲榆树死亡，仅英国就丧失了 3000 万株，而在北美洲的死亡数则达几亿株。如今，此病害已传播到美国大部分州内，每年仍导致 40 万株榆树的死亡，使榆树濒临绝种的边缘。栗疫病是另一种严重的森林病害，被认为起源于日本，在 20 世纪的前 50 年间扫荡了整个美国东部的栗树林，使高大的栗树在美国不复存在，只在昔日的照片偶见其雄姿。除了生态破坏和经济损失以外，微生物入侵种还严重影响到社会的稳定与发展。致病疫霉所引致的马铃薯晚疫病即为典型例子，此病起源于墨西哥，19 世纪 40 年代传到欧洲和南美洲。1845～1847 年，马铃薯晚疫病在爱尔兰爆发并引起大饥荒，致使 800 万居民中约 100 万人死亡和 150 多万人流落他乡。

另外，微生物入侵种还具有极强的致病性和危害性，如艾滋病、霍乱、炭疽、鼠疫和天花等，都直接危及人的生命。一些微生物入侵种也已经成为一些国家、恐怖组织和邪教组织用于战争和恐怖活动的得力武器。第二次世界大战期间，日本帝国主义在中国的土地上进行了生物武器的研究。日军于 1941 年在承德释放霍乱菌，杀害了大约 10 000 名无辜的中国人民，并导致 1700 名日本士兵死亡。时至今日，仍有不少国家和组织为争夺世界和地区霸权，或为达到某种罪恶目的而秘密进行生物武器的研究和使用。除直接作用于人体以外，一些动植物的病原微生物也可以被当做武器来破坏经济和社会的稳定，用来达到打击敌对国家的目的。若农业生产遭受攻击，要控制病害传播和清除染病牲畜所需的费用及其带来的经济损失将是十分巨大的，对社会稳定所将引起的损害也一样十分严重。

第三章

国际生物安全概况

第一节　国际生物安全现状与趋势

生物因素带来的安全问题一直是人类面临的巨大挑战，特别是在美国“9・11”事件和“炭疽事件”发生后，生物安全问题越来越成为全球关注的焦点（刘标和薛达元，2000）。SARS、禽流感、甲型 H1N1 流感等烈性传染病在局部地区的流行，以及新发和再发传染病的爆发在世界范围内呈上升趋势；外来生物入侵所引起的生态安全、粮食安全和人口健康等问题日益严重，如水葫芦对旅游业、航运业、渔业和水利业等造成的威胁；现代生物技术，特别是合成生物学等技术滥用所带来的威胁，转基因生物对生物多样性和粮食安全可能存在的风险（郑涛等，2012a）。

2011 年 6 月，经济合作与发展组织（OECD）发布名为“未来全球冲击”（*Future Global Shocks*）的报告对传染病大流行进行了分析，该报告指出，全球化、全球经济的破坏性冲击的出现越来越频繁，后果也越来越严重，而传染病大流行就是造成此冲击的可能原因之一。谈到传染病大流行的威胁时，OECD 指出，以 2003 年爆发的非典为例，疫情首先在香港爆发，然后迅速蔓延至全球，越来越多的大城市被波及，特别是在亚洲。该报告还指出，迫切需要新的抗生素以应对不断增加的耐药性，呼吁增加投资强化威胁的监视和监测，加强国际合作，为应对传染病大流行做好准备（OECD，2011）。

2012 年第六十五届世界卫生大会期间，WHO 总干事陈冯富珍表示[①]，将生物安全与更广泛的全球卫生安全相结合非常有必要。她坚信，只有在越来越多的国家有能力快速发现不寻常的疾病事件之后，才有望实现真正意义上的生物安全。她指出，检测不寻常或意外疾病事件的一个最好的方法是有良好的正常统计

① 第六十五届世界卫生大会. http://www.who.int/mediacentre/events/2012/wha65/zh/[2012-5-21]

数据。一旦获取了这样的数据，那么出现不同寻常的数据后就会及时提出疾病爆发的预警。她表示，统计数据表明占世界人口总数65%的85个国家没有可靠的生命登记系统，这意味着死亡原因没有得到调查，也没有记录。另外，执行国际卫生条例并不是卫生部门特有的功能，开展与兽医、公共卫生和农业部门的紧密合作成为WHO当务之急的头等大事。WHO将与世界动物卫生组织（OIE）、联合国粮食及农业组织（FAO）合作，搜集早期疾病情报，改善共同防御状况。

第二节　国际生物安全对策

针对生物安全威胁，世界各国积极制定出生物安全政策和对策，以确保国际生物安全。与此同时，国际性或区域性组织在国际生物安全领域也进行了积极的努力，并签署了一系列的生物安全公约及议定书，共同致力于国际生物安全（朱守一，1999）。

一、美国

1. 美国的生物安全战略

新的时代背景下，世界多极化和经济全球化趋势成为国际社会发展的主流。传统安全不再是国家公共安全问题的全部内容，各种非传统安全问题也日益引起人类的关注。尽管许多非传统安全威胁看上去不像世界大战那样硝烟弥漫，但其危害程度有时并不亚于一场战争，已经构成对世界发展和人类生存的严重威胁（周媛媛，2004）。

"9·11"事件发生后，美国政府将恐怖主义和大规模杀伤性武器确定为美国面临的最大威胁。布什政府2001年9月公布的《四年防务审查报告》（DOD，2006）和2002年9月公布的《国家安全战略报告》（White House，2010）表明，"9·11"恐怖袭击以后，美国政府大致确定了安全战略的轻重缓急，即在当前和今后相当长一个时期里，美国面临的首要威胁是国际恐怖活动，将采取一切手段打击国际恐怖组织，防止恐怖袭击。美国还将根据对国际恐怖活动的态度来确定与其他国家为敌或为友，并相应地调整有关的政策。两份报告还进一步提出，大规模杀伤性武器及导弹技术的扩散仅次于恐怖主义的威胁，美国必须将阻止大规模杀伤性武器和导弹技术的扩散作为对外政策的头等目标，并对任何大规模杀伤性武器和导弹技术的扩散等采取更为严厉的政策，包括在它认为必要时，采取军事行动。

2001年9月19日，布什总统签署了《爱国者法案》，以维护国家安全的名义，赋予有关当局更多的侦查和搜查权，并加强了对移民和外国留学生的跟踪和控制

（美国国会，2001）。

2002 年 11 月，布什总统签署了成立国土安全部（DHS）的法案，并宣称这项法案将使美国能够更加协调和有效地对付恐怖袭击。

2004 年 4 月，美国政府发布《世纪生物防御国家战略》，提出 21 世纪美国生物防御计划的核心是威胁预警、预防和保护、监控和检测，以及反映和恢复等方面。

2005 年 1 月，美国政府发布《国家突发事件应急预案》。此外，在食品安全和转基因生物安全领域也构建了相对完善的法律法规体系和管理体系。

2006 年 3 月 16 日，布什政府发布了其上任以来的第二份《国家安全战略报告》。在这份报告中，最后一个章节中加入了名为“全球化带来的机遇与挑战”的主题。对艾滋病、禽流感、跨国贩卖人口等新型非传统安全的威胁进行了描述，并强调了进行国际合作共同应对的必要性。

为重塑美国形象，奥巴马上台后，开始调整美国的安全战略。2009 年，发布了《应对生物威胁国家战略》，分析了美国面临的生物威胁，提出了应对生物威胁的 7 个目标。

2010 年 5 月 27 日，美国发布了新版《美国国家安全战略》报告，这是奥巴马上任以来首次发布的战略。在这份新战略中，除了传统的威胁外，还包括了经济危机与“本土恐怖分子”这两大来自美国国内的安全威胁。新战略开出的威胁清单还包括公共卫生、全球贫困、气候变化、环境问题、核扩散、网络攻击等非传统安全威胁。报告认为，这些威胁无法由单个国家应对，必须依靠国际机制，开展国际合作。报告指出，致命的生物战剂在人口密集的中心地区散播，将危及成千上万人的生命，产生无法估计的经济、社会和政治后果。在国内，美国必须继续与首要的响应者和卫生官员一起合作，来减少无意的或者精心策划的流行疾病爆发带来的风险，并加强美国在面对严重生物威胁时的复原能力。美国将与国内国际的伙伴合作，通过促进全球健康保障，以及加强安全规则和责任管理来应对生物威胁；获得有关现有的和即将出现的风险的及时准确的信息；采取负责任的步骤减少爆发的可能性；提高阻止、归咎和逮捕那些发动攻击者的能力；与所有的利益相关者有效沟通；帮助推动有关生物威胁的国际对话。

2. 美国的生物安全法律法规和管理机制

美国有关生物安全的法律法规较多，如《联邦仪器药品和化妆品法》《有毒物质控制法》《植物检疫法》《联邦种子法》《濒危物种法》《国家紧急状态法》《联邦应急计划》等（邓青和易虹，2012）。“9 • 11”事件及“炭疽事件”后，美国为进一步加强其应对生物恐怖和疾病爆发的能力，又相继出台了一系列针对生化袭击的法律法规（Henson and Caswell，1999）。

1）传染病与生物恐怖相关法规和管理机制

在传染病与生物恐怖防范领域，美国政府颁发的相关法律法规文件主要包括《公共卫生服务法》《公共卫生安全与生物恐怖应对法》《大规模杀伤性武器医学应对措施》（2007 年）及《公共卫生与医学准备预案》（2007 年）等。这些战略与法律法规文件明确了美国生物防御在国家安全中的地位，确定了生物防御能力建设的目标和实现途径，使生物防御能力建设有法可依、有章可循。

美国政府非常重视传染病的防治。美国卫生部（Department of Health and Human Services，HHS）是全美公共卫生体系的中枢，下设机构主要有国立卫生研究院（National Institutes of Health，NIH）、疾病控制与预防中心（Centers for Disease Control and Prevention，CDC）、卫生资源与服务管理局（Health Resources and Services Administration，HRSA）、印第安人卫生服务部（Indian Health Service，IHS）、FDA、有毒物质和疾病登记处（Agency for Toxic Substances & Disease Registry，ATSDR），以及滥用毒品与精神健康管理局（Substance Abuse and Mental Health Services Administration，SAMHSA）等。美国国防部（DOD）下设的高级研究计划局（Defense Advanced Research Projects Agency，DARPA）是 DOD 重大科技攻关项目的组织、协调、管理机构和军用高技术预研工作的技术管理部门，主要负责高新技术的研究、开发和应用，所承担的科研项目、负责开展的医学防护研究包括基础研究和应用研究，重点目标是应对新发的涉及生物工程改造的生物威胁。“9·11”事件之后，美国政府成立了国土安全部，负责国内安全及防止恐怖活动。2005 年，美国组建了国家生物安全科学顾问委员会（National Science Advisory Board for Biosecurity，NSABB），帮助政策制定者和研究人员评估生命科学研究的危险性，对生物“两用性”研究及其他生物安全问题提出建议（表 3-1）。

表 3-1　美国传染病控制与生物恐怖防范主要管理机构和职能

机构	职能
NSABB	评估生命科学研究的危险性，对于生物“两用性”研究及其他生物安全问题提出建议
HHS	维护美国公民健康，提供公众服务，具体的职能由下设的 CDC（疾病监测）、FDA（疫苗和药品测试与审批）、NIH（研发和项目资助）等机构承担
DOD	开展医学防护研究，包括基础研究和应用研究，重点目标是应对新发的涉及生物工程改造的生物威胁，主要由 DARPA 等机构承担
DHS	维护国内安全及防止恐怖活动，主要由医疗事务办公室（Office of Health Affairs，OHA），以及科学与技术局承担

2）食品安全相关法规和管理机制

美国被公认为世界上食品消费最为安全的国家之一。这与其在食品安全立法方面的不断发展，监管制度的不断探索与创新密切相关。《联邦食品、药品、化妆品法》（FFDCA）是美国重要的食品安全法令，自1938年颁布以来，该法案经过无数次修改后，现已成为美国关于食品的基本法，美国食品安全法律的核心，美国食品安全管理的基本框架（Tompkin，2001）。该法规定FDA管辖除肉、禽和部分蛋类以外的国产和进口食品的生产、加工、包装、储存，还包括对新型动物药品、加药饲料和所有可能成为食品成分的食品添加剂的销售许可和监督（FDA，1938）。

2002年6月，美国以应对生化反恐为由颁布了《2002年公众健康安全与生物恐怖主义预防应对法》。为执行该法，2003年10月10日，FDA正式发布了《食品企业注册法规》和《进口食品提前通报法规》。

2009年7月30日，美国众议院通过《2009年食品安全加强法案》（H.R.2749 RFS）。该法案是对FFDCA的一次重大修订，它极大地扩充了FDA的权限，增加了其执行资源，同时大大削减了FDA在采取行动时的司法限制。

2011年1月4日，美国总统奥巴马签署了《FDA食品安全现代化法案》（FSMA）。该法案是对已经实施了70多年的FFDCA进行的一次“现代化”大变革修订，三大能力得到提升：扩大FDA对国内食品和进口食品安全监督管理权限；构建更为积极和富有战略性的现代化食品安全多维保护体系，妥善解决食品安全和食品防护问题；确保美国国家食品供应安全继续走在世界前列。

1998年，美国政府成立了“总统食品安全管理委员会”来协调全国的食品安全工作。美国联邦政府食品安全监管体系中共有20多个具有食品安全监管职能的机构，基本是国家垂直的管理体系（林镝和曲英，2004），见表3-2。

表3-2　美国食品安全主要管理机构和职能

机构	职能
总统食品安全管理委员会	协调
FDA	肉、禽和部分蛋类以外的国产和进口食品的生产、加工、包装、储存，还包括对新型动物药品、加药饲料和所有可能成为食品成分的食品添加剂的销售许可和监督
USDA下属的食品安全检验局	规范肉、禽、蛋类制品，确保销售给消费者的肉、禽和蛋类产品合乎卫生，不掺假，并进行正确的标记、标识和包装
环保署（EPA）	对用于庄稼的农药进行审批，并制定食物中农药的残留限量标准。该机构还制定饮用水的标准，管理有毒物质和废物，预防其进入环境和食物链

续表

机构	职能
财政部下属的酒类、烟草和火器管理局	对酒精度在 7°以上的酒精饮料进行监管，并制定标准
联邦贸易委员会	管理食品广告
疾病控制与预防中心	负责食源性食品安全事故的应急处置，与其他机构合作监测食源性疾病爆发的趋势和规律，开发快速检验病原菌的技术，开展食源性疾病预防研究，并对地方和州的食品安全人员进行培训
商业部（DOC）下属国家海洋和大气管理局	负责渔船、海鲜加工厂和零售店的监管，并颁发许可证

3）转基因生物安全法规和管理体制

在美国现有的法律法规中，与转基因生物安全管理相关的有《植物保护法》（PPA）、《联邦杀虫剂、杀菌剂和灭鼠剂法》（FIFRA）、《联邦食品、药品和化妆品法》（FFDCA）等（王迁，2006）。

1984 年，美国总统办公厅科技政策办公室（OSTP）颁布了《生物技术管理协调框架》，于 1986 年 6 月 26 日正式实施，确定了转基因生物安全管理的基本原则、法规框架和部门分工。协调框架指出，转基因产品和常规产品没有本质区别，转基因生物以产品而不是过程进行管理，转基因生物以个案为原则审查，不需要针对转基因生物重新制定法律，而应当在现有法律框架下制定实施法规（Kuiper et al.，2001）。在此框架下，成立了国家生物技术科学协调委员会，具体管理工作由 USDA、EPA、FDA 三个机构负责，以 USDA 为主。

USDA 依据 PPA 负责评价转基因生物成为有害生物的风险，保护农业生态和环境安全；依据《病毒、血清、毒素法》（VSTA）对转基因兽用生物制品进行管理；依据《联邦肉类管理法》《家禽产品管理法》《蛋类产品管理法》对肉禽蛋及其制品进行管理。环保署依据 FIFRA、FFDCA 对与食品和饲料有关的农药如 Bt 抗虫棉进行管理；依据《有毒物质控制法》（TSCA）对转基因微生物的管理。FDA 依据 FFDCA 和《公共卫生服务法》（PHSA）对与转基因生物相关的食品、食品添加剂、饲料和医药等进行管理（David and Hersam，2013），见表 3-3。

表 3-3　美国转基因生物安全管理机构和职能

机构	职能
农业部	转基因生物的农业和环境的安全
EPA	用作农药的转基因生物的安全应用
FDA	负责转基因生物的食品和饲料安全

美国转基因生物安全管理分为两个阶段：第一阶段是转基因生物研发，由国立卫生研究院依据《重组 DNA 分子研究指南》管理，按照指南的分类，农业转基因生物的安全水平和实验类型较低，一般不需要审批（NIH，1976）。NIH 组建重组 DNA 咨询委员会成立生物技术办公室保障法规运行（Berg et al.，1975）。第二阶段为转基因生物的释放和应用，由 USDA、EPA 和 FDA 根据《生物技术管理协调框架》进行管理（陈俊红，2004a）。

3. 美国重大生物安全项目计划和经费投入

“9·11”事件后，运用高科技手段反恐成为美国政府的重要举措。相对于核武器、化学武器及撞机、人体炸弹等，生物武器具有技术含量不高、隐蔽性强、杀伤力大以及容易引起人们强烈的心理恐惧等特点。因此，美国政府高度重视反生物恐怖，在隶属国家科学技术委员会的国土与国家安全委员会下，由白宫科技政策办公室、DHS、DOD、HHS 等 12 个机构共同组成了大规模破坏性武器医疗对策分委员会，并制订了三个反生物恐怖计划，即生物监测计划、生物传感计划和生物盾牌（BioShield）计划（表 3-4）。

表 3-4　美国主要传染病与生物恐怖防范计划

计划名称	内容
生物监测计划	这项计划也被称作城市监控计划，旨在提供生物威胁的早期预警系统。美国疾病控制与预防中心开列了一份危险病原体清单“选择制剂”，美国全国有 30 个城市设立了 4000 多个大气监测站，日夜监测大气样本中是否含有这些物质。一旦有所发现，就会采取相应措施并启动机制
生物传感计划	该计划旨在缩短从探测到可能的生物制剂到做出适当反应的滞后时间。监测参数包括由生物监测计划监测到的环境数据、由 DOD 和退伍军人管理局管理的医院发出的流行病信息、全国药店的报告及其他来源的相关综合和非传统数据。这些信息汇总到疾病控制与预防中心的生物情报中心进行分析
生物盾牌计划	生物盾牌计划于 2003 年 1 月公布，有三项主要规定：第一，通过特殊的合同授权，鼓励开发和采购包括疫苗、药物和诊断器械在内的“下一代”医疗对策。第二，授权国家卫生研究院通过国家过敏症与传染病研究所针对这些试剂的医疗对策，促进有前途领域的研究。第三，它为某些未获批准使用的疗法制定了新的应急使用授权

此外，美国加大了在生物防御领域的预算投入，在生物防御、公共卫生、医疗保健、国家安全和国际安全等方面投入了大量的资金（表 3-5）。

表 3-5　FY2011～FY2014 美国政府民用生物防御经费　（单位：百万美元）

机构	FY2011（实际）	FY2012（实际）	FY2013（估计）	FY2014（预算）
HHS	4149.8	3923.7	3985.5	4100.0
DOD	788.7	922.6	1128.8	1155.8
DHS	389.6	335.2	358.1	1046.2
USDA	84.0	92.0	92.0	94.0
EPA	128.3	96.2	102.5	101.7
DOC	102.9	101.0	101.6	112.1
国务院（State）	74.3	73.2	73.2	67.8
国家科学基金会（NSF）	15.0	15.0	15.0	15.0
经费总额	5732.5	5559.6	5857.4	6693.3
经费总额（除去生物盾牌经费）	5732.5	5559.6	5857.4	6443.3
生物盾牌经费	—	—	—	250.0

注：FY 表示财年

FY2014 预算要求为民用生物防御拨款 66.9 亿美元，与上一年的预算相比有所增加。包括在 FY2014 预算的生物防御方案的主体计划不仅是为了提高生物防御，同时也是为了更广泛地提高防备和应变能力，这个方案同时用于生物防御和非生物防御的目标和应用，包括在科学、公共卫生防备和灾害应对等领域。FY2014 用于民用生物防御的 66.9 亿美元预算中的 58.6 亿美元（88%）用于生物防御和非生物防御的目标和应用的方案，8.35 亿美元（12%）只用于目标是生物防御的方案。

HHS 获得了大多数联邦生物防御拨款（61%），紧随其后的是 DOD（17%）、DHS（16%）、DOC（2%）、EPA（2%）、USDA（1%）、State（1%）、NSF（<1%）。在这 8 个联邦政府机构中，HHS、DOD、DHS、USDA 和 DOC 在 FY2014 的预算经费有所增长，NSF 的预算基本上保持不变，EPA 和 State 在 FY2014 的生物防御预算有所减少。

4. 美国生物安全领域主要研究机构

FDA 为直属 HHS 管辖的联邦政府机构，其主要职能为负责对美国国内生产及进口的食品、膳食补充剂、药品、疫苗、生物医药制剂、血液制剂、医学设备、放射性设备、兽药和化妆品进行监督管理，同时也负责执行《公共卫生法案》的第 361 号条款，包括公共卫生条件及州际旅行和运输的检查、对于诸多产品中可能存在的疾病的控制等。

CDC 是 HHS 所属的一个机构，总部设在佐治亚州亚特兰大。CDC 的工作重点在于发展和应用疾病预防和控制、环境卫生、职业健康、促进健康、预防及教育活动，旨在提高人民的健康。美国传染病中心（NCID）是 CDC 的 12 个中心、研究所、办公室之一，它主要负责传染病所引起的疾病流行、残疾和死亡的预防工作。NCID 通过同地方、国家的公共卫生机构，其他的联邦机构，医学和公共卫生专业协会，来自学院和医疗机构的流行病专家，以及国际相关机构合作，进行对流行病的监测、调查、流行病学和实验室研究，同时进行相关的培训和公众教育计划，发展、评价和促进流行病的预防和控制战略。

NIH 是 HHS 所属的一个机构，成立于 1887 年，总部位于马里兰州的贝塞斯达。NIH 的任务是探索生命本质和行为学方面的基础知识，并充分运用这些知识延长人类寿命，预防、诊断和治疗各种疾病与残障。NIH 拥有 27 个研究单元，包括 19 个研究所、7 个研究中心和 1 个国家医学图书馆。NIH 也是美国最大的医学研究资助机构，其每年约 300 亿美元的预算中，近 90%的科研经费用于资助院外研究工作，受其资助的国内外大学及其他科研机构达 3000 多所，涉及超过 30 万名研究人员。NIH 下属的美国国家过敏与传染病研究所（NIAID）主要进行传染病、免疫性疾病及过敏性疾病的病毒学、生物化学、寄生虫学、真菌学、分子生物学、免疫学等方面的研究。

5. 美国主要生物安全实验室介绍

为支撑美国大量的生物安全试验，美国目前拥有世界上最先进、最多的高等级生物安全实验室。而且，由于经费充足，高等级生物安全实验室的数量还在继续增长。美国正在运行的四级生物安全设施见表 3-6。

表 3-6　美国正在运行的四级生物安全设施

名称	所属机构	地址	经费来源
佐治亚州立大学 BSL-4	佐治亚州立大学	亚特兰大	NIH、佐治亚研究联盟、私人基金
西南生物医学研究基金会（SFBR）	得克萨斯生物医学研究所	圣安东尼奥	DOD、NIH、DHS，以及私营企业和个人捐赠
美国陆军传染病医学研究所实验室	美国陆军传染病医学研究所（USAMRIID）	弗雷德里克	DOD
新兴传染病实验室	CDC	亚特兰大	DHS、HHS、EPA 和其他政府部门
洛矶山实验室	洛矶山综合实验设施	蒙大拿州汉密尔顿	HHS
Robert E. Shope 四级生物安全实验室	得克萨斯大学医学部	得克萨斯州加尔维斯顿	NIH、HHS、DOD、DOE、USDA、大学、制药企业、私立基金
弗吉尼亚部综合实验室	弗吉尼亚部	弗吉尼亚州里士满	CDC、USDA、EPA 等
国家生物防御分析与对策中心（NBACC）	美国国土安全部科技署	迪特里克堡	DHS

二、欧盟

1. 欧盟的生物安全战略

欧洲经常发生疯牛病、口蹄疫、禽流感等传染性疾病，造成大量经济财产损失乃至人身伤亡。根据 1995 年 3 月生效的《申根协定》(*Schengen Agreement*)，“申根区”内的欧盟成员国之间取消边境检查，人员完全自由流动。这一举措给欧洲人带来便利的同时，也给跨国贩毒、有组织犯罪乃至病毒传播提供了通途。

2003 年 12 月 12 日，欧盟首脑会议通过一份题为“更美好世界中的欧洲安全”的欧盟安全战略文件，这是欧盟通过的第一个安全战略文件，为进一步提高欧盟的危机预防和处理能力及独立防务能力奠定了新的理论基础。该文件首先分析了冷战结束后欧洲安全形势的变化，详细阐述了欧洲在这一形势下面临的新安全挑战，其中包括恐怖主义、大规模杀伤性武器扩散、地区冲突和有组织犯罪等。另外，该文件阐述了欧盟各成员国对当前安全环境的认识。文件指出，全球化导致了各国边界日趋开放，人员、贸易和投资的流动性增大，欧洲对交通、能源、信息等基础设施的依赖使欧洲安全具有脆弱性，战乱、贫困、疾病的传播、气候变暖以及能源匮乏也对全球安全构成长期威胁。

美国“9·11”恐怖惨案发生后，地区和国家安全受到国际社会的高度重视。各国政府纷纷采取切实措施，联合反恐，建立安全防范体系，开展安全科研，确保国家与公民的安全。面对世界新的、不断增强的和变化莫测的恐怖袭击挑战，欧盟决策者认为，欧洲各国必须紧密联合，努力发挥其研究与工业优势，有效地应对现存与未来的安全挑战，保障公民安全，维护世界和平（金启明，2005a）。

2. 欧盟的生物安全法律法规和管理机制

1）传染病与生物恐怖

由于疯牛病危机的出现，以及诸如艾滋病、非典和禽流感类流行病的威胁，加之欧盟国家人口老龄化的问题，促使欧盟决定采取公共卫生领域的合作政策与统一行动。欧盟公共卫生领域的立法分为两个层次，处在第一层次的是欧盟条约，它对欧盟和成员国在公共卫生领域的主要职能作了规定；处在第二层次的是那些以公共卫生为主要内容的规则（regulation）、指令（directive）、法令（decree），以及那些以经济社会事务的某一方面为调整对象，却包含了重要的公共卫生因素的立法。

1992年2月7日，欧洲共同体（European Community，简称欧共体）在马斯特里赫特签署了《欧洲联盟条约》，设立了欧盟，该条约又分别经过1997年的《阿姆斯特丹条约》和2001年的《尼斯条约》的修订，形成了当前适用的版本。条约在公共卫生领域，确立了处理欧盟和其成员国关系的原则，即任何能够在成员国层面解决的问题将不受欧盟规则的调整，成员国政府在处理与其国民相关的健康保障问题方面拥有排他性的权力。同时，欧盟在公共卫生领域也拥有一定的权力，这一内容在《阿姆斯特丹条约》第152条中得以确立。《欧洲联盟条约》给欧盟的卫生保健带来了三个主要变化：一是通过专门的条款，明确地规定了欧盟在卫生保健，尤其是在公共卫生保健领域的职权；二是提供了一个集中于公共卫生和疾病控制方面的行动大纲；三是促使欧盟对其所有的政策包括其正在采取的措施，进行了全面检查，主要是考虑其对于健康是否会产生负面影响，或者是否会起到潜在的促进作用。

2）转基因生物安全

欧盟对转基因技术持谨慎态度，实行基于生产过程（process-based）的风险预防原则，管理对象包括所有经过加工的和未加工的产品，只有不用于食品的转基因，如纺织品和其他工业用品才不被涉及在内。欧盟有关转基因生物安全的法规较多，比较重要的立法是《有关有意向环境排放转基因生物的指令》，该法令明确指出，欧盟所有法律的制定都是以风险预防原则为依据的(唐春生，2007)。目前，欧盟与转基因食品有关的法规主要有两大类，第一类法律主要针对有可能对环境造成损害的“转基因生物”，管理的内容最初由1990年通过的《有关向环境中有意释放转基因生物的“90/220/EEc号指令”》确定，后来被2002年10月生效的“2001/18/Ec号指令”替代。第二类法律主要针对转基因食品，包括1997年“258/97/E号”《有关新食品和新食品成分的管理条例》、2003年9月22日新制定的“1829/2003/Ec号”《有关转基因食品和饲料的条例》和“1830/2003/Ec号”《有关转基因生物追踪和标志及有关由转基因生物制成的食品和饲料的追踪条例》，以及2004年1月14日制定的“65/2004/Ec号”法规，其中，第258/97号条例主要对转基因食品上市的基本条件、风险评估标准和审批程序等基本制度进行了规定，后三个条例则规定了转基因食品和饲料的追踪制度和标签制度（边永民，2007）。

欧盟管理机构分工明确，负责转基因生物安全的机构主要包括欧洲理事会和欧洲议会、食品和兽医办公室和欧洲食品安全局（EFSA）（王迁，2004）。各机构具体职能见表3-7。

表 3-7 欧盟转基因生物安全主要管理机构和职能

机构	职能
欧洲理事会和欧洲议会	制定转基因安全管理政策
食品和兽医办公室	执行食品安全政策
EFSA	对从农田到餐桌的整个过程实行全程监控，为欧盟委员会及各成员国的法律和政策制定提供科学依据

3）食品安全

经过多年的改革和发展，欧盟建立起了十分完善的食品安全法律体系，这一体系围绕保证欧盟具有最高食品安全标准这一终极目标，依据风险分析、从业者责任、可追溯性、高水平的透明度等基本原则（林晶，2010），拥有一个从指导思想到宏观要求再到具体规定的非常严谨的内在结构，涵盖了“从农田到餐桌”整个食物链（廉恩臣，2010）。

欧盟关于食品安全的立法以《建立欧共体之条约》为基础；1997 年出台的《食品安全绿皮书》为欧共体食品法立法的一个起始点；2000 年发布的《食品安全白皮书》确立了食品安全法规体系的基本原则与基本框架，成为欧盟食品安全法律体系的核心和基础；2002 年 1 月制定的《基本食品法》规定了食品法的基本原则与要求，设立了 EFSA，并规定了关于食品安全的程序问题。2002 年 12 月 12 日，欧盟发布 2002/99/EC 号指令，规定供人类食用的动物源性产品的生产、加工、销售及引入的动物健康规范；2004 年 4 月 29 日，欧盟公布了《基本食品法》的 4 个补充法规，包括第 852/2004 号法规《食品卫生》、第 853/2004 号法规《动物源性食品具体卫生规定》、第 854/2004 号法规《供人类食用的动物源性食品的官方监控安排的具体规定》以及第 882/2004 号法规《确保核实遵守饲料及食品法、动物健康和动物福利规定的官方监控》，这些法规组成了“食品卫生系列措施”。

除此之外，欧盟通过法规（regulation）、指令（directive）或决议（decision）的形式，分别在饲料卫生、饲料添加剂、食品污染物、动物用药残留、农药残留、食品添加剂、食品标签、食品接触物质、渔产品检疫、肉类加工产品、酒类产品、转基因食品、动物副产品等方面制定了具体的规定和要求。

另外，欧盟还通过欧盟标准委员会制定和发布了许多有关食品安全的技术标准，形成了一个完整而详细的标准体系，涵盖了关于食品安全的所有方面，以及“从农田到餐桌”的所有环节。目前，欧盟拥有技术标准十多万个，其中 1/4 涉及食品。欧盟的食品技术标准与食品安全法规相互配合，使得食品安全法规的内容更为全面并更具有可操作性。

欧盟层面负责食品安全的机构主要包括欧盟健康和消费者保护总司、欧盟食品链及动物健康常设委员会、EFSA。各机构具体职能见表 3-8。

表 3-8　欧盟食品安全主要管理机构和职能

机构	职能
欧盟健康和消费者保护总司	实施食品安全法规
欧盟食品链及动物健康常设委员会	制定食品链各个阶段的食品安全措施
EFSA	为欧盟委员会、欧洲议会和欧盟成员国提供风险评估结果，并为公众提供风险信息

3. 欧盟生物安全重大项目计划

2007 年，欧盟开始实施《第七个框架研发计划》，将卫生与健康、安全列为两大主题（金启明，2005b）。在卫生与健康领域，欧盟的目标是应对包括新出现的传染病在内的全球健康问题，同时改善欧洲公民的健康状况，提高欧洲健康相关产业和企业的竞争力并促进其创新能力。为了实现这一目标，欧盟重点开展以下领域的研究：①包括真菌病原体在内的抗生素耐药问题。重点是将耐药分子机制、微生物生态学和宿主-病原体的基础研究与对新干预方法的临床研究结合起来，旨在降低多重耐药传染病的发生与传播。②艾滋病病毒/艾滋病、疟疾与肺结核。重点是开发新疗法、诊断工具、预防工具，如疫苗和艾滋病病毒杀菌剂等阻断化学传播药物。研究侧重于对抗全球范围内的三种疾病，但也将关注这三种疾病及肝炎在欧洲的状况。③可能出现的新流行病和可能再度发生的流行病。重点是应对可能发生的流行病原体，包括人畜共患病（如非典型性肺炎和高致病性流感）。在安全领域，欧盟重点关注具有跨国影响力的事故可能构成的威胁，如犯罪分子、犯罪分子所使用的装备和资源或攻击方式。

欧盟委员会于 2011 年 8 月 9 日宣布，欧盟研究框架计划追加拨款 1200 万英镑，启动一项名为《预测全球新型流行病爆发》（ANTIGONE）的项目，用以提高欧洲应对诸如致病性大肠杆菌等病原菌的能力。ANTIGONE 项目的重点是开发能预防未来流行病的方法，应对新的疾病爆发。

2009 年，欧盟委员会发布了欧盟化学、生物学、放射性和核（CBRN）安全行动计划，以加强对欧盟 CBRN 安全的管理。该行动计划主要关注三个方面：①防止所涉及的 CBRN 材料未授权使用；②对 CBRN 材料的检测；③对涉及 CBRN 材料的事故有效处置，并致力于快速恢复。CBRN 行动计划的核心内容是：①对 CBRN 安全优先采用基于风险的方法；②确保 CBRN 材料得到很好的保护，并且消除它们丢失或被偷盗的潜在危险；③扩大成员国对 CBRN 安全问题的信息交流，以便对紧急事故做出快速反应；④提高整个欧盟检测系统的使用价值；⑤在 CBRN 事故发生时，引入多种方法拯救生命，并减少对财产的损失。

4. 欧盟生物安全领域主要研究机构

1）欧洲疾病预防控制中心

欧洲疾病预防控制中心（ECDC）于 2004 年在瑞典的斯德哥尔摩成立，目的主要是加强传染病防控能力。ECDC 的任务是对危害人类健康的传染病进行鉴定、评估和交流，并承担监控和防范生物恐怖袭击的有关工作。ECDC 动员和加强各成员国疾病预防控制中心之间的协调，促进欧盟现有的卫生资源进行更有效的共享和合作，并对欧洲的疾病预防与控制进行更好地规划。

2）欧洲食品安全局

欧洲食品安全局（EFSA）是在欧洲发生了疯牛病和其他食品危机的背景下，于 2002 年成立的，总部设在意大利帕尔玛（Parma）。EFSA 是专门从事食品/饲料安全风险评估的机构，其在科研工作上完全独立于欧盟委员会，与欧盟成员国进行紧密合作，与欧盟委员会、欧洲议会和成员国分享该领域的风险交流，提供食品安全意见和建议。欧盟执行法律（EC178/2002）规定了 EFSA 的使命是提供基于风险评估的科学依据，支撑与食品/饲料安全相关的风险管理，提供与食品/饲料安全相关领域的科学与技术建议；与欧盟委员会成员国公开交流所有研究结果。

3）法国巴斯德研究所

法国巴斯德研究所（Institut Pasteur）创建于 1886 年，是法国著名的私营研究机构。它不仅是一个基础研究中心（研究微生物学、病毒学、免疫学、分子生物学、细胞学），也是应用研究中心（研究人类及兽医学、卫生及公共健康、农学及工业）、大学教育中心（研究微生物学、免疫学、流行病学等），同时，还是个专科医疗中心（医治病理性、寄生性和免疫性疾病）和文献中心。

4）德国 Bernhard Nocht 热带医学研究所

德国 Bernhard Nocht 热带医学研究所（BNI）创建于 1900 年，从起初的汉堡热带病研究所发展而来。由创建者 Bernhard Nocht 先生提出的“培训、研究和治疗热带疾病”为座右铭，至今这三方面仍是它的首要任务。作为与热带疾病相关的中心，BNI 在热带疾病的诊断、治疗和培训方面有很强的实力。它的研究领域仍然保持交叉学科间的基础研究、临床和诊断研究领域的传统特色。BNI 由它的上级主管部门汉堡城市卫生与环境局和联邦卫生部资助，属于 Leibniz 协会的 78 个研究所之一。

5）英国公共卫生中央实验室

英国公共卫生中央实验室（CPHL）创建于 1946 年，是英国国家医学微生物学咨询中心，进行大多数细菌和病毒感染实验室研究的主要咨询工作，并对这些感染进行广泛的研究，为地方公共卫生实验室、医院实验室、社会团体、内科医生、环境卫生官员、政府和工业部门提供技术与建议。CPHL 主要从事开发新的诊断方法和具有重要医学意义的微生物的分类工作。CPHL 拥有专门的仪器设备，可以进行常规实验室所没有能力开展的复杂病原检测。CPHL 同英国传染病监测中心密切合作，利用传统的和现代分子水平的识别病原微生物种类的方法，进行流行病调查和疾病控制。

6）罗博特·科赫研究所

罗博特·科赫研究所（RKI）的任务和目标是观察疾病的出现和公民健康受到的严重危险，为有效地保护公民健康提出科学的理论根据，研制诊断、实验所需的或者不能从其他方面获得的流行性病学方法，评价基因技术工作和环境医学的影响和方法。RKI 在德国的生物医学科学领域，特别是传染病领域占有十分重要的地位，它是联邦卫生和社会保险部（BMGS）重要的研究与推荐机构。

5. 欧盟主要生物安全实验室

1）英国

公共卫生中央实验（CPHL）。CPHL 位于英国伦敦，下辖 5 个部门：传染部微生物学支持服务部（Communicable Disease Microbiology Support Services）、胃肠感染部（Gastrointestinal Infections）、医院感染预防控制部（Nosocomial Infection Prevention & Control）、呼吸道与系统感染部（Respiratory & Systemic Infections）和病毒参考部（Virus Reference Division）。病毒参考部的主要研究内容有：肠道、呼吸、神经病毒研究、免疫/诊断试剂研究、人畜共患病研究、性传播和血液传播疾病、传染性海绵状脑病（TSE）等。BSL-4 实验室主要是病毒参考部使用。CPHL 下属的实验室主要包括：抗生素耐药性监测参考实验室（Antibiotic Resistance Monitoring & Reference Laboratory）；肠道呼吸道与神经性病一次实验式（Enteric，Respiratory & Neurological Virus Laboratory）；食名安全微生物学实验室（Food Safety Microbiology Laboratory）；食品、水与环境实验室（FoodWater & Environmental Laboratory）；肠道病原体实验（Laboratory of EntericPathogens）；医院感染实验室（Laboratory of Hospital Infections）；质量保证实验室（Quality Assurance Laboratory）；呼吸道与系统感染实验室（Respiratory & SystemicInfections Laboratory）；性传播与血液传播病毒实验室（Sexually Transmitted & Blood-borne Virus Laboratory）。

2）法国

让·梅里厄 P4 实验室位于法国第二大经济城市里昂。该实验室 1999 年 3 月开始运作，目标除研究最毒、最新的病毒外，也对历史上旧的、变种的病毒做深入研究、建档，并找出应对方法。该实验室面积为 600 平方米，造价达 4000 万法郎，其中仪器设备价值为 1000 万法郎，每年的运行维持和实验费用为 190 万欧元。该实验室的宗旨是向世界各国研究机构和企业提供实验设备和研究对象，研究对象为世界上最危险的病原体，如埃博拉、SARS、H5N1 禽流感等病毒，这些病毒的共同特点是易感染、高死亡率、无预防疫苗、无治疗手段。在技术上，实验室设计了多重防护设施，并规定了严格的操作程序，研究人员进入实验室前至少要接受为期半年的培训。在制度上，实验室由一支 20 人的独立团队进行管理，接受国家有关部门的多重监督，确保实验室运行规范、安全。

三、日本

1. 日本的生物安全战略

为适应日美同盟的调整，日本也加快了本国的安全战略转型，走向一体化安全保障战略。日本认为，随着苏联的解体和俄罗斯实力及地位的下降，日本来自北方的威胁大为减小，发生大规模战争的可能性越来越小，外敌入侵日本本土的可能性很低，而日本面临的主要威胁是恐怖活动、大规模杀伤性武器及弹道导弹的扩散、游击战进攻，以及因各种宗教和民族矛盾及领土纠纷引起的武装冲突，而且威胁将在何时何地发生变得越来越难以预测。日本防卫力量的主要任务不是应对来自北方的入侵威胁，而是应对恐怖袭击、弹道导弹、大规模杀伤性武器扩散等新型威胁（金松，2006）。

从日本对威胁的界定可以很清晰地看到，这主要是为适应美国全球战略调整的需要。“9·11”事件以后，美国对全球战略做出了重大调整，美国总统布什发表声明说，自冷战结束后，美国及其盟国面临的威胁已经发生改变，现在的威胁主要来自“无赖国家、全球恐怖主义和大规模杀伤性武器”，因而要调整全球军事力量部署，把战略重心转移到亚太地区（潘振强和吕有生，2008）。

2001 年美国“9·11”恐怖袭击事件发生，小泉内阁在事件发生后仅 24 天，迅速向国会提出《反恐特别措施法案》并获得通过，在第二次世界大战后首次实现“战时”自卫队海外派遣。

2004 年日本新《防卫计划大纲》明确提出，日本安全保障的目标有两个，一是防止和排除对日本形成的直接威胁，二是通过改善国际的安全保障形势以避免对日本形成威胁（江新凤，2004）。从日本安全战略的目标可以清楚地看到，日本将其安全利益大为扩展，日本安全战略的内涵已由国内安全拓展到国际安全，日本的安全利益已经不仅满足于确保本土的安全，而且还要积极参与国际安全事务，努力预防或消除威胁，从而建立有利于日本的外部安全环境。

2. 日本的生物安全法律法规和管理机制

1）传染病与生物恐怖防范

日本明治政府在 1897 年制定了日本最早的传染病法规《传染病预防法》，用于预防霍乱、痢疾、猩红热、鼠疫等疾病。该法律经过多次修改，百年来一直在防控传染病方面发挥着重要作用。在《传染病预防法》之后长时间内，相关法规的发展比较缓慢。

1931 年，日本制定了《寄生虫病预防法》。

1948 年，日本先后制定了《性病预防法》《预防接种法》。

1950 年，日本制定《狂犬病预防法》。

1951 年，日本制定《检疫法》《结核预防法》。

1953 年，日本制定《麻风病预防法》。

这些法规对当时日本预防和控制传染病起到了重大作用。但随着时代的发展，许多旧的传染性疾病逐步得到控制，新的传染病控制越来越复杂，日本政府在 20 世纪后期开始废除或修改旧的预防卫生法规、制定新法规的工作。其中，最主要的是在 20 世纪 80 年代废除了《寄生虫病预防法》和《麻风病预防法》，在 1998 年制定了新的《感染症预防法》，代替旧的《传染病预防法》《性病预防法》和《关于预防后天性免疫不全症候群的法律》（1989 年制定）3 项法律，同时修改了《检疫法》和《狂犬病预防法》。20 世纪末，日本的预防卫生法规逐步得到进一步完善和发展，形成了以《感染症预防法》为主，包括《检疫法》《预防接种法》《狂犬病预防法》《结核预防法》在内的完整法律体系。

传染病管理体系由厚生劳动省负责建立。这一系统同时被纳入整个国家危机管理体系，包括厚生劳动省、8 个派驻地区分局、13 家检疫所、47 家国立大学医学系和附属医院、62 家国立医院、125 家国立疗养所、5 家国立研究所构成的独立的国家突发公共卫生事件应急管理系统；由都道府县卫生健康局、卫生研究所、保健所、县立医院、市町村级保健中心组成地方管理系统。这三级政府（厚生劳动省、都道府县卫生健康局、市町村卫生健康局）两大系统，通过纵向行业系统管理和分地区管理进行衔接，形成全国性的传染病防治管理网络。

在平时体制方面，由国立传染病研究所信息中心负责对国内和世界各地的传染病动向进行调查，并与 WHO 及美国 CDC 协作，进行相关信息的收集和分析。

2）食品安全

第二次世界大战结束后，日本国内粮食不足、流通混乱，造成质量低劣的食品大量涌入国内，严重威胁着日本国民健康。在当时的背景下，1947 年颁布实施了《食品卫生法》。之后，历经多次修改，不断完善（任智华，2010）。日本现行的《食品卫生法》是 2003 年 5 月 3 日修订实施的，修改的原则是提高农药残留限量标准、增加限制项目、强化进口检查制度。

《食品卫生法》是日本控制食品质量安全最重要的综合法典，适用于国内产品和进口产品。该法规定了食品的成分规格、农药残留标准、食品的标识标准、食品生产设施标准、管理运营标准等标准设定的框架，同时明确了中央政府对进口食品的监督检查框架及各都道府县政府对国内食品生产、加工、流通、销售业者的设施监督检查的框架。该法还明确了对国内流通及进口食品质量监督管理的程序及处罚（边红彪，2011）。

日本在出现 O157 大肠杆菌中毒事件、二噁英污染事件、雪印乳品中毒事件和欺诈消费者事件等食品安全事件后，面对极大的舆论压力和食品安全急需解决的各种问题，日本厚生劳动省与农林水产省联合设置了咨询机关，整理并发布了《BSE 问题对策探讨委员会报告书》，其中指出了日本现行食品安全行政中存在的诸多问题。面对各种质疑和问题，日本政府于 2002 年提出制定确保食品安全的“新型行政体系”，并于同年 6 月召开食品安全行政阁僚会议，提出《关于今后食品安全行政的发展》报告书，首次提案设置食品安全委员会。

2003 年 3 月 13 日，《食品安全基本法（草案）》作为内阁提案提交国会审议，经众议院与参议院的多次审议与修改于 5 月 16 日正式通过，并决定自 7 月 1 日起正式实施。该法实现了从以往对食品的“卫生性”规制向食品“安全性”规制的转移。该法以法条的形式确立了其进行食品安全规制的基本理念，即国民健康至上理念、过程化规制理念、科学与民意并举理念。这三个基本理念是指导日本食品安全规制制度的设计和运行的理论基础，是各个食品安全行政机关及其人员在执法中必须遵循的最高价值准则。

《食品安全基本法》公布之后，《食品卫生法》与《屠宰场法》《关于家畜处理业的规制和家畜检查法律》《农药取缔法》《家畜传染病预防法》《药事法》《关于农林物规格化及品质表示适当化法律（JAS 法）》等 10 多部相关法律也相继得以修改和制定。这些法律共同构建起了日本食品安全规制法律体系，标志着日本正式从“食品卫生行政时期”步入“食品安全行政时期”。

日本负责食品安全的监管部门主要有日本食品安全委员会、厚生劳动省、农林水产省和内阁府消费者厅（叶平，2009）。

根据《食品安全基本法》的规定，日本内阁府设置了食品安全委员会，主要职能是对食品安全实施检查和风险评估。厚生劳动省负责制定适用于包括进口产品在内的所有食品一般标准，包括食品添加剂的使用、农药的最大残留等。而农林水产省则主要涉及食品标签方面和动植物健康保护方面，此外它还根据《关于农林物规格化及品质表示适当化法律》负责有机食品的标准。2009 年，日本又成立了“消费者厅”，直属于日本内阁政府，进一步加强对食品安全的监管工作。

3）转基因生物安全

为了保护消费者的知情权，日本政府于 2000 年 7 月修改了《农林物质标准化及质量规格管理法》，并在此基础上于 2001 年 4 月 1 日正式颁布实施了《转基因食品标识法》，该法规采用的是有限度地加工食品的全面标识制度。

2001 年，日本引入了转基因产品标识体系，日本有 2 个法律系统和 2 个政府机构负责转基因食品的标识管理：《食品卫生法》，通过日本厚生劳动省执行，负责转基因产品的审批，向公众说明产品经过了安全评估，以及转基因产品的 IP（identity preserved）管理；《日本农业标准》，通过日本农林水产省执行，负责审批重组生物向环境中的释放（陈俊红，2004b）。

日本由文部科学省、通产省、农林水产省和厚生劳动省四个部门对转基因产品进行联合管理，其中，文部科学省以 1992 年颁布的《重组 DNA 实验准则》为依据，对实验室研究和开发进行审批；通产省则主要负责生物技术在化学产品等方面的应用和推广；农林水产省则依据其于 1992 年颁布的《农、林、渔及食品工业应用重组 DNA 准则》负责转基因生物进行环境释放的审批；厚生劳动省则以《重组 DNA 工作准则》为依据负责转基因食品及添加剂的审批和安全问题。

3. 日本生物安全重大项目计划

日本最重要的科学计划是“科学技术基本计划”，该计划是基于 1995 年 11 月公布并实施的《科学技术基本法》而制定实施的。该计划是在展望未来 10 年左右的科学技术状况的前提下，制订每 5 年中所应采取的具体政策计划。

到目前为止，已完成了第 1 期基本计划（1996～2000 年）、第 2 期基本计划（2001～2005 年）和第 3 期基本计划（2006～2010 年），第 4 期基本计划（2011～2015 年）正在实施。

在第 1 期基本计划里，把推进应对社会经济所需求的研究开发和振兴创造知识资产的基础研究作为基本方向予以明确，并将政府研究开发投资总额的目标设定为约 17 兆日元，并实现了超过目标的投资。

第 2 期基本计划里明示了“能以知识的创造和利用贡献于世界的国家”“具有竞争力和可持续发展的国家”“高质量并可安心、安全生活的国家”等 3 个基本理念。并将本期 5 年内的政府研究开发投资总额目标设定为约 24 兆日元，致力于推进基础研究以及通过重点应对国家、社会问题的研究开发等，强化科学技术战略和科学技术系统改革。其结果虽然没有达到预期的 24 兆日元的研究开发投资总额这一目标，但与其他政策经费相比，还是确保了较高增长。

第 3 期基本计划里明确指出：重点支持社会及国民关注且富有成果的科学技术；重视人才培养和支持。在这两个基本前提的基础上，又推出了“催生人类的睿智”“创出国力的源泉”“守护健康与安全”等 3 个基本理念，3 个基本理念之下确定了 6 个大目标及 12 个中目标。另外，政府研究开发投资总额的目标设定为约 25 兆日元。

由此可以看出，日本高度重视安全问题，在历次的科学基本计划的基本理念中都将安全问题列在其中。

4. 日本主要生物安全研究机构

日本国立传染病研究所（NIID）是日本厚生劳动省附属试验研究机构，该机构于 1947 年成立，致力于传染病的基础和应用研究，并是开发抗生素和疫苗的专门研究机构。NIID 的宗旨是，从控制传染病、完善国民保健医疗的预防医学的观点出发，针对多种传染病，开展先导性的、独创性的和综合性的研究，使国家的保健医疗的科学依据明朗化，并对此给予支持。目前，NIID 在传染病方面主要从事艾滋病、肺结核、疟疾等疾病的研究；各种传染疾病的咨询服务，包括保证传染病化验系统需要的所有咨询服务。具体服务还包括病原体的储存与提供、标准化检测试剂，提供诊断与监测所需的资料，促进相关信息交流；同地方公共卫生机构共同建立信息网络系统；传染病的监测，包括信息的收集、分析与发送；国家传染病控制检测与其他检测；国际合作；相关培训。

5. 日本主要生物安全实验室介绍

NIID 本来拥有一所四级生物安全实验室，但是由于当地反对，未按照四级生物安全实验室的标准运行。

四、主要国际组织在生物安全领域的举措

1. 世界卫生组织

世界卫生组织（WHO）是联合国属下的专门机构，国际最大的公共卫生组织，总部设于瑞士日内瓦。WHO 的宗旨是使全世界人民获得尽可能高水平的健康。WHO 的主要职能包括促进流行病和地方病的防治；提供和改进公共卫生、疾病医疗和有关事项的教学与训练；推动确定生物制品的国际标准。

WHO 为生物技术的发展提供科学的咨询，与 FAO 一起组织专家咨询会议。此外，WHO 在传染病防治、药物标准制定、协助成员国建立卫生体系，推动人人享有卫生保健战略实施，以及提高人类生活质量等方面都发挥了巨大的作用。例如，2003 年全球范围内爆发 SARS 疫情期间，WHO 在保护国际社会防范新出现的健康威胁方面显示了其不可替代的重要作用。WHO 每天在其网站上发布最新情况，并主办远程电信临床会议，使来自不同国家的卫生官员能够交换信息。同时，WHO 专家还通过全球警戒和反应网络帮助协调在现场与 SARS 作斗争的学术和医疗工作组。WHO 领导的实验室网络对病毒症状及传播模式的及时研究为人类战胜 SARS 疫情提供了重要的数据。

2. 经济合作与发展组织

经济合作与发展组织（OECD），是由 30 多个市场经济国家组成的政府间国际经济组织，旨在共同应对全球化带来的经济、社会和政府治理等方面的挑战，并把握全球化带来的机遇。该组织成立于 1961 年，目前成员国总数为 34 个，总部设在巴黎。

从 1982 年起，OECD 开始关注现代生物技术问题，并积极组织了一些专家开展现代生物技术有关的研究工作，在 1986 年和 1992 年连续发布有关重组 DNA 安全问题和生物技术安全问题的文件。1986 年出版了《重组 DNA 安全因素》报告，该报告引入和定义了一些新的生物安全概念，成为第一部关于基因工程安全操作和转基因生物安全使用的国际性技术指南，为发达国家生物安全管理立法和政策的制定提供了标准和依据。1992 年，OEDC 对上述报告进行了修订，进一步明确了有关生物安全概念、安全操作的基本原则，为各国的生物安全管理和国际生物安全领域达成共识与合作提供了条件。1993 年发表《现代生物技术食品的安

全评价——概念和原则》，提出了“实质等同性”的概念，为转基因食品的安全性评价和应用提供了重要的评价标准。

3. 联合国粮食及农业组织

联合国粮食及农业组织（FAO）是联合国系统内最早的常设专门机构。该机构于 1945 年成立，总部设在意大利罗马。其主要职能包括：①搜集、整理、分析和传播世界粮农生产和贸易信息；②向成员国提供技术援助，动员国际社会进行投资，并执行国际开发和金融机构的农业发展项目；③向成员国提供粮农政策和计划的咨询服务；④讨论国际粮农领域的重大问题，制定有关国际行为准则和法规，谈判制定粮农领域的国际标准和协议，加强成员国之间的磋商和合作。

随着现代生物技术在农业中的广泛应用以及转基因食品的增加，FAO 开始关注转基因生物的安全性问题。FAO 的《国际植物保护公约》是当今在生物安全方面具有重要意义的国际公约之一，为防止对植物或植物产品有害的生物的引进，提出要优先考虑建立转基因生物的风险评析、测试和释放标准，并决定成立工作组处理有关的转基因生物的安全问题。

五、生物安全领域主要国际公约

1. 禁止生物武器公约

《禁止生物武器公约》全称为《禁止细菌（生物）及毒素武器的发展、生产及储存以及销毁这类武器的公约》，于 1971 年 12 月 16 日由联合国第 26 届大会通过，1972 年 4 月 10 日在华盛顿、伦敦、莫斯科开放签署，1975 年 3 月 26 日生效。截至 2011 年，共有 165 个缔约国，中国于 1984 年 11 月 15 日加入。公约审议大会每 5 年举行一次，公约签字国曾于 1980 年、1986 年、1991 年、1996 年、2001 年、2006 年和 2011 年就该公约举行过七次审议会议。

公约规定：①缔约国在任何情况下不发展、生产、储存和取得其类型和数量超出预防、保护和其他和平用途范围的微生物或其他生物制剂或毒素，以及为敌对目的或在武装冲突中使用此类制剂或毒素而设计的武器、设备或运载工具；②禁止将任何生物制剂、毒素、武器或运载工具直接或间接转让给任何接受者，并不得以任何方式协助、鼓励或引导任何国家、国家集团或国际组织制造或以其他方法取得上述任何生物制剂、毒素、武器或运载工具；③缔约国必须在公约生效后 9 个月内尽快将此类制剂、毒素、武器、设备或运载工具销毁或转用于和平用途；④任何缔约国如发现其他缔约国有违约行为，可向联合国安理会提出控诉，由安理会负责调查处理；⑤申明本公约参加国确认有效禁止化学武器的公认目标，并为此进行谈判，以促进早日就禁止发展、生产、储存和销毁化学武器等有效措施达成协议；⑥缔约国承诺促进并充分交换关于生物制剂和毒素使用于和平目的方面的设备、材料和科技情报。公约缔结后举行过三次审议会议和多次政府专家会议，讨论修改部分条款和加强核查机制。

该公约对拥有生物武器能力的国家有一定制约作用，但还存在一些缺陷，如只规定“禁止发展、生产和储存”，而未提禁止使用；只规定销毁这类武器，却未提销毁生产这类武器的工厂和设备；关于监督和核查以及对违约事件的控拆程序等问题，未规定具体有效的措施。

2. 国际卫生条例

19 世纪以来，随着西方商品经济迅速发展，国际交通往来迅猛增加，鼠疫、霍乱、天花、黄热病等烈性传染病广泛流行。许多国家为防御瘟疫的传播蔓延，相继采取检疫措施，制定检疫法规，并从地区性的协调，逐渐发展到国际间的合作。第一次国际卫生会议从而于 1851 年在巴黎召开，制定了世界第一个地区性《国际卫生公约》。

随着社会及疾病的发展，《国际卫生公约》经过多次修订，逐渐发展形成《国际卫生条例》。1948 年第 1 届世界卫生大会起草了《国际公共卫生条例》；为最大限度防止疾病在国际间的传播，同时又尽可能小地干扰世界交通运输，1951 年，第 4 届世界卫生大会通过了《国际公共卫生条例》；1969 年，第 22 届世界卫生大会对《国际公共卫生条例》进行了修改、补充，并改名为《国际卫生条例》(IHR)。此后，IHR 又经过多次修订。

2004 年，WHO 再次审议修改 IHR 修订草案文本；2005 年 5 月，第 58 届世界卫生大会通过了 IHR 的修订。新的 IHR 于 2007 年 6 月 15 日生效。在《国际卫生条例》修订的过程中，其关注的焦点主要围绕以下几点展开，即 IHR 的广泛适用问题、IHR 的规定和实施及如何确保人权和国家主权问题、如何既避免疾病扩散对人员健康和公共卫生安全造成危害又尽量减少和避免对人员和物资国际交通的不必要干扰问题、信息沟通问题等。2009 年 4 月，甲型 H1N1 流感大流行的出现，是自 2007 年该条例生效以来对其重要作用的首次重大检验。

《国际卫生条例》主要特征概括为以下几点：体现了全人类共同利益性；与口岸建设和经济发展的相关性；实体法规范与程序法规范的兼容性；对空间和时

间要求的特殊性；较强的专业性。

3. 国际植物保护公约

1929 年，各国在罗马签署了《国际植物保护公约》（IPPC）。1951 年，该公约被 FAO 更新和采用，1952 年 4 月开始生效。1989 年，世界贸易组织成立，《国际植物保护公约》作为世界贸易组织关于卫生和植物检疫措施应用协议（*SPS Agreement*）中的植物健康标准制定组织被世界贸易组织正式承认。1992 年，《国际植物保护公约》秘书处在 FAO 总部罗马成立，并启动制定国际标准项目。1995 年，FAO 批准了第一批三个控制植物害虫传播的植物检疫措施国际标准。1997 年，FAO 第 29 届大会全体一致通过《国际植物保护公约》的新修订文本。该文本于 2005 年 10 月生效，并被大部分缔约国所采纳。中国于 2005 年成为 IPPC 的第 141 个缔约国。

IPPC 根据卫生和植物检疫措施应用协议制定关于各国政府基于其本国植物检疫措施以保护其植物资源免受害虫侵害的国际标准，并确保这些措施是科学合理的、不会被用作国际贸易的不正当壁垒。目前，IPPC 的 177 个成员（国）合作预防植物害虫的传播与输入以保护全球植物资源、保卫粮食安全、促进安全贸易。IPPC 目前的工作聚焦于两个主要议题：一是开发和利用植物检疫措施国际标准（ISPMs）以充分保护各国植物资源和粮食安全；二是开展 IPPC 官方信息交流以提高透明度并促进植物和植物产品的安全贸易。最基本的是进行各国植物检疫能力建设以确保 IPPC 和植物检疫措施国际标准的实施。

4. 生物多样性公约

《生物多样性公约》是一项保护地球生物资源的国际性公约，于 1992 年 6 月 1 日由联合国环境规划署发起的政府间谈判委员会第 7 次会议在内罗毕通过，1992 年 6 月 5 日，由签约国在巴西里约热内卢举行的联合国环境与发展大会上签署。公约于 1993 年 12 月 29 日正式生效（刘标和薛达元，1998）。

《生物多样性公约》是一项有法律约束力的公约，旨在保护濒临灭绝的植物和动物，最大限度地保护地球上多种多样的生物资源，以造福当代和子孙后代。公约明确规定：“本公约的目标是按照本公约的有关条款从事保护生物多样性、持久使用其组成部分以及公平合理分享由利用遗传资源而产生的惠益。”《生物多样性公约》第 8 条 g 款规定：缔约方应制定或采取办法，以酌情管制、管理、控制因使用和释放改性活生物体对生物多样性的保护和可持续利用可能产生的有害的环境影响。第 19 条规定：缔约方应该考虑是否需要一项议定书，规定适当程序，特别包括提前知情协议，适用于可能对生物多样性保护和持续利用产生不利影响的生物技术改变的任何活生物体的安全转移、处理与使用，并考虑该议定书的形式。这条规定就成为后来《卡塔赫纳生物安全议定书》的制定依据。公约还规定，发达国家应向发展中国家提供资金和技术支持与帮助，从而为保护世界上的生物资源提供便利；签约国应为本国境内的植物和野生动物编目造册，制订计划保护濒危的动植物；建立金融机构以帮助发展中国家实施清点和保护动植物的计划等。

第四章

国内生物安全概况

《2010年中国的国防》白皮书指出，当前国际安全形势日趋复杂，围绕国际秩序、综合国力、地缘政治等的国际战略竞争日趋激烈，发达国家与发展中国家、传统大国与新兴大国矛盾不时显现，局部冲突和地区热点此起彼伏，一些国家因政治、经济、民族、宗教等矛盾引发的动荡频繁出现，天下仍不太平。导致国际金融危机的深层次矛盾和结构性问题尚未解决，世界经济复苏的不稳定、不均衡性依然突出。恐怖主义、经济安全、气候变化、核扩散、信息安全、自然灾害、公共卫生安全、跨国犯罪等全球性挑战对各国安全威胁明显增大。传统与非传统安全问题交织，国内与国际安全问题互动，传统安全观念和机制难以有效应对当今世界的诸多安全威胁和挑战[①]。我国由于人口众多、分布密集且流动性强，生物恐怖等非传统安全问题发生后，其危害将更大，且控制更难。因此，目前全球生物安全均存在着严峻的挑战，而我国将面临更大的挑战。

随着人流、物流的国际交往日益频繁，尤其是我国周边国家疫情的扩散，一些输入性烈性传染病将会带来新的挑战。同时，由于抗生素的滥用，越来越多的病原细菌产生了耐药性，甚至多重耐药性，给抗药性细菌的控制带来新的挑战（Gibson et al.，2010）。转基因技术在推动新的农业科技革命并带来巨大效益的同时，对生物多样性、生态环境和人口健康可能存在潜在风险，并引起大量的国际贸易争端；与此同时，全球转基因作物的种植面积在生物安全的激烈争论中迅速发展，据ISAAA的统计，2012年全球转基因作物种植面积大约为1.7亿公顷，预计到2015年，转基因作物种植面积将增长至2亿公顷。但长期种植单一的转

① 中华人民共和国中央人民政府.《2010年中国的国防》白皮书. http://www.gov.cn/jrzg/2011-03/31/content_1835289. htm[2011-3-31]

基因作物是否会对环境中生物多样性产生不利影响，外源基因在不同物种中是否可能发生基因漂移并对环境构成威胁等，这些问题直接关系到转基因作物的环境安全。同时，长期食用转基因食品对人口健康产生的直接或间接的影响，也是公众关心的重要问题（李尉民等，2000）。

第一节　我国生物安全现状

一、传染病防治

我国一直以来加强对传染病的防治工作，并针对我国现状采取了一系列的措施，在传染病防治工作方面已取得了一定的进展。

我国于 1978 年颁布了《急性传染病管理条例》，于 1989 年颁布了《中华人民共和国传染病防治法》。

2003 年在抗击 SARS 疫情过程中，我国把《传染病防治法》等有关法律规定具体规范化，针对初期 SARS 防治中暴露出的问题和薄弱环节，按照行政应急的特点，设立了新的法制措施。在 2003 年 4 月 2 日至 5 月 30 日，仅 58 天的时间里，国务院就制定颁行了《突发公共卫生事件应急条例》，国务院有关部门颁行了部门规章《传染性非典型肺炎防治管理办法》等 37 项，北京市政府颁行了地方规范性文件 48 项，北京市卫生行政部门具体制定颁行了实施性规范性文件 99 项。

2004 年 12 月，新的《传染病防治法》开始实施，相关法律建设逐步完善。《传染病防治法》确立了传染病预防制度、传染病疫情报告通报和公布制度，传染病的控制和救治制度，传染病的监督制度，以及传染病的财政支持制度五项具体制度框架，在卫生法体系中发挥核心作用（滕学敏，2010）。

从总体上说，我国已经在构建公共卫生突发事件应急法律体系方面具有我国历史上从未有过并日臻完善的良好基础，这主要表现在现行宪法、法律、行政法规、部门规章、地方立法中已有许多关于公共卫生应急法律规范。这为应对公共卫生突发事件带来的社会危机，依法实施有效的危机管理，提供了法律保障。但我国在传染病防治方面还存在一些问题（李益标等，2012），主要包括以下三点。

（1）传染病防治的宣传广度和深度不够。执法主体部门和相关单位对传染病防治法的宣传没有遍及农村，不少群众对防控知识知之甚少，广度不够；在学校、小城镇、城乡结合部进行的重点宣传没有做到常抓不懈，深度不够。

（2）传染病源治理仍需加强。艾滋病和狂犬病传染病源隐蔽，部分餐饮业从业人员卫生意识差，城乡结合部和学校周边的小吃、夜宵摊点不符合卫生要求，医疗废弃物、工业和生活垃圾污水无害化处理能力差，农村防病改水改厕不完全达标等成为重要的传染病源（谢学勤等，2007）。

（3）传染病的基础设施和技术力量较为薄弱。传染病医院和其他医院的传染病区建设不规范，防控经费投入不足，部分疾控检测设备老化、疫控人员业务素质不高。

二、转基因生物安全

据报道，2012 年，我国转基因作物种植面积约 400 万公顷，居世界第 6 位，其中绝大部分是转基因抗虫棉。我国针对转基因作物日益增多的全球形势制定了相关的战略规划①。

我国针对转基因食品的食用安全性评价，已制定出一套较为完整的评价体系，主要评价依据是科学原则、实质等同性原则、预先防范原则、个案评价原则、逐步评估原则和熟悉性原则等。

我国在吸取各国际组织和各国政府管理经验的基础上，制定了符合我国国情的详细的转基因植物安全管理体系。2001 年，国务院颁布了《农业转基因生物安全管理条例》，该条例以国家法律法规的形式，规定了国家对农业转基因生物安全的管理；2002 年，农业部颁布了《农业转基因生物安全检测管理办法》《农业转基因生物进口安全管理办法》和《农业转基因生物标识管理办法》三部与《农业转基因生物安全管理条例》配套的管理办法，是对《农业转基因生物安全管理条例》的细化；2004 年，国家质量监督检验检疫总局（简称国家质检总局）颁布了《进出境转基因产品检验检疫管理办法》（张澄华，2010）。

我国目前已批准商品化种植的转基因作物有棉花、西红柿、辣椒、番木瓜、矮牵牛。其中，转基因棉花种植面积约占棉花种植总面积的 70%。用于食品的有西红柿和甜椒，转基因耐贮藏西红柿种植面积已达几万亩②，主要用于加工番茄酱；甜椒由于缺乏优良品种，还未大面积种植。全球转基因问题争议的焦点是转基因食品的安全问题（柯坚，2000）。目前，我国转基因食品管理面临巨大的挑战，主要体现在现行转基因立法的不足。我国已出台了很多关于转基因食品安全的法律法规，但这些立法多限于部门规章，法律层次比较低，尚不能对转基因食品安全形成严格有效的规制。

---

① Global Status of Commercialized Biotech/GM Crops in 2013. http: //www.isaaa.org/resources/publications/pocketk/16/default.asp[2014-7-12]

② 1 亩约为 666.667 平方米

我国现行转基因食品立法的不足（刘志陟和李慧，2003），具体表现为以下三点。

（1）市场准入制度不规范。我国采取欧盟式的转基因食品特殊审批制度，但标准采取的是美国式的“实质等同”原则。卫生部 2007 年颁布的《新资源食品管理办法》第六条规定：“生产经营或者使用新资源食品的单位或者个人，在产品首次上市前应当报卫生部审核批准。”第八条规定：“卫生部建立新资源食品安全性评价制度。新资源食品安全性评价采用危险性评估、实质等同等原则。”该条取消了卫生部 2001 年《转基因食品卫生管理办法》规定的个案处理原则。此外，检测标准没有具体规范，导致审批制度不透明。

（2）标签制度不完善。一是我国对转基因食品采取的是有范围的强制标签制度，且执行不力。目前，规制我国转基因食品标识制度的法律法规主要是农业部的《农业转基因生物标识管理办法》，其中明确规定，凡是列入标识管理目录并用于销售的农业转基因生物，应当进行标识；未标识和不按规定标识的，不得进口或销售。但是目录所包含的生物种类少，范围过于狭窄。而且对于转基因食品标识的管辖主体不够明确，不利于对转基因食品的安全控制，也不利于保护消费者的知情权。二是没有规定致敏标签，标签设定缺乏阈值是一个法律漏洞。转基因食品来自潜在致敏食物的，应当标注“本品转××食物基因，对××食物过敏者注意”。另外，我国将转基因成分的容许量严格限制为零的做法过于苛刻，与国际上通行的规定允许最低比例的做法不符，而这种要求在事实上也很难达到和认定。三是对于反向标签，我国没有任何的监管和认证机构。很多产品标明“非转基因”，但无任何认证，需要有所监管。

（3）责任制度不统一。一是市场准入责任不统一。对未经许可从事食品生产经营的，《食品安全法》《农业转基因生物安全管理条例》以及《新资源食品管理办法》都规定了相应的罚则，主要是没收违法所得，处以一定的罚款，但罚款的金额规定都各不相同。二是标签责任不统一。违反强制标签责任主要承担行政责任，但各个法律法规规定的惩罚措施也不一致。三是侵权责任不统一。由于转基因生物造成的损害可能是一种潜在的固有缺陷，上市前都获得有关机关批准，要证明其违反食品安全法或相关条例是非常困难的。另外，现有的规范都规定了生产者或销售者承担责任，要求生产转基因作物的农民承担未知的侵权责任，而获得高额利润的转基因技术持有的生物科技公司却不用承担任何责任，这是不恰当的。

三、食品安全

我国是世界上人口最多的国家，也是世界上对食品需求量最大的国家，因此，食品质量安全对于保障人民生活和促进社会稳定都具有特别重要的战略意义（熊国平等，2005）。我国食品安全法律法规体系包括20多部法律、近40部行政法规和近150部部门规章（张涛，2005）。

20多部法律包括《中华人民共和国食品安全法》《中华人民共和国产品质量法》《中华人民共和国标准化法》《中华人民共和国计量法》《中华人民共和国消费者权益保护法》《中华人民共和国农产品质量安全法》《中华人民共和国刑法》《中华人民共和国食品卫生法》《中华人民共和国进出口商品检验法》《中华人民共和国进出境动植物检疫法》《中华人民共和国国境卫生检疫法》和《中华人民共和国动物防疫法》等。

近40部行政法规包括《国务院关于加强食品等产品安全监督管理的特别规定》《中华人民共和国工业产品生产许可证管理条例》《中华人民共和国认证认可条例》《中华人民共和国进出口商品检验法实施条例》《中华人民共和国进出境动植物检疫法实施条例》《中华人民共和国兽药管理条例》《中华人民共和国农药管理条例》《中华人民共和国出口货物原产地规则》《中华人民共和国标准化法实施条例》《无照经营查处取缔办法》《饲料和饲料添加剂管理条例》《农业转基因生物安全管理条例》和《中华人民共和国濒危野生动植物进出口管理条例》等。

近150部部门规章包括《食品生产加工企业质量安全监督管理实施细则（试行）》《中华人民共和国工业产品生产许可证管理条例实施办法》《食品卫生许可证管理办法》《食品添加剂卫生管理办法》《进出境肉类产品检验检疫管理办法》《进出境水产品检验检疫管理办法》《流通领域食品安全管理办法》《农产品产地安全管理办法》《农产品包装和标识管理办法》和《出口食品生产企业卫生注册登记管理规定》等。

但我国相关法律体系依旧不完善。我国现行法律体系强调以制裁为特征的“强法”，忽视以强调纲领政策和原则为特征的“软法”。强法具有事后性、部门惩治性特点，而软法以“纲领方针政策”为主要特征而不直接体现罚则，具有事先性、综合预防性（任端平等，2006）。2002年欧盟《欧洲食品安全法》，2003年日本《食品安全基本法》都突破了以制裁为保证手段的法律特征，转变为原则、方针、研究、规划、预测和紧急情况处理为主要管理手段。长期以来，我国食品安全法律法规是以实现部门管理目标为目的，以部门管理存在问题为规范对象，以惩治违法行为为立法内容，食品安全没有被明确定为整体性目标。结果，现行食品安全法律体系涵盖的法律法规并没有以食品安全为目的进行构建和筹划，如整体性原则、科学性原则、预防性原则、风险性原则、可追溯性原则等并没有被贯穿到现有的食品安全法律体系中去等。现有食品安全法律法规互相矛盾，为食品安全执法带来很大困难。例如，对市场上发现的未经检疫的动物产品，《动物防疫法》和《食品卫生法》处理的规定就不一致；对生产不符合标准的食品的处罚，《食品卫生法》和《产品质量法》的规定也不同（宋锡祥，2008）。

另外，政府部门法规也不完善。食品安全法律体系行政主体涉及许多部门：国家食品药品监督管理局、卫生部、农业部、国家质量监督检验检疫总局、国家工商行政管理总局（简称国家工商总局）、商务部、粮食局、教育部、铁道部、交通部、建设部等，政府职能部门不协调（金培刚，2005）。《食品卫生法》规定了卫生行政部门应当公布食品卫生情况，《产品质量法》也规定了产品质量监督部门应当定期发布其监督抽查产品的质量状况公告，但由于执法部门职能交叉，也由于法定的食品安全信息发布部门的缺失，在2004年年初安徽阜阳假奶粉事件中，发生了多个执法部门纷纷向公众发布“不合格奶粉名单”和“放心奶粉名单”，如质检部门、卫生部门、工商行政管理部门等。甚至有些部门因为发布前没有很好沟通检验标准、协调将要发布的信息内容，导致个别奶粉同时出现在“不合格”或“放心”名单中。

第二节　我国生物安全形势分析

一、传染病

2012年（2012年1月1日0时至12月31日24时），全国（不含港、澳、台，下同）共报告法定传染病发病6 951 478例，死亡17 315人，报告发病率为$515.94/10^5$，死亡率为$1.29/10^5$。

2012年，全国共报告甲类传染病发病76例，死亡1人，报告发病率为$0.005\,6/10^5$，比2011年上升194.74%，死亡率为$0.000\,1/10^5$，与2011年持平。乙类传染病除传染性非典型性肺炎、脊髓灰质炎和白喉无发病、死亡报告外，其他共报告发病3 216 856例，死亡16 720人。报告发病率为$238.75/10^5$，死亡率为$1.24/10^5$，分别较2011年下降1.66%和上升9.02%（既往已报告的HIV感染者转化艾滋病病例为新增纳入发布数据，2012 年度不参与报告发病率同期比）。报告发病数居前五位的病种依次为病毒性肝炎、肺结核、梅毒、细菌性和阿米巴性痢疾及淋病，占乙类传染病报告发病总数的94.55%，报告死亡数居前五位的病种依次为艾滋病、肺结核、狂犬病、病毒性肝炎和流行性出血热，占乙类传染病报告死亡总数的98.38%。

同期，丙类传染病共报告发病3 734 546例，死亡594人，报告发病率为$277.18/10^5$，死亡率为$0.04/10^5$，分别较2011年上升20.57%和9.98%。报告发病数居前五位的病种依次为手足口病、其他感染性腹泻病、流行性腮腺炎、流行性感冒和风疹，占丙类报告发病总数的98.97%。报告死亡数较多的为手足口病和其他感染性腹泻病。

与2011年相比，2012年甲乙类传染病中的肠道传染病、呼吸道传染病报告发病率分别下降12.62%和3.50%，自然疫源及虫媒传染病、血源及性传播传染病报告发病率分别上升3.78%和1.42%（既往已报告的HIV感染者转化艾滋病病例为新增纳入发布数据，2012年度不参与报告发病率同期比）。肠道传染病中除霍乱和伤寒/副伤寒报告发病率上升外，脊髓灰质炎、甲型肝炎、细菌性和阿米巴性痢疾、未分型肝炎和戊型肝炎报告发病率均有所下降；呼吸道传染病中传染性非典型性肺炎和白喉无发病、死亡病例报告，甲型H1N1流感、麻疹、猩红热、流行性脑脊髓膜炎、百日咳和肺结核报告发病率均有所下降；自然疫源及虫媒传染病中登革热、流行性出血热、钩端螺旋体病、流行性乙型脑炎、血吸虫病和布鲁氏菌病报告发病率有不同程度上升，鼠疫和人感染高致病性禽流感（各1例）与2011年相同，疟疾、狂犬病和炭疽报告发病率有所下降；血源及性传播传染病中丙型肝炎（HCV）、艾滋病和梅毒报告发病率有所上升，淋病和乙型肝炎报告发病率出现下降。

2012年全国共报告人间鼠疫发病1例，死亡1人，报告发病数和死亡数均与2011年相同；共报告霍乱发病75例，无死亡，报告发病率为$0.006/10^5$，较2011年上升211.11%；报告人感染高致病性禽流感发病1例，死亡1人，报告发病数和死亡数均与2011年相同（表4-1）。[①]

表4-1 2012年全国法定传染病报告发病、死亡统计表

病名	2012年		2011年		2012年与2011年同期比	
	发病数/例	死亡数/例	发病数/例	死亡数/例	发病率增减/%	死亡率增减/%
甲乙丙类总计	**6 951 478**	**17 315**	**6 320 099**	**15 802**	**9.18**	**9.05**
甲乙类传染病合计	**3 216 932**	**16 721**	**3 237 558**	**15 264**	**−1.66**	**9.02**
鼠疫	1	1	1	1	0.00	0.00
霍乱	75	0	24	0	211.11	—
传染性非典型性肺炎	0	0	0	0	—	—
艾滋病	41 929	11 575	20 450	9 224	16.71	24.89
既往HIV转化病例	17 894	—	—	—	—	—
病毒性肝炎	1 380 800	747	1 372 344	830	0.14	−10.50
甲型肝炎	24 453	5	31 456	13	−22.64	−60.00

① 2012年度全国法定传染病疫情概况. http：//www.moh.gov.cn/wsb/pyqxx/201303/f02d91321f524a66a9df357a53bd0cf0.shtml[2013-3-15]

续表

病名	2012 年		2011 年		2012 年与 2011 年同期比	
	发病数/例	死亡数/例	发病数/例	死亡数/例	发病率增减/%	死亡率增减/%
乙型肝炎	1 087 086	582	1 093 335	637	−1.05	−9.05
丙型肝炎	201 622	108	173 872	125	15.41	−13.98
戊型肝炎	27 271	28	29 202	39	−7.06	−27.59
肝炎未分型	40 368	24	44 479	16	−9.68	50.00
脊髓灰质炎	0	0	20	1	−100.00	−100.00
人感染高致病性禽流感	1	1	1	1	0.00	0.00
甲型 H1N1 流感	1 072	3	9 360	75	−88.60	−96.43
麻疹	6 183	8	9 943	10	−38.11	−14.29
流行性出血热	13 308	104	10 779	119	22.86	−13.48
狂犬病	1 425	1 361	1 917	1 879	−26.01	−27.91
流行性乙型脑炎	1 763	59	1 625	63	7.92	−6.38
登革热	575	0	120	—	379.78	—
炭疽	237	1	309	3	−23.48	−50.00
细菌性和阿米巴性痢疾	207 429	13	237 930	24	−13.24	−44.44
肺结核	951 508	2 662	953 275	2 840	−0.66	−6.70
伤寒/副伤寒	11 998	3	11 798	1	1.20	100.00
流行性脑脊髓膜炎	195	24	228	25	−14.71	−5.26
百日咳	2 183	1	2 517	2	−13.69	0.00
白喉	0	0	0	0	—	—
新生儿破伤风	656	51	785	52	−1.71	16.13
猩红热	46 459	2	63 878	1	−27.62	0.00
布鲁氏菌病	39 515	1	38 151	0	3.08	—
淋病	91 853	1	97 954	1	−6.68	0.00
梅毒	410 074	79	395 182	75	3.27	5.36
钩端螺旋体病	440	5	396	5	10.85	0.00
血吸虫病	4 802	4	4 483	2	6.61	200.00
疟疾	2 451	15	4 088	30	−40.34	−50.00

续表

病名	2012年		2011年		2012年与2011年同期比	
	发病数/例	死亡数/例	发病数/例	死亡数/例	发病率增减/%	死亡率增减/%
丙类传染病合计	**3 734 546**	**594**	**3 082 541**	**538**	**20.57**	**9.98**
流行性感冒	122 140	4	66 133	4	83.81	0.00
流行性腮腺炎	479 518	0	454 385	1	5.03	–100.00
风疹	40 156	1	65 549	0	–39.03	—
急性出血性结膜炎	32 333	0	34 262	0	–6.08	—
麻风病	430	3	352	0	21.29	—
斑疹伤寒	2 102	0	2 360	1	–11.36	–100.00
黑热病	218	1	293	0	–26.03	—
包虫病	3 234	1	2 909	0	10.65	—
丝虫病	0	0	1	0	–100.00	—
其他感染性腹泻病	885 678	17	836 591	23	5.36	–23.53
手足口病	2 168 737	567	1 619 706	509	33.26	10.79

注：①表中数据为2012年度报告病例按发病时间统计数临床和实验室确诊病例（不含外籍和港、澳、台）；

②病毒性肝炎报告发病、死亡数为甲型肝炎、乙型肝炎、丙型肝炎和未分型肝炎的合计数；

③“—”表示数据缺失或分母为零无法计算；

④人口资料采用2012年国家统计局公布的2011年年末全国常住人口资料；

⑤2012年度对艾滋病统计规则进行调整，将过去历年累计报告的HIV感染者中于2012年转为艾滋病患者的，纳入当年新发生的艾滋病病例统计，即艾滋病患者数包括当年新发现的艾滋病患者和过去发现的HIV感染者当年转为患者两部分。数据调整后，对累计报告发现的HIV感染者和艾滋病患者数据无影响，也不会影响到对疫情库中HIV感染者和艾滋病患者的防治管理和医疗服务。考虑到统计规则调整，过去发现的HIV感染者当年转为患者的数据未纳入甲乙丙类总计、甲乙类传染病合计、艾滋病与前一年数据的比较。

二、食品安全

许多国家的发展历程表明，一个国家的食品安全水平与其经济社会发展阶段密切相关。当前，我国正处于发展转型时期，也处于从保障食品供应转向保障食品安全的进程中。这个阶段，食品安全问题往往多发易发（杨杰彬和王晶，1999）。究其原因，主要有以下四个方面。

（1）食品产业小、散、乱突出。我国是食品生产消费大国，食品生产经营者有1000多万户。但产业素质总体较低，80%以上是10人以下的作坊式小企业，还有2亿多农产品种植养殖户。如生猪养殖，美国养猪户数为7万，而我国有6700万。生产经营者规模小、数量多、分布散，不仅自身安全管理意识和能力较弱，也给监管带来很大困难（田惠光，2004）。

（2）从业人员素质不高。与其他行业相比，食品行业从业人员素质相对较低。据统计，我国从事农产品生产的3.4亿人中，文盲和小学文化程度者约占40%；食品工业和餐饮行业1600万从业人员中，85%以上是受教育水平相对较低的进城务工人员。从业人员缺乏法律意识和专业技能，加大了违法违规的概率（李正明，2003）。

（3）违法犯罪成本过低。“法不足畏”，往往使一些人逐利而往、知法犯法。如对不法企业的经济处罚，2011年以前上限为“货值金额十倍以下”或“十万元以下”罚款（王建英等，2009）。

（4）监管存在薄弱环节。与食品安全严峻形势相比，监管执法存在“短板”。如多头管理体制，容易产生“人人都管事、事事无人管”的监管盲区。监管人手不够，执法装备匮乏，“眼观目测”难以发现安全隐患。安全标准、检验检测、风险监测等技术体系还不完善，很难实现事前防范、科学管理。另外，有的执法人员法制观念淡薄，存在有法不依、执法不严现象（孙斌，2006）。

近年来，我国食品安全问题越发突出，2012年仍是食品安全事件题频发的一年，如酒鬼酒塑化剂超标事件、修正药业“毒胶囊”事件、速成鸡事件等。现以“酒鬼酒塑化剂超标”事件为例进行分析。

2012年11月19日，有媒体披露酒鬼酒“塑化剂超标”。2012年11月21日，国家质检总局公布检测结果，50°酒鬼酒邻苯二甲酸二正丁酯（DBP）最高检出值为1.04mg/kg，平均约为卫生部规定单位最大含量的2倍。

1. 暴露的问题

1）分段管理存漏洞

自2004年开始，根据《国务院关于进一步加强食品安全工作的决定》，确立了“一个监管环节由一个部门监管”的原则，采取“分段监管为主，品种监管为辅”的方式，由农业部、国家质检总局、国家工商总局、卫生部分别对农产品生产环节、食品加工环节、食品流通环节和餐饮业和集体食堂等消费环节进行监管，形成了多部门齐抓共管的食品安全监管体制。2009年，上述监管体制在《食品安全法》中以法律的形式确定下来（刘国艳，2003）。为了更好地协调各部门之间的关系，《食品安全法》还设立了“国务院食品安全委员会”。

我国白酒行业主要是由商务部系统管理，但白酒相关技术、标准等则由国家质检总局、中国酒业协会等部门管理。我国有一个白酒安全标准和一个香型解释权，由白酒认证协会管理。我国各地的酒类专卖局，一般为挂靠商业局的二级机构，实际上是虚设空管的机构。另外，酒类也没有相关的专卖法，主要依靠没有执法权力的行业协会进行管理，这就使得其监管形同虚设。

2）行业标准有缺失

2011 年，我国台湾发生塑化剂污染事件后，依据《食品安全法》及其实施条例的规定，卫生部将邻苯二甲酸酯类物质列为食品中可能违法添加的非食用物质，设定了邻苯二甲酸酯类物质在食品和食品添加剂中的临时限量，确定邻苯二甲酸酯类物质是可用于食品包装材料的增塑剂，不是食品原料，也不是食品添加剂，严禁在食品、食品添加剂中人为添加。食品、食品添加剂中的邻苯二甲酸二(2-乙基己）酯（DEHP）、邻苯二甲酸二异壬酯（DINP）和邻苯二甲酸二正丁酯最大残留量分别为 1.5 毫克/千克、9.0 毫克/千克和 0.3 毫克/千克。目前，国际食品法典委员会、我国及其他国家均未制定酒类中邻苯二甲酸酯类物质的限量标准。我国的食品领域虽有塑化剂标准，但这一标准是由卫生部制定，且并非专门针对酒类行业。而目前我国白酒行业质量安全的日常监管单位主要是质检局系统，但质检部门在白酒领域并没有针对塑化剂的检测标准，在白酒抽检明细中也没有塑化剂检测项目。

3）检测方法需统一

早在 2008 年，国家质检总局和国家标准化管理委员会就联合发布了《食品中邻苯二甲酸酯的测定》(GB/T21911-2008)，于 2008 年 11 月 1 日实施。与之不同的是，同样对白酒塑化剂含量进行检测，中国酒业协会委托国家相关检测机构用的检测方法是《食品容器包装材料用添加剂使用卫生标准》(GB9685-2008)，该标准由卫生部和国家标准化管理委员会发布，于 2009 年 6 月 1 日开始执行。

这两个检测方法都是执行的国家标准，都有效，具有同等效力。这是由于中国对食品安全的多头管理造成的。农业部管农业，药品由国家食品药品监督管理局管，酒类生产归质检部门管，食品卫生又归卫生部管。所以，作为行业主管部门，国家质检总局出台了食品安全的国家标准，卫生部也制定了国家标准。还有农业部、商务部等都制定有国家标准和行业标准，其中有些标准还存在相互矛盾和重叠的现象。

4）标准增设引争议

白酒塑化剂事件由国家质检总局调查，标准事宜则由卫生部牵头，国家食品风险评估中心负责具体落实。国家食品风险评估中心称，白酒塑化剂限量标准是否制定需要视风险监管部门的详细调查报告而定，如果风险监管部门认为需要设立限量标准，那就会启动相关的立项准备。标准不是越多越好，也不是想增设就增设的，中国增加每一个标准都需向 WTO 通报。此外，增加一个标准就需要增加监管的成本，这些都需要一个长期的论证过程，至少需要一年左右的时间。

5）独立检测待发展

检验检测是食品安全监管的重要环节，高效的食品安全检验检测是保证食品安全监管工作顺利推进的必要前提。目前，我国从事食品安全检验检测的机构主要分为三类：隶属于政府部门的机构、企业性质的第三方检测机构、高校科研院所的实验室。

2009 年制定的《食品安全法》第六十一条规定："食品行业协会等组织、消费者需要委托食品检验机构对食品进行检验的，应当委托符合本法规定的食品检验机构进行。"从文义解释来看，消费者个人是可以到相关的检验机构对食品进行检验的。但是，在中国食品安全分段监管的现状之下，生产环节的食品安全检验检测工作主要是由国家质检总局来执行的。由于部门之间割裂，行政部门各执各法，各检验检测机构未有统一的法律规范，国家质检总局即使承认第三方检测机制，但《食品安全法》第六十一条的规定却并未落实，结果导致事实上消费者个人无法提出检测。

2. 建议

1）改善多头管理

针对食品安全多头管理的实际情况，除了不断完善监管机制之外，还要建立督查机制。可以在现有的国务院食品安全委员会办公室和国务院食品安全委员会领导下，建立一支督察队伍，专门查处监管部门的不作为，实施对失职、渎职监管者的司法问责。要建立健全食品安全监管综合协调机制，完善食品安全工作体系，促进各部门、各环节监管措施有效衔接，形成监管合力，堵塞监管漏洞，增强食品安全工作的系统性，提高综合监管水平（张胜帮等，2003）。

2）建立完善的可追溯机制

通过引入欧美发达的食品安全监控体系，实行食品的可追溯机制（Hoornstra et al.，2001）。目前，欧盟实行了基于危害分析与关键点控制（HACCP）体系，实现了食品的全产业链的可追溯机制，即通过危害分析与关键点控制，为食品关键环节实行身份甄别技术，使人们能全流程地监控食品安全隐患，从而一旦发生食品质量和安全问题，能迅速捕捉到源头，做到精准定位和权责明确（Unnevehr and Jensen，1999）。

3）减少含塑化剂材料的使用

首先，食品生产与包装等过程中不用塑料，可以大量采用不锈钢替代塑料容器。其次，可以使用安全无毒的塑化剂来替代，如使用乙酰基柠檬酸三正丁酯等当今世界各国公认的无毒增塑剂。最后，可以通过采用脱塑工艺去除塑料制品中的塑化剂。

4）统一食品标准

由于历史原因，我国关于食品管理有不同的标准，如有质量标准、卫生标准，各个部门都分头制定自己相关的标准。存在着标准的互相交叉、矛盾、冲突。《食品安全法》要求，把所有涉及食品安全的标准都统一为国家的食品安全标准。政府要加大对卫生部门整合和制订食品安全标准的投入，特别是从人力、财力等各方面予以支持，尽快废除原有的一些不合理、重复制定的国家或者行业标准，将食品安全标准与现行的《食品安全法》予以统一，使得企业能够有法可依，避免其无所适从、左右为难的局面（徐丽娟，2004）。

5）推出集体诉讼

面对食品安全问题，须改变过往依赖行政监管的做法，更多发挥市场主体的监督作用。在强化监管的同时，考虑推出集体诉讼和辩方举证等制度，将会强化消费者对食品企业的议价能力，降低消费者的维权成本，同时抬高食品企业的违法成本。集体诉讼制度将提高消费者的维权能力，使企业面对的是法律授权的消费者自发组织及其律师，从而极大抬高它们的违法成本，因为一旦食品安全风险成立，企业将面临的是可致倾家荡产的消费者赔付。

三、转基因

目前，随着现代生物技术的发展和应用，我国的转基因技术有了长足的发展，转基因生物也因此日益增多。目前，我国已经研究开发转基因植物 50 多种，转基因动物 20 多种，转基因微生物 30 多种，涉及目的基因 200 多个。转基因生物存在着潜在的风险，它的安全性一直是人们关注的重要内容。就转基因植物而言，抗除草剂转基因作物在逃逸到生态环境中后，可能像外来入侵物种一样替代当地的某些植物，改变植物的群落结构；若抗性基因“漂移”到其他野生植物上，可能改变这些植物的适应性从而导致植物群落结构的改变；抗除草剂转基因作物可能对昆虫、鸟、微生物等非靶标生物产生不良影响或危害。这些潜在的风险一旦发生，当地的生物多样性和生态安全就会受到严重的破坏（陈光宇，2000）。因此，转基因生物越多，潜在的生物安全威胁就越大。

以转基因生物为原料加工而成的转基因食品也存在着安全性问题。转基因食品的安全性问题已不是在实验室中讨论的问题，事实上，转基因食品已经走进了百姓生活。虽然我国在转基因食品的研究方面仅处于世界中游水平，并且也未大规模生产转基因食品，但进口的农产品有很多已经是转基因食品。并且，随着加入WTO，农产品市场的开放，我国从欧美等国进口的转基因农产品将大幅增加。目前，我国食用的转基因食品有玉米、番茄、水稻、大豆等（颜旸，2011）。

在经济全球化的背景下，伴随加入WTO，各国间的国际贸易不断加强，转基因产品的贸易也在增加，改性活生物体的越境转移、过境、处理和使用也日益频繁。我国正因进口更多的转基因产品而面临转基因生物及食品的潜在安全性问题。

四、生物入侵

我国一直是深受外来有害生物危害的国家。外来物种入侵正成为我国生物多样性与生态环境的主要威胁之一（祝列克，2002）。20世纪90年代中期，我国开始对外来入侵种类进行调查。近20多年来，随着国际交往的不断增加，不断有新的外来物种侵入我国（李振宇和解焱，2002）。目前确认入侵中国的外来生物已有544种，其中大面积发生、危害严重的达100多种。

外来物种入侵对我国的生物多样性、生态安全以及社会经济发展造成了严重危害。我国入侵生物种类多，生物入侵涉及面广（万方浩，2008）。全国34个省（自治区、直辖市）均有入侵生物发生和危害，涉及农田、森林、水域、湿地、草地、岛屿、城市居民区等几乎所有的生态系统，其中农业生态系统最为严重。据初步估计，松材线虫等13种主要农林入侵物种每年对我国造成574亿元的直接经济损失。同时，还造成生态环境的严重破坏，导致生态退化和生物多样性丧失，引起土著种尤其是珍稀濒危物种的消失和灭绝（商荣秀，2013）。2000年，外来有害生物对湿地和森林生态系统造成的间接经济损失分别达693.4亿元和154.4亿元人民币（孙江华等，2002）。危险性外来物种还严重影响国际贸易，给农产品进出口贸易带来巨大的经济损失。有些外来入侵物种如豚草、红火蚁等还影响人畜健康与社会安定（郑华等，2005），近年来，国际上已将生物入侵上升到“农业生物恐怖”的高度。

第五章

我国生物安全对策

第一节　国家安全战略

国家安全，是指国家生存和发展不存在重大现实或潜在威胁的状态，国家安全战略是综合运用国家政治、经济、军事、外交及其他力量或手段的宏观筹划和谋略，旨在维护和确保国家安全。

我国的国家安全战略的主要内容为：卫主权、求和平、保稳定、谋合作、促发展。卫主权，即捍卫和维护国家领土主权的完整和统一，捍卫和维护海洋权益。求和平，即反对霸权主义、强权政治，维护周边、亚太地区和世界和平。保稳定，即确保稳定的政治环境和社会秩序，致力于稳定周边环境。谋合作，即在和平共处五项原则和公认的国际关系准则基础上，谋求与所有国家在经济、科技、军事、环保、跨国犯罪等领域建立和发展友好合作关系。促发展，即以加快发展经济为中心，发展科技和教育事业，发展社会主义文化，发展国防力量，发展民族团结，发展生态环保工程，增强综合国力，促进第三世界国家的经济发展，促进世界经济发展和共同繁荣。

我国的国家安全战略思想可以概括为：和平发展。和平是发展的前提，发展是安全的保障。我国国家安全战略的主要目标是维护国家领土、主权的完整和统一；维护海洋权益；维护安定的国内环境与和平、稳定的周边和亚太地区环境；促进社会主义现代化建设的发展和繁荣；维护世界和平，反对霸权主义和强权政治；建立公正、合理的国际政治、经济新秩序。

我国国家安全战略的主要特点是：内向型、防御型、和平型。这是由我国社会主义的国家性质，以及党的五代领导集体的国家安全思想、理论和国家安全战略的目标所决定的。作为社会主义国家，我国永远不称霸，永远不会欺侮别人，不干涉别国内政，也决不容许别国干涉我国内政。这是我国国家安全战略与美国等西方大国外向型、进攻型、扩张型的安全战略根本不同之处。

第二节　国家生物安全相关规划

2011年是国家“十二五”规划的开局之年，第十一届全国人大四次会议表决通过了国民经济和社会发展第十二个五年规划（国民经济和社会发展“十二五”规划）纲要，之后各部门相继出台了“十二五”规划，其中与生物安全相关规划见表5-1。

表5-1　我国生物安全相关规划

维度	规划
宏观	国民经济和社会发展“十二五”规划
	全国农村经济发展“十二五”规划
	国家战略性新兴产业发展“十二五”规划
	国家中长期科学和技术发展规划
	国家科学和技术发展“十二五”规划
	国家自主创新能力建设“十二五”规划
	国家卫生事业发展“十二五”规划
	国家基本公共服务体系“十二五”规划
生物技术	生物技术发展“十二五”规划
	生物产业发展“十二五”规划
医药	深化医药卫生体制改革“十二五”规划
	国家药品安全“十二五”规划
环境	国家环境保护“十二五”规划
食品	食品工业发展“十二五”规划

一、国民经济和社会发展“十二五”规划

中华人民共和国国民经济和社会发展第十二个五年（2011～2015年）规划纲

要，根据《中共中央关于制定国民经济和社会发展第十二个五年规划的建议》编制，主要阐明国家战略意图，明确政府工作重点，引导市场主体行为，是未来五年我国经济社会发展的宏伟蓝图，是全国各族人民共同的行动纲领，是政府履行经济调节、市场监管、社会管理和公共服务职责的重要依据。《中华人民共和国国民经济和社会发展第十二个五年规划纲要》中与生物安全相关的内容如下：

> 培育发展战略性新兴产业。以重大技术突破和重大发展需求为基础，促进新兴科技与新兴产业深度融合，在继续做强做大高技术产业基础上，把战略性新兴产业培育发展成为先导性、支柱性产业。
>
> 1）推动重点领域跨越发展
>
> 大力发展节能环保、新一代信息技术、生物、高端装备制造、新能源、新材料、新能源汽车等战略性新兴产业。生物产业重点发展生物医药、生物医学工程产品、生物农业、生物制造。
>
> 2）实施产业创新发展工程
>
> 以掌握产业核心关键技术、加速产业规模化发展为目标，发挥国家重大科技专项引领支撑作用，依托优势企业、产业集聚区和重大项目，统筹技术开发、工程化、标准制定、应用示范等环节，支持商业模式创新和市场拓展，组织实施若干重大产业创新发展工程，培育一批战略性新兴产业骨干企业和示范基地。
>
> 3）加强政策支持和引导
>
> 设立战略性新兴产业发展专项资金和产业投资基金，扩大政府新兴产业创业投资规模，发挥多层次资本市场融资功能，带动社会资金投向处于创业早中期阶段的创新型企业。综合运用风险补偿等财政优惠政策，鼓励金融机构加大信贷支持力度。完善鼓励创新、引导投资和消费的税收支持政策。加快建立有利于战略性新兴产业发展的行业标准和重要产品技术标准体系。支持新产品应用的配套基础设施建设，为培育和拓展市场需求创造良好环境。

二、国家卫生事业发展“十二五”规划

为适应人民群众不断增长的健康需求和经济社会发展对卫生事业发展的新要求，根据《中华人民共和国国民经济和社会发展第十二个五年规划纲要》《中共中央国务院关于深化医药卫生体制改革的意见》（中发〔2009〕6号）和《国务

院关于印发“十二五”期间深化医药卫生体制改革规划暨实施方案的通知》（国发〔2012〕11号），编制。《国家卫生事业发展“十二五”规划》。该规划与生物安全相关的主要内容如下（表5-2）：

表5-2　“十二五”时期卫生事业发展指标

类别	指标	2015年目标
健康状况（主要指标）	人均预期寿命	在2010年基础上提高1岁
	婴儿死亡率	≤12‰
	5岁以下儿童死亡率	≤14‰
	孕产妇死亡率	≤22/10^5
疾病预防控制（工作指标）	法定传染病报告率	≥95%
	存活的艾滋病病毒感染者和患者人数	120万人左右
	全人群乙型肝炎表面抗原携带率	≤6.5%
	以乡（镇）为单位适龄儿童免疫规划疫苗接种率	≥90%

1. 加快医药卫生体系建设

1）加强公共卫生服务体系建设

（1）加强重大疾病防控体系建设；

（2）完善卫生监督体系；

（3）加强妇幼卫生和健康教育能力建设；

（4）加快突发公共事件卫生应急体系建设；

（5）加强采供血服务能力建设。

另外，建立专业公共卫生机构、城乡基层医疗卫生机构和医院之间分工协作的工作机制，确保信息互通和资源共享，实现防治结合。加强专业公共卫生机构对医院和基层医疗卫生机构开展公共卫生服务的指导、培训和监管。通过多种措施，增强医院公共卫生服务能力，提高公共卫生机构的医疗技术水平。

2）公共卫生服务体系建设重点工程

重大疾病防控体系建设：一是针对严重威胁群众健康的传染病、地方病等重大疾病，加强防控能力建设，支持承担重大疾病防控任务的各级公共卫生机构建设；二是重点加强国家级鼠疫菌毒种保藏中心建设。

卫生监督体系建设：支持基层卫生监督机构业务用房建设和基本设备购置；完善饮用水卫生监测网络。

农村急救体系建设：改扩建县级急救机构业务用房，配置必要的急救设备和救护车，进一步完善突发公共卫生事件应急救治网络。

食品安全风险监测体系建设：为省级、地市级疾病预防控制机构配置实验室检验检测设备。

2. 做好各项重点工作

1）加强公共卫生服务工作

实施国家基本公共卫生服务项目，扩大项目内容和覆盖面。实施国民健康行动计划，重点做好食品安全（包括餐饮、饮用水卫生）、职业卫生、精神卫生、血液安全、慢性病防控、卫生应急等工作。

（1）做好重大疾病防控工作；

（2）做好卫生应急工作；

（3）做好流动人口公共卫生服务工作。

2）强化食品安全和卫生监督工作

（1）加强食品安全工作；

（2）大力推进卫生监督工作。

3）全面加强医疗服务管理

加强医疗质量管理，进一步完善国家、省级医疗质量管理与控制体系，在医疗机构深入开展“服务好、质量好、医德好、群众满意”活动和“医疗质量万里行”活动，完善医疗机构、医务人员、医疗技术等医疗服务要素准入管理制度，加强医疗服务要素准入和退出管理等。

4）加强医药卫生人才队伍建设和医学科技发展

加快实施人才强卫战略，大力推进医药卫生人才制度完善和机制创新。加强以全科医生为重点的基层医疗卫生队伍建设，建立以临床培养基地和基层实践基地为主体、以规范与提升临床诊疗能力和公共卫生服务能力为重点的培训网络等。

加快推动医药卫生科技进步，大力推进医药卫生科技创新体系建设，以科技重大专项等科研计划项目为依托，集成全国医药卫生科技资源，探索建立以国家需求与任务为导向、联合开放与资源集成的新型国家医学科技创新体系。强化医学科研基地建设，进一步规划和建设卫生部重点实验室等。

三、国家基本公共服务体系“十二五”规划

《国家基本公共服务体系“十二五”规划》是根据《中华人民共和国国民经济和社会发展第十二个五年规划纲要》的有关要求编制，主要阐明国家基本公共服务的制度安排，明确基本范围、标准和工作重点（表 5-3），引导公共资源配置，是“十二五”乃至更长一段时期构建国家基本公共服务体系的综合性、基础性和指导性文件，是政府履行公共服务职责的重要依据。《国家基本公共服务体系“十二五”规划》与生物安全相关的主要内容如下：

国家建立基本医疗卫生制度，为城乡居民提供安全、有效、方便、价廉的基本医疗卫生服务，切实保障人民群众身体健康。

“十二五”时期，政府提供以下基本医疗卫生服务。

（1）为城乡居民免费提供居民健康档案、健康教育、预防接种、传染病防治、儿童保健、孕产妇保健、老年人保健、高血压等慢性病管理、重性精神疾病管理、卫生监督协管等国家基本公共卫生服务；

（2）实施国家免疫规划，艾滋病和结核病、血吸虫病等重大传染病防治，农村妇女住院分娩补助、适龄妇女宫颈癌乳腺癌检查等重大公共卫生项目；

（3）实施国家基本药物制度，基本药物全部纳入基本医疗保障药物报销目录，并实行零差率销售；

（4）为公众安全用药提供保障，确保药品质量和安全。

表 5-3 “十二五”时期基本医疗卫生服务国家基本标准

服务类别	服务项目	服务对象	保障标准	支出责任	覆盖水平
基本公共卫生服务	预防接种	0～6 岁儿童和其他重点人群	免费接种国家免疫规划疫苗，在重点地区、重点人群中进行针对性接种	地方政府负责，中央财政适当补贴	以街道（乡镇）为单位适龄儿童免疫规划疫苗接种率达到 90%以上
	传染病防治	法定传染病患者、疑似患者、密切接触者及相关人群	就诊的传染病病例和疑似病例及时得到发现登记、报告、处理，免费享有传染病防治知识宣传和咨询服务	地方政府负责，中央财政适当补助	传染病报告率和报告及时率达到 100%；突发公共卫生事件相关信息报告率达到 100%
	卫生监督协管	城乡居民	免费享有食品安全信息、学校卫生、职业卫生咨询、饮用水卫生安全巡查等服务与指导	地方政府负责，中央财政适当补助	目标人群覆盖率达到 70%以上

续表

服务类别	服务项目	服务对象	保障标准	支出责任	覆盖水平
药品供应和安全保障	基本药物制度	城乡居民	享有零差率销售的基本药物，并全部纳入基本医疗保障药物报销目录，逐步提高实际报销水平	地方政府负责，中央财政适当补助	覆盖所有政府办基层医疗卫生机构和村卫生室
	药品安全保障	城乡居民	享有符合国家药品标准的药物	中央和地方政府共同负责	药品出厂检验合格率达到100%

四、国家战略性新兴产业发展“十二五”规划

战略性新兴产业是以重大技术突破和重大发展需求为基础，对经济社会全局和长远发展具有重大引领带动作用，知识技术密集、物质资源消耗少、成长潜力大、综合效益好的产业。根据“十二五”规划纲要和《国务院关于加快培育和发展战略性新兴产业的决定》（国发〔2010〕32 号）的部署和要求，为加快培育和发展节能环保、新一代信息技术、生物、高端装备制造、新能源、新材料、新能源汽车等战略性新兴产业，特制定《国家战略新兴产业发展“十二五”规划》。该规划与生物安全相关的主要内容如下：

1. 重点发展方向：生物产业

面向人民健康、农业发展、资源环境保护等重大需求，强化生物资源利用、转基因、生物合成、抗体工程、生物反应器等共性关键技术和工艺装备开发；加强生物安全研究和管理，建设国家基因资源信息库。着力提升生物医药研发能力，开发医药新产品，加快发展生物医学工程技术和产品，大力发展生物育种，推进生物制造规模化发展，加速构建具有国际先进水平的现代生物产业体系，加快海洋生物技术及产品的研发和产业化。

1）生物医药产业

提高我国新药创制能力，开发生物技术药物、疫苗和特异性诊断试剂；推进化学创新药研发和产业化，提高通用名药物[①]技术开发和规模化生产水平；继承和创新相结合，发展现代中药；开发先进制药工艺技术与装备，发展新药开发合同研究、健康管理等新业态，推动生物医药产业国际化。生物医药产业发展计划见表 5-4。

① 通用名药物，又称国际非专有名称药物、非专利药、学名药、是由各国政府规定的，国家药典或药品标准采用的法定药物

表 5-4　生物医药产业发展计划

项目	具体内容
发展目标	● 2015 年：形成基因工程药物、新型疫苗、抗体药物、化学新药、现代中药等为代表的一批具有国际水平的新药开发平台，制药技术和装备研制水平大幅提升。30 个以上自主知识产权新药投放市场，200 个以上药品制剂进入国际主流市场。产业集中度大幅提升 ● 2020 年：形成以现代科学技术为支撑、以企业为主导的新药创制和安全评价体系，掌握当代新药创制关键核心技术，基因工程、新型疫苗、抗体工程等新医药的产品技术水平达到世界领先水平，5 个以上创新药物完成国际注册并上市销售，制剂产品在国际主流市场形成规模销售
重大行动	● 创新能力建设：建立国家基因资源库、蛋白质库和生物样本库；以化学药物制剂技术、动物细胞高效表达与大规模培养、基因重组治疗性抗体、多肽类药物合成、干细胞治疗、基因治疗、转化医学等为重点，依托优势企业建设完善医产学研紧密结合的新药研发平台 ● 新药创制：加快实施重大新药创制、艾滋病和病毒性肝炎等重大传染病防治科技重大专项，研发防治恶性肿瘤、心脑血管疾病、糖尿病等重大疾病的创新药物，开展新药安全评价和新药临床研究 ● 产业化：实施基因工程药物和疫苗创新发展工程；促进自主知识产权基因工程药物、疫苗、抗体药物、化学新药、天然药、现代中药新品种、新型中药饮片、中药材规范种植等产业化；提升大规模动物细胞培养、蛋白纯化等生产新工艺技术和新型制药装备的保障能力 ● 产业结构优化：全面推进药品生产质量管理体系和产品质量标准体系升级，推动制剂产品进入国际主流市场。优化产业布局，鼓励优势企业兼并重组，促进品种、技术等资源向优势企业集中
重大政策	● 完善药品注册管理、价格管理、集中招标采购等政策 ● 完善生物伦理法律法规

2）生物医学工程产业

整合医产学研优势资源，推进医学与信息、材料等领域新技术的交叉融合，构建生物医学工程技术创新体系，提升新型生物医学工程产品开发能力。研究开发预防、诊断、治疗、康复、卫生应急装备和新型生物医药材料的关键技术与核心部件，形成一批适合大中型医院使用、具有自主知识产权的高端诊疗产品；大力开发高性价比、高可靠性的临床诊断、治疗、康复产品，促进基层医疗卫生机构建设和服务能力提升；发展数字医疗系统、远程医疗系统和家庭监测、社区护理、个人健康维护相关产品等。生物医学工程产业发展计划见表 5-5。

表 5-5　生物医学工程产业发展计划

项目	具体内容
发展目标	● 2015 年：以高性能影像诊断设备为主，形成具有国际水平的生物医学工程技术和产品研发平台，关键技术和核心部件发展取得突破；高性价比医疗设备产品基本满足基层医疗卫生机构需求。产业集中度大幅提升 ● 2020 年：形成企业主导、医产学研相结合的生物医学工程产品创新体系和新产品开发能力。高性能诊断治疗设备关键技术自主发展能力大幅提升，产品质量和技术水平达到国际先进水平，规模化进入国际市场

续表

项目	具体内容
重大行动	● 关键技术开发：支持生物医学研发，研究开发高性能临床诊疗设备的核心部件与关键技术，开发高集成度、高灵敏度、高特异性和高稳定性的临床诊断、治疗仪器设备及配套试剂，促进组织工程、介入及微创治疗、康复等产品开发，开发数字化、可移动医疗系统和适用于基层医疗卫生机构的高性价比诊疗设备 ● 产业化：实施高性能医学影像设备创新发展工程，带动生物医学工程新技术、新产品产业化发展 ● 创新能力建设：依托优势企业建设具有国际先进水平的高性能诊断和治疗设备、综合监护、组织工程、介入及微创治疗，以及再生医学等产品创新与技术集成平台 ● 产业升级：推进生产工艺创新，完善技术标准体系，强化企业质量管理，鼓励优势企业实施兼并重组，扩大企业规模，提高产业集中度，形成一批具有国际竞争力的大型企业集团 ● 健康服务：推动覆盖城乡社区的数字化健康管理系统建设，加强城乡居民健康管理的日常化、实时化、动态化，带动家庭用健康监护设备、健康信息管理、远程医疗服务等相关产品发展，培育健康产业新业态。加强质量及使用安全评价与监督管理体系建设，完善产品市场准入审批程序、定价收费标准
重大政策	● 加强质量及使用安全评价与监督管理体系建设，完善产品市场准入审批程序、定价收费标准

2. 重大工程

1）蛋白类等生物药物和疫苗工程

建立国家人类基因资源信息库、蛋白质库和生物样本库，重点突破新产品研发和产业化过程中的高效筛选、评价、纯化、大规模细胞培养、制剂技术、质量控制方法等环节的技术瓶颈，加强新型佐剂研究；建设若干研发和产业化技术平台，推进单克隆抗体药物、基因工程蛋白质及多肽药物、多联多价疫苗、治疗型疫苗、人畜共患病疫苗等新产品的研发及产业化，加强疫苗供应体系建设。到 2015 年，实现 30 个以上生物医药新品种投放市场，基因工程药物和疫苗创新能力大幅提升，我国防控重大疾病和传染病的能力明显提高。

2）生物育种工程

围绕国家粮食生产核心区，构建重要动植物基因信息库，重点研发转基因、分子设计、航天育种、胚胎工程等生物育种技术；建设国家级生物育种基地、区域性良繁基地；建立转基因生物安全管理体系，加快培育水稻、玉米、小麦、大豆、棉花、油菜等主要作物，以及猪、牛、羊、鸡、鱼等重要畜禽水产新品种并实现产业化。到 2015 年，突破一批分子育种关键技术和装备，具有自主知识产权的主要农作物和畜禽新品种市场占有率明显提高。

五、生物产业发展“十二五”规划

生物产业是国家确定的一项战略性新兴产业，为推进我国生物产业持续快速健康发展而编制《生物产业发展“十二五”规划》，该规划与生物安全相关的主要内容如下：

1）突出高品质发展，提升生物医药产业竞争力

以满足不断增长的健康需求和增强产业竞争力为目标，组织实施生物技术药物发展等行动计划，通过完善新药研制基础支撑平台和共性技术平台、开展产业化示范应用、加强先进技术规范推广应用和完善医药管理体制机制等，全面提升生物医药企业的创新能力和产品质量管理能力，加快生物技术药物、化学药物、中药等新产品与新工艺开发和产业化，增强区域支撑配套能力，积极推动行业结构调整，做大做强生物医药产业。2013～2015 年，生物医药产业产值年均增速达到 20%以上，推动一批拥有自主知识产权的新药投放市场，形成一批年产值超百亿元的企业，提高生物医药产业集中度和在国际市场中的份额。生物技术药物发展行动计划见表 5-6，通用名药品高品质发展行动计划见表 5-7。

表 5-6　生物技术药物发展行动计划

目标	主要内容
形成支撑生物技术药物发展的先进产业技术体系，建立一批多功能、符合国际标准的生物技术药物生产基地，培育一批具有国际竞争力的企业	● 支撑体系建设：与科技重大专项衔接，建立国家人类重大疾病相关基因资源库、支撑生物技术药物研发和生产检验的菌株库、细胞库和毒株库；建设生物技术药物细胞表达和产业化研发平台、生物技术药物检测和表征共享技术平台、动物细胞培养产品的安全检测平台。形成具有国际水平的生物技术药物安全监测体系 ● 产业化示范：依托企业建设多功能、符合国际标准的生物技术药物生产基地，建设治疗性抗体药物、蛋白质和多肽类药物、新型疫苗产品的产业化示范工程，突破一批规模化生产、制剂、质量控制关键技术，促进一批新品种投放市场，开展国际资质认证，形成示范效应 ● 政策配套：优化审批程序，强化生物技术药物监管体系建设，制定和完善生物技术药物纳入医疗保险产品目录相关政策

表 5-7　通用名药品高品质发展行动计划

目标	主要内容
与科技重大专项衔接，形成通用名药品原料药和制剂质量提升和国际化支撑体系，实现一批药品的高品质规模化发展，推动一批制剂产品进入国际主流市场	● 支撑体系建设：建设杂质样品库和药用原、辅料数据库；建立综合质量评价实验室，建设微乳、脂质体、缓控释等新制剂关键技术平台，建设已上市药品品质提升关键技术平台 ● 产业化和国际化示范：建设一批符合国际标准的集约化制剂和药用辅料生产基地，开展绿色生产工艺和先进控制技术的应用示范，推动一批产品通过国际认证，带动全行业制剂品质提升。扶持一批国家基本药品目录产品的高品质生产，保障临床需求 ● 政策配套：研究完善药品价格形成机制和药品招标机制，鼓励采用新技术、新工艺提升药品品质，推行药品原、辅料登记备案管理制度，建立药品参比制剂遴选指南和目录

2）突破核心部件制约，促进生物医学工程高端化发展

围绕预防、诊断、治疗、手术、急救、康复等医疗、家庭和个人保健市

场的需求，组织实施高性能医学装备产业化行动计划，支持以优势整机制造企业牵头带动产业链协同创新发展，大力推进生命科学技术与数字化、新材料等技术交叉融合，重点研发核心部件、基础材料和关键技术，发展高性能医学装备、高质量组织工程植介入产品和康复产品、先进体外诊断产品，显著提高我国生物医学工程产业的市场竞争力。到2015年，生物医学工程产业年产值达到4000亿元，突破一批核心技术，培育一批高端化发展的生物医学工程制造企业。

大力发展新型体外诊断产品。围绕早期筛查、临床诊断、疗效评价、治疗预后、出生缺陷诊断等需求，开发高通量、高精度的检测仪器、试剂和体外诊断系统。加快发展分子诊断、生物芯片等新兴技术，加速免疫、生物标志物、个体化医疗、病原体等体外诊断产品的产业化；发展可现场快速检测的血液、生化、免疫、病原体等体外诊断仪器及试剂的制备技术，促进规模化生产。建设体外诊断试剂研发和产业化平台，加强原料酶、诊断性抗体等试剂原料基地建设，构建量值溯源体系及其参考实验室网络，推动我国体外诊断产业的发展。

六、国家自主创新能力建设“十二五”规划

为贯彻落实《中华人民共和国国民经济和社会发展第十二个五年规划纲要》《国家中长期科学和技术发展规划纲要（2006—2020年）》和《中共中央国务院关于深化科技体制改革加快国家创新体系建设的意见》（中发〔2012〕6号），引导创新主体行为，指导全社会加强自主创新能力建设，加快推进创新型国家建设，制定《国家自主创新能力建设“十二五”规划》。该规划主要涉及创新基础设施、创新主体、创新人才队伍和制度文化环境等方面，其中与生物安全相关的主要内容如下：

1. 加强科技创新基础条件建设

1）科学研究实验设施

规划建设国家重大科技基础设施，瞄准科技前沿和国家重大战略需求，以能源科学、生命科学、地球系统与环境科学、粒子物理和核物理科学、空间和天文科学、材料科学、工程技术科学等7个领域为重点，统筹国家重大科技基础设施建设布局；加强国家重点实验室建设，按照明确定位、完善布局、规范管理、共建共享的原则，进一步加强国家（重点）实验室建设，围绕重大科技任务、重大科学工程、重大科学方向探索开展国家实验室建设。

2）科技资源与信息平台

加强自然科技资源库建设，继续开展自然科技资源的搜集、保藏和安全保护，整合和完善科学植物园、动植物种质资源库、微生物菌（毒）种和人类遗传资源库、临床样本和疾病信息资源库、实验材料和标准物质资源库、岩矿化石和生物标本资源库；推动重点领域科技资源平台建设，在信息、生物、新材料、航空航天、能源、海洋、节能减排等重点领域，以及新兴、前沿和交叉学科领域，推动多学科交叉集成、面向社会开放服务的科技资源平台建设。

3）标准计量检测认证平台

加强标准和认证认可体系建设，完善国家和行业技术标准资源服务平台，加强标准化与科技创新、产业升级协同发展，加快关键技术标准研制，提高参与制定国际标准的能力；加强检验检测平台建设，整合资源，构建以国家级机构为龙头、区域性机构为基础、企业及社会检测资源为补充的检验检测体系，重点支持战略性新兴产业、现代服务业、现代农业等产业和领域检验检测能力建设，研制关键检测技术、方法和装备。

2. 增强重点产业持续创新能力

加强农业技术创新平台建设。围绕我国粮食安全、种业发展、主要农产品供给、农产品质量安全、生物安全、农林生态保护等，加强农业重点实验室、农业应用研究示范基地、科学观测实验站、品种改良中心、种质库（圃）等创新基地和平台建设。结合实施转基因生物新品种培育科技重大专项、粮食丰产科技工程和种业科技创新工程等，建设产学研结合、育繁推一体化的现代种业创新体系，增强良种良法开发和推广应用能力。

3. 提高重点社会领域创新能力

1）医疗卫生领域

（1）加强医疗卫生公共服务技术能力建设；

（2）推进医疗卫生技术基础能力建设；

（3）强化疾病防治技术能力建设。

2）公共安全领域

（1）增强突发事件监测预警技术能力；

（2）提高应急管理技术水平。

公共安全保障能力建设重点：①公共卫生。食品安全快速检测溯源，食品安全信息监测，食品安全科研基础数据共享，食品药品安全风险评估。②生物安全。

转基因生物安全，药品安全及监控，高等级生物安全实验室。

七、深化医药卫生体制改革“十二五”规划

深化医药卫生体制改革是贯彻落实科学发展观、加快转变经济发展方式的重大实践，是建设现代国家、保障和改善民生、促进社会公平正义的重要举措，是贯穿经济社会领域的一场综合改革。“十二五”时期是深化医药卫生体制改革的攻坚阶段，也是建立基本医疗卫生制度的关键时期。为巩固扩大前一阶段改革成果，实现2020年人人享有基本医疗卫生服务的既定目标，根据《中华人民共和国国民经济和社会发展第十二个五年规划纲要》和《中共中央国务院关于深化医药卫生体制改革的意见》（中发〔2009〕6号），编制《深化医药卫生体制改革“十二五”规划》。该规划主要明确2012～2015年医药卫生体制改革的阶段目标、改革重点和主要任务，是未来四年深化医药卫生体制改革的指导性文件，其中与生物安全相关的主要内容如下：

统筹推进相关领域改革

进一步增强医药卫生体制改革各项政策的协同性，继续推进基本公共卫生服务均等化，优化卫生资源配置，加快人才培养和信息化建设，加强药品生产流通和医药卫生监管体制改革，充分发挥政策叠加效应。

（一）提高基本公共卫生服务均等化水平。逐步提高人均基本公共卫生服务经费标准，2015年达到40元以上，免费为城乡居民提供健康档案、健康教育、预防接种、传染病防治、儿童保健、孕产妇保健、老年人保健、高血压等慢性病管理、重性精神疾病管理、卫生监督协管等国家基本公共卫生服务项目。加强健康促进与教育，实施国民健康行动计划，将健康教育纳入国民教育体系。主要媒体要加强健康知识宣传。倡导健康的生活方式，引导科学就医和安全合理用药。到2015年，城乡居民健康档案规范化电子建档率达到75%以上；高血压、糖尿病患者规范化管理率达到40%以上。

逐步增加国家重大公共卫生项目，继续开展国家免疫规划，艾滋病和结核病、血吸虫病等重大传染病防治，农村孕产妇住院分娩补助、适龄妇女“两癌”（宫颈癌、乳腺癌）检查等重大公共卫生服务专项，农村孕产妇住院分娩率稳定在96%以上。重点做好食品安全（包括餐饮、饮用水卫生）、职业卫生、精神卫生、慢性病防控、重大地方病防控、

卫生应急等对居民健康有重要影响的公共卫生服务。

完善重大疾病防控、计划生育、妇幼保健等专业公共卫生服务网络，加强卫生监督、农村应急救治、精神疾病防治、食品安全风险监测等能力建设。提高疾病监测、预防、控制能力和突发公共卫生事件应急处置能力。深入开展爱国卫生运动。加强流动人口，以及农村留守儿童和老人的公共卫生服务和重大传染病防控工作，提高公共卫生服务的可及性。严格开展绩效考核和效果评估，提高公共卫生服务效益。建立公共卫生和医疗卫生服务体系分工协作机制。专业公共卫生机构经费纳入财政预算并全额安排。

八、国家药品安全“十二五”规划

药品安全是重大的民生和公共安全问题，事关人民群众身体健康和社会和谐稳定。为进一步提高我国药品安全水平，维护人民群众健康权益，促进医药产业持续健康发展，依据《中华人民共和国国民经济和社会发展第十二个五年规划纲要》和党中央、国务院有关方针政策，制定《国家药品安全“十二五”规划》。其中与生物安全相关的主要内容如下：

1. 主要任务与重点项目

1）全面提高国家药品标准

实施国家药品标准提高行动计划。参照国际标准，优先提高基本药物及高风险药品的质量标准。提高中药（材）、民族药（材）质量标准与炮制规范。药品生产必须严格执行国家标准，达不到国家标准的，一律不得生产、销售和使用。加强国家药品标准研究，重点加强安全性指标研究。

实施国家医疗器械标准提高行动计划。优先提高医疗器械基础通用标准，提高高风险产品及市场使用量大的产品的标准。加强医疗器械检测技术和方法研究，增强标准的科学性。加快医疗器械标准物质研究和参考测量实验室建设。

全面提高仿制药质量。对 2007 年修订的《药品注册管理办法》施行前批准的仿制药，分期分批与被仿制药进行质量一致性评价，其中纳入国家基本药物目录、临床常用的仿制药在 2015 年前完成，未通过质量一致性评价的不予再注册，注销其药品批准证明文件。药品生产企业必须按《药品注册管理办法》要求，将其生产的仿制药与被仿制药进行全面对比研究，作为申报再注册的依据。

健全以《中华人民共和国药典》为核心的国家药品标准管理体系。制修订药品、医疗器械标准管理办法，健全药品、医疗器械标准制定、修订、发布、实施、废止程序，建立标准评估、淘汰机制。加强医疗器械标准管理机构建设。建立政府主导，企业、检验机构、高校和科研机构共同参与的标准提高机制，引导和鼓励企业通过技术进步提升质量标准。

2）强化药品全过程质量监管

严格药品研制监管。完善药品研制规范，制修订药品研制技术指导原则和数据管理标准，促进数据国际互认。建立健全药物非临床安全性评价实验室、药物临床试验机构监督检查体系和监管机制，探索建立分级分类监督管理制度。提高药物临床试验现场检查覆盖率，加强药物临床试验安全数据的监测等。

严格药品生产监管。加强药品生产监管制度建设，着力推进生产质量管理规范认证工作，建立健全药品生产风险监管体系。鼓励开展常用中药材规范化生产技术研究，推动实施中药材生产质量管理规范，鼓励中药生产企业按照要求建立药材基地等。

严格药品流通监管。完善药品经营许可制度、药品经营质量管理规范认证体系。完善药品流通体系，规范流通秩序，鼓励药品生产企业直接配送，并与药品零售机构直接结算等。

严格药品使用监管。完善药品使用环节的质量管理制度，加强医疗机构和零售药店药品质量管理，发挥执业药师的用药指导作用，规范医生处方行为，切实减少不合理用药。加强在用医疗器械监管工作，完善在用医疗器械管理制度。开展药品安全宣传教育活动，普及药品安全常识，提高公众安全用药意识，促进合理用药。

3）健全药品检验检测体系

完善药品抽验工作机制，扩大抽验覆盖面和抽验品种范围，增加抽验频次。药品抽验必须做到检验标准、检验程序公开，检验结果及时公告。对抽验不合格产品，及时依法处置。

提高药品检验能力。开展药品关键检验技术、药品快速检验技术和补充检验技术研究，搭建检验技术共享平台。

提高医疗器械检测能力，重点提高植入性医疗器械等高风险产品和电气安全、电磁兼容、生物安全性的检测能力。加强医疗器械检测机构资格认可和监督评审，建立退出机制。

4）提升药品安全监测预警水平

加强基层药品不良反应监测，健全重点监测与日常监测相结合的监测机制，强化对药品不良反应和医疗器械不良事件的评价与预警。完善药品安全新闻发布制度，及时发布药品安全预警信息。

加强特殊药品滥用监测。完善监测网络和制度，建立敏感人群用药调查监测机制，为特殊药品监管提供技术服务和保障。

健全药品上市后再评价制度。开展药品安全风险分析和评价，重点加强基本药物、中药注射剂、高风险药品的安全性评价。完善药品再评价的技术支撑体系。经再评价认定疗效不确切、存在严重不良反应、风险大于临床效益、危及公众健康的药品，一律注销药品批准证明文件。建立医疗器械再评价制度，组织开展高风险医疗器械再评价工作。药品上市后不良反应监测和安全性再评价工程如下：

（1）医疗器械不良事件监测与再评价：选取 100 个品种，开展重点监测，制定监测技术规范，完成上市后安全风险分析报告。

（2）健全药品医疗器械监测机构：加强市级和县级监测机构建设。药品不良反应病例县（市、区）报告比例达到 80%以上，药品不良反应报告数达到 400 份/百万人。医疗器械不良事件县（市、区）报告比例达到 70%以上，医疗器械不良事件报告数达到 100 份/百万人。

5）依法严厉打击制售假劣药品行为

深入开展药品安全专项整治。完善打击生产销售假药部际协调联席会议制度，健全部门打假协作机制，加快行政执法与刑事司法衔接的信息平台建设等。

严厉打击发布违法药品广告行为。严格广告审批，完善广告监测网络，强化广告发布前规范指导、发布中动态监督、发布后依法查处。规范网上药品信息服务与广告发布行为，重点打击利用互联网发布虚假广告和虚假宣传行为。

6）完善药品安全应急处置体系

完善药品、医疗器械突发事件应急预案，规范处置程序。强化应急平台、应急检验等技术支撑体系建设，加强国家药品安全应急演练基地和国家食品药品监督管理局投诉举报中心建设，强化应急管理培训，提高应急处置能力和水平。健全重大突发事件应急药品扩产改造和申报审批工作机制，保障应急药品的及时有效供应。

7）加强药品监管基础设施建设

加快实施药品安全基础设施建设工程，加强技术审评、检查认证、监测预警基础设施建设，进一步改善国家、省、市三级药品检验机构实验室条件，加强省级医疗器械检测中心基础设施建设。按标准建设药品行政监管机构办公业务用房，配备执法装备。加快推进药品快速检验技术在基层的应用，配置快速检验设备。

8）加快监管信息化建设

推进国家药品电子监管系统建设，完善覆盖全品种、全过程、可追溯的药品电子监管体系。整合信息资源，统一信息标准，提高共享水平，逐步实现国家药品电子监管系统与有关部门及企业信息化系统对接。采取信息化手段实现药品研究和生产过程的非现场监管。建立健全医疗器械监管信息系统，启动高风险医疗器械国家统一编码工作。完成国家药品监管信息系统一期工程，启动二期工程建设。

9）提升人才队伍素质

制定药品监管中长期人才发展规划，建立严格的人员准入、培训和管理制度。加强药品监管部门专业技术人员培训，加快高层次监管人才和急需紧缺专门人才培养，形成一支规模适当、结构合理、素质优良的药品监管专业队伍。建设国家食品药品监督管理局高级研修学院，逐步形成国家和省两级培训架构，建设覆盖全系统的网络教育培训平台。加强药品监管部门领导干部和基层一把手培训，提高监管水平。到“十二五”末，各级药品监管队伍大学本科以上学历人员达到75%以上，药学、医疗器械、医学、法学等相关专业人员达到75%以上。

2. 保障措施

1）完善保障药品安全的配套政策

完善医药产业政策，提高准入门槛，严格控制新开办企业数量，引导企业兼并重组，促进资源向优势企业集中；支持生物医药、医疗器械产业健康、快速发展；大力扶持中药、民族药发展，促进继承和创新。研究完善药品经济政策，对已达到国际水平的仿制药，在药品定价、招标采购、医保报销等方面给予支持，形成有利于提高药品质量、保障药品安全的激励机制。

2）完善药品安全法律法规

推动制定执业药师法，修订《中华人民共和国药品管理法》。修订《医疗器械监督管理条例》《放射性药品管理办法》等法规和规章。研究制定处方药和非处方药分类管理条例。

3）加强药品安全监管能力建设

创新药品安全执法体制机制，推进专职化的药品检查员队伍建设。充实国家和省两级药品审评评价、检查认证、监测预警力量，确保药品再评价、再注册等工作顺利开展等。

4）全面落实药品安全责任

按照“地方政府负总责，监管部门各负其责，企业是第一责任人”的要求，进一步健全药品安全责任体系。

5）完善执业药师制度

配合深化医药卫生体制改革，制定实施执业药师业务规范，严格执业药师准入，推进执业药师继续教育工程，提高执业药师整体素质，推动执业药师队伍发展。

九、国家环境保护“十二五”规划

保护环境是我国的基本国策。为推进“十二五”期间环境保护事业的科学发展，加快资源节约型、环境友好型社会建设，制定《国家环境保护“十二五”规划》，其中与生物安全相关的主要内容如下：

强化生态保护和监管

强化生态功能区保护和建设。加强大小兴安岭森林、长白山森林等25个国家重点生态功能区的保护和管理，制定管理办法，完善管理机制。

提升自然保护区建设与监管水平。开展自然保护区基础调查与评估，统筹完善全国自然保护区发展规划。加强自然保护区建设和管理，严格控制自然保护区范围和功能分区的调整，严格限制涉及自然保护区的开发建设活动，规范自然保护区内土地和海域管理等。

加强生物多样性保护。继续实施《中国生物多样性保护战略与行动计划（2011～2030年）》，加大生物多样性保护优先区域的保护力度，完成8～10个优先区域生物多样性本底调查与评估。开展生物多样性监测试点，以及生物多样性保护示范区、恢复示范区等建设。

推进资源开发生态环境监管。落实生态功能区划，规范资源开发利用活动。加强矿产、水电、旅游资源开发和交通基础设施建设中的生态监管，落实相关企业在生态保护与恢复中的责任。

十、生物技术发展“十二五”规划

生物技术是当今国际科技发展的主要推动力，生物产业已成为国际竞争的焦点，对解决人类面临的人口、健康、粮食、能源、环境等主要问题具有重大战略意义。《国家中长期科学和技术发展规划纲要（2006—2020年）》已将生物技术作为科技发展的五个战略重点之一。2010年9月通过的《国务院关于加快培育和发展战略性新兴产业的决定》也将生物产业列入战略性新兴产业。为贯彻落实《国务院关于加快培育和发展战略性新兴产业的决定》和《国家中长期科学和技术发展规划纲要（2006—2020年）》的部署，配合《中华人民共和国国民经济和社会发展第十二个五年规划纲要》实施，全面推进我国生物技术与产业的快速发展，特编制《生物技术发展“十二五”规划》。《生物技术发展“十二五”规划》中与生物安全相关的主要内容如下：

1）生物医药技术及产品

针对满足人民群众基本用药需求和培育发展医药产业的需求，突破一批药物创制关键技术和生产工艺，研制创新药物，改造药物大品种，完善新药创制与中药现代化技术平台，建设一批医药产业技术创新战略联盟，基本形成具有中国特色的国家药物创新体系。

围绕艾滋病、病毒性肝炎、结核病等重大传染病，突破临床诊断、预测预警、疫苗研发和临床救治等关键技术，研制新型诊断试剂和新型疫苗，有效降低艾滋病、病毒性肝炎、结核病的新发感染率和病死率。

建立疫苗和抗体的大规模和快速反应生产新技术，系统的疫苗效果及质量评价技术体系，人源化抗体构建及优化技术；对传统疫苗进行改造增效，针对新发、再发重大传染病和多发感染性疾病研制新疫苗和抗体药物；针对恶性肿瘤、心脑血管疾病、代谢性疾病、自身免疫性疾病等重大非感染性疾病，研制治疗性疫苗和抗体药物。

突破一批体外诊断仪器设备与试剂的重大关键技术，研制出一批具有自主知识产权的创新产品，在一体化化学发光免疫诊断系统等高端产品方面实现重点突破，加速体外诊断产业的结构调整和优化升级，大幅提升我国体外诊断产业的市场竞争力。

突破一批生物医用材料前沿高端产品，开展一批主要依赖进口的高值替代产品研发，创制一批量大面广的生物医用材料，突破生物医用材料制品个体化设计、生物医用材料表面改性、生物材料产品生物力学、耐久性及安全性检测等共性关键技术。

2）生物农业技术及产品

围绕主要农作物和家畜生产，突破基因克隆与功能验证、规模化转基因、生物安全等关键技术，完善转基因生物培育和安全性评价体系，获得一批具有重要应用价值和自主知识产权的功能基因，培育一批抗病虫、抗逆、优质、高产、高效的重大转基因新品种，实现新型转基因棉花、优质玉米等新品种产业化，整体提升我国生物育种水平，增强农业科技自主创新能力，促进农业增效农民增收。

以实现规模化发展为目标，加快绿色农用生物产品及林木危险性有害生物防治技术的研究开发与产业化；开展生物农药、生物兽药、动物疫苗、生物肥料、绿色植物生长调节剂等绿色农用产品应用的示范试点和普及，推进全降解农膜的研究开发和产业化；研究开发生物农药、生物肥料、新型动物疫苗和诊断试剂、动物用生物技术药物和兽药、生物饲料添加剂等。

针对特种生物资源，重点开展冬虫夏草、灵芝等重要珍稀药用真菌资源化工程技术的研究，开发高附加值系列产品；发掘和筛选在特殊环境生长、具有重要应用价值的生物资源，开展人工培育技术研究；建立种苗繁育基地，开发深加工系列产品。

研究开发海洋渔业新品种选育繁育和标准化、规模化、生态健康养殖关键技术，开发水产养殖重大病害监测预报和免疫防治技术，建立水产品质量检测体系。

十一、国家中长期科学和技术发展规划

党的十六大从全面建设小康社会、加快推进社会主义现代化建设的全局出发，要求制定国家科学和技术长远发展规划，国务院据此制定《国家中长期科学和技术发展“十二五”规划纲要（2006-2020 年）》，其中与生物安全相关的主要内容如下：

重点领域及其优先主题

农业

发展思路：（1）以高新技术带动常规农业技术升级，持续提高农业综合生产能力。重点开展生物技术应用研究，加强农业技术集成和配套，突破主要农作物育种和高效生产、畜牧水产育种及健康养殖和疫病控制关键技术，发展农业多种经营和复合经营，在确保持续增加产量的同时，提高农产品质量。（2）延长农业产业链，带动农业产业化水平和农业综合效益的全面提高。重点发展农产品精深加工、产后减损和绿色供应链产业化关键技术，开发农产品加工先进技术装备及安全监测技术，发展以健康食品为主导的农产品加工业和现代流通业，拓展农民增收空间。（3）综合开发农林生态技术，保障农林生态安全。重点开发环保型肥料、农药创制技术及精准作业技术装备，发展农林剩余物资源化利用技术，以及农业环境综合整治技术，促进农业新兴产业发展，提高农林生态环境质量。（4）积极发展工厂化农业，提高农业劳动生产率。重点研究农业环境调控、超高产高效栽培等设施农业技术，开发现代多功能复式农业机械，加快农业信息技术集成应用。

优先主题：

1）畜禽水产健康养殖与疫病防控

重点研究开发安全优质高效饲料和规模化健康养殖技术及设施，创制高效特异性疫苗、高效安全型兽药及器械，开发动物疫病及动物源性人畜共患病的流行病学预警监测、检疫诊断、免疫防治、区域净化与根除技术，突破近海滩涂、浅海水域养殖和淡水养殖技术，发展远洋渔业和海上储藏加工技术与设备。

2）农林生态安全与现代林业

重点研究开发农林生态系统构建技术，林草生态系统综合调控技术，森林与草原火灾、农林病虫害特别是外来生物入侵等生态灾害及气象灾害的监测与防治技术，生态型林产经济可持续经营技术，人工草地高效建植技术和优质草生产技术，开发环保型竹木基复合材料技术。

3）环保型肥料、农药创制和生态农业

重点研究开发环保型肥料、农药创制关键技术，专用复（混）型缓释、控释肥料及施肥技术与相关设备，综合、高效、持久、安全的有害生物综合防治技术，建立有害生物检测预警及防范外来有害生物入侵体系；发展以提高土壤肥力，减少土壤污染、水土流失和退化草场功能恢复为主的生态农业技术。

公共安全

发展思路:（1）加强对突发公共事件快速反应和应急处置的技术支持。以信息、智能化技术应用为先导，发展国家公共安全多功能、一体化应急保障技术，形成科学预测、有效防控与高效应急的公共安全技术体系。（2）提高早期发现与防范能力。重点研究煤矿等生产事故、突发社会安全事件和自然灾害、核安全及生物安全等的监测、预警、预防技术。（3）增强应急救护综合能力。重点研究煤矿灾害、重大火灾、突发性重大自然灾害、危险化学品泄漏、群体性中毒等应急救援技术。（4）加快公共安全装备现代化。开发保障生产安全、食品安全、生物安全及社会安全等公共安全重大装备和系列防护产品，促进相关产业快速发展。

优先主题:

1）国家公共安全应急信息平台

重点研究全方位无障碍危险源探测监测、精确定位和信息获取技术，多尺度动态信息分析处理和优化决策技术，国家一体化公共安全应急决策指挥平台集成技术等，构建国家公共安全早期监测、快速预警与高效处置一体化应急决策指挥平台。

2）食品安全与出入境检验检疫

重点研究食品安全和出入境检验检疫风险评估、污染物溯源、安全标准制定、有效监测检测等关键技术，开发食物污染防控智能化技术和高通量检验检疫安全监控技术。

3）突发公共事件防范与快速处置

重点研究开发个体生物特征识别、物证溯源、快速筛查与证实技术，以及模拟预测技术，远程定位跟踪、实时监控、隔物辨识与快速处置技术及装备，高层和地下建筑消防技术与设备，爆炸物、毒品等违禁品与核生化恐怖源的远程探测技术与装备，以及现场处置防护技术与装备。

4）生物安全保障

重点研究快速、灵敏、特异监测与探测技术，化学毒剂在体内代谢产物检测技术，新型高效消毒剂和快速消毒技术，滤毒防护技术，危险传播媒介鉴别与防治技术，生物入侵防控技术，用于应对突发生物事件的疫苗及免疫佐剂、抗毒素与药物等。

十二、国家科学和技术发展“十二五”规划

“十二五”是我国全面建设小康社会的关键时期，是提高自主创新能力、建设创新型国家的攻坚阶段。为贯彻党的十七届五中全会精神和《中华人民共和国国民经济和社会发展第十二个五年规划纲要》的战略部署，全面落实科教兴国战略和人才强国战略，深入实施《国家中长期科学和技术发展规划纲要（2006—2020年）》，充分发挥科技进步和创新对加快转变经济发展方式的重要支撑作用，制定国家“十二五”科学和技术发展规划。《国家科学和技术发展“十二五”规划》中与生物安全相关的主要内容如下：

1. 加快实施国家科技重大专项

实施国家科技重大专项是科技工作的重中之重。将实施国家科技重大专项作为深化体制改革、促进科技与经济紧密结合的重要载体，加快建立和完善社会主义市场经济条件下政产学研用相结合的新型举国体制，加强围绕产业链的系统部署和产业技术创新战略联盟建设，集中力量突破一批关键共性技术，研发一批具有自主知识产权和市场竞争力的重大战略产品，建设一批技术水平高、带动性强的技术创新平台和产业化示范基地，培育一批具有国际竞争力的创新型企业。同时，结合培育发展战略性新兴产业的紧迫需求，充实调整国家科技重大专项。

1）转基因生物新品种培育

针对保障食物安全和发展生物育种产业的战略需要，围绕主要农作物和家畜生产，突破基因克隆与功能验证、规模化转基因、生物安全等关键技术，完善转基因生物培育和安全评价体系，获得一批具有重要应用价值和自主知识产权的功能基因，培育一批抗病虫、抗逆、优质、高产、高效的重大转基因新品种，实现新型转基因棉花、优质玉米等新品种产业化，整体提升我国生物育种水平，增强

农业科技自主创新能力，促进农业增效农民增收。

2）重大新药创制

针对满足人民群众基本用药需求和培育发展医药产业的需要，突破一批药物创制关键技术和生产工艺，研制30个创新药物，改造200个左右药物大品种，完善新药创制与中药现代化技术平台，建设一批医药产业技术创新战略联盟，基本形成具有中国特色的国家药物创新体系，增强医药企业自主研发能力和产业竞争力。

3）艾滋病和病毒性肝炎等重大传染病防治

针对提高人口健康水平和保持社会和谐稳定的重大需求，重点围绕艾滋病、病毒性肝炎、结核病等重大传染病，突破检测诊断、监测预警、疫苗研发和临床救治等关键技术，研制150种诊断试剂，其中20种以上获得注册证书；10个以上新疫苗进入临床试验。到2015年，重大传染病的应急和综合防控能力显著提升，有效降低艾滋病、病毒性肝炎、结核病的新发感染率和病死率。

2. 大力培育和发展战略性新兴产业

培育和发展战略性新兴产业对推进产业结构升级、加快经济发展方式转变具有重要意义，必须把突破一批支撑战略性新兴产业发展的关键共性技术作为科技发展的优先任务。在节能环保、新一代信息技术、生物、高端装备制造、新能源、新材料和新能源汽车等产业领域，集中优势力量进行攻关，为增强战略性新兴产业的核心竞争力奠定坚实基础。充分发挥国家科技重大专项的核心引领作用和高新区的辐射带动作用，大力推进创新成果的集成应用和商业模式创新，加快战略性新兴产业成为国民经济的先导性产业和支柱性产业的步伐。

1）生物产业

大力发展创新药物、医疗器械、生物农业、生物制造等关键技术和装备。实施生物医药、生物医用材料、先进医疗设备、生物种业、农业生物药物、先进生物制造等科技产业化工程。推动传统产业制造过程的绿色化、低碳化，加快发展绿色农用生物产品，促进优质高效农业发展。

2）生物产业技术

生物医药。重点突破药物创制、新型疫苗、抗体药物及规模化制备、疾病早期诊断等关键技术和生产工艺，获得40项拥有自主知识产权的新型药物产品，获得关键专利700～800项，形成关键生产工艺及相关标准100项，建设抗体、疫苗、诊断试剂等新型生物医药开发及产业化基地30～40个，培育10个龙头企业。

农业生物药物。重点发展靶标发现和药物分子设计、药物源头的微生物及产物的高通量挖掘、纳米农业生物药物等前沿关键技术，获得发明专利150项，自主知识产权重大产品80个，建立新工艺、新标准100项，50种新药物、新制剂获产品登记。建立农业药物和生物制剂创新的产业化平台和核心基地，打造10个左右龙头企业。

3. 推进重点领域核心关键技术突破

1）大力加强民生科技

重点解决人民群众最关心的重大民生科技问题，集成适合不同地区不同层次人们需求的民生改善技术解决方案，以国家可持续发展实验区等为载体强化技术成果的示范和推广，全面提升科技服务民生的能力。

2）加快人口健康科技发展，提升全民健康保障能力

针对慢性病、传染病、精神心理疾患等重大疾病，强化临床医学和转化医学研究，突破一批早诊早治技术、规范化诊疗方案和个性化诊疗技术，系统推进转化医学平台、临床协同研究网络、队列研究基地等建设，优化临床研究组织模式。针对妇女儿童、老龄人群、职业人群、残障人群以及基层中常见的多发病，加强综合防控方案的应用推广、新型诊疗技术研究及生活保障辅具开发。加强中医药和民族医药传承、治未病、优势诊疗技术等研究，促进中医药优势特色的发挥和推进中西医融合发展等。

3）加强公共安全科技发展，提高公共安全和防灾减灾能力

加快提升自然灾害应对技术能力，建立基本地理国情监测技术体系，重点开发地震、滑坡、泥石流、台风、水灾、旱灾等重大自然灾害监测预警技术，研制重大自然灾害紧急救灾重大装备，建立重大自然灾害风险管理技术平台等。

4. 前瞻部署基础研究和前沿技术研究

基础研究和前沿技术研究是提升我国原始创新能力和科技长远发展能力的重要基础，是推动科技进步和创新的源泉，必须依据国家重大战略需求和世界科技发展趋势，予以强化部署。

1）继续加强基础研究

坚持面向国家重大战略需求和瞄准世界科学前沿，进一步完善学科布局，大力推动学科交叉和融合。积极营造有利于自由探索的学术环境，引导兴趣驱动的科学研究聚焦于国家战略需求。加强在若干科学前沿和事关经济社会发展重要方向的战略部署，突破一批关键科学问题，取得一批重大原始创新成果，显著增强我国在世界科学研究中的地位和影响力，为科技长远发展奠定重要基础。

（1）推动学科协调均衡发展，促进学科交叉融合。重视基础研究基本理论和学科建设，结合当前我国学科发展态势，全面协调基础学科发展。继续保持数学、材料科学、工程科学等学科在国际上的优势地位，重点支持代数数论与代数几何、材料科学基础理论、深部资源绿色开发和绿色冶金理论与技术的研究。加大对空间科学、动植物分类学、流行病学、工程海洋学等弱势学科的扶持。加强基础学科之间、基础学科与应用学科、科学与技术、自然科学与人文社会科学的交叉融合，支持医学、纳米、生物信息学等综合交叉学科的发展，积极扶持新兴学科，推动学科整体水平的提高。

（2）坚持需求导向，着力突破制约经济社会发展的重大科学问题。围绕国家战略需求，重点部署农业生物遗传改良和农业可持续发展中的基础研究、能源可持续发展中的关键科学问题、信息科学技术基础、地球和环境系统关键过程和规律、人类健康与疾病的基础研究、基础材料改性优化和新材料设计探索及服役失效机理、制造与工程的科学基础、多学科综合交叉的基础研究、空间科学和航空航天重大科学问题等事关经济社会发展的重大科学问题研究。

需求导向的重大科学问题研究领域和方向——人口与健康科学领域，重点支持非传染性慢性复杂疾病机理及其防治、传染性疾病致病机理及其防治、计划生育与生殖健康、灾害医学、我国不同民族疾病易感性、衰老和衰老相关疾病、中医药、人与环境相互作用等领域的基础研究。

（3）集中优势力量，推进重大科学研究计划实施。加强顶层设计，完善管理机制，推动蛋白质研究、量子调控研究、纳米研究、发育与生殖研究、全球变化研究和干细胞研究六个重大科学研究计划的实施，力争在未来五年内取得重大突破。以参加国际热核聚变实验堆（ITER）装置建设为契机，启动实施核聚变能研究专项。根据国际科学发展前沿和我国科学发展实际需要，力争启动相关研究计划和大科学工程研究专项。

国家重大科学研究计划——纳米研究，重点在面向国家重大战略需求的纳米材料，传统工程材料的纳米化技术，纳米材料的重大共性问题，纳米技术在环境与能源领域应用的科学基础，纳米材料表征技术与方法，纳米表征技术的生物医学和环境检测应用学等方面加强部署。

2）强化前沿技术研究

前沿技术是高技术领域中具有前瞻性、先导性和探索性的重大技术，是未来高技术更新换代和新兴产业发展的重要基础。加大对代表世界高技术发展方向、对国家未来新兴产业的形成和发展具有引领作用的前沿技术的前瞻部署和研发力度，积极抢占前沿技术发展的制高点。对有利于重点产业技术更新换代、实现跨越发展的前沿技术，要集中力量予以攻克，力争形成一批重大产品和技术系统。

（1）生物和医药技术。重点研发基因组学及新一代测序技术、蛋白质组学技术、干细胞技术、生物合成技术、生物治疗技术、分子诊断和分子影像技术、生物信息技术、药靶发现与药物分子设计技术。大力开发诊断试剂、疫苗、抗体药物、灵长类疾病动物模型及血液制品、组织工程技术和产品、工业生物技术、生物能源技术、生物医学工程关键部件和生物医学应用材料。发展生物资源开发保护、生物安全监测防控技术及装备。建立基因测序、蛋白质组学、转化医学等研发平台、抗体库和疫苗研发基地。

（2）现代农业技术。重点攻克农业生物功能基因组学、动物干细胞、靶标发现与药物分子设计、食品营养品质靶向设计和农业物联网等前沿技术。着力突破分子设计育种、食品加工与生物制造、海洋农业、数字农业与智能装备制造，以及农产品生境控制等核心关键技术。创制优良动植物新品种、液体生物燃料、生物反应器、新型生物农药、基因工程疫苗和药物、农业智能装备、健康食品、海水养殖等重大产品。

十三、全国农村经济发展“十二五”规划

“十二五”时期是全面建设小康社会的关键时期，是深化改革开放、加快转变经济发展方式的攻坚时期，是推进农业现代化、加快社会主义新农村建设的重要时期。根据党的十七届三中、五中全会精神和《中华人民共和国国民经济和社会发展第十二个五年规划纲要》的总体部署，为阐明未来五年农村经济的发展方向和战略任务，明确工作重点和工作思路，谋划发展举措和重大工程，指导农村经济又好又快发展，制定《全国农村经济发展“十二五”规划》，其中与生物安全相关的内容如下：

1. 加快发展现代农业

推进农业结构战略性调整，保障农产品质量安全。加强宣传引导，增强农产品生产经营者质量安全意识，落实质量安全责任。以农业投入品安全使用、农兽药残留限量、种养殖规范等为重点，完善农产品质量安全标准体系，大力推行农业标准化生产等。

2. 建设社会主义新农村

按照“教育水平提高、卫生条件改善、文化生活丰富、就业公平体面”的要

求，加快发展农村社会事业，提高农村人口素质，促进农村全面发展。另外，加强农村医疗卫生体系建设，推进新增医疗卫生资源重点向农村倾斜。

3. 加强生态建设和环境保护

加强生态保护，坚持保护优先，加强开发建设活动的环境监管，防止矿产资源开发和大型工程建设对自然资源和生态环境的破坏，加强对森林、草原、湿地、荒漠、河流、水源地、水生生物及野生动植物等自然资源的保护。严格林地保护制度，加强森林抚育和低质林改造，提高森林生态系统整体功能。

十四、食品工业发展“十二五”规划

“十二五”时期是全面建设小康社会的关键时期，是深化改革、加快转变经济发展方式的攻坚时期。根据《中华人民共和国国民经济和社会发展第十二个五年规划纲要》的总体部署，为加快食品工业结构调整，促进产业转型升级，建设具有中国特色的现代食品工业体系，实现持续健康发展，特制定《食品工业发展“十二五”规划》（规划期为 2011～2015 年），作为“十二五”时期全国食品工业发展的指导性文件。《食品工业发展“十二五”规划》中与生物安全相关的主要内容为强化食品质量安全，具体如下：

（1）提高重点行业准入门槛。加快制定和完善粮食、油脂、肉类、饮料、水产品、果蔬加工等重点食品行业产业政策和行业准入条件，明确食品加工企业在原料基地、生产规程、产品标准、质量控制等方面的必备条件。

（2）健全食品安全监管体制机制。按照《国家食品安全监管体系“十二五”规划》要求，建立健全符合我国国情的食品安全监管体制机制，明晰食品安全监管部门职责，堵塞监管漏洞，形成监管合力，实现全程监管和无缝衔接。

（3）完善食品标准体系。加快制修订食品安全标准和相关标准，健全食品加工技术标准体系，重点制修订食品添加剂、方便食品、肉制品、乳制品、饮料等行业标准，完善食品安全标准、基础通用标准、重点产品标准和检测方法标准。加强对国际标准的参与程度及对相关国家标准的追踪研究。

（4）加强检（监）测能力建设。逐步实现关键检测设备国产化，着力推进产品质量与食品安全监控中心和实验室的建设。督促企业增加原料检验、生产过程动态监测、产品出厂检测等先进检验设备配置，完善企业内部质量控制、监测系统和食品质量可追溯体系等。

（5）健全食品召回及退市制度。建立和完善不符合食品安全标准和超过保质期的食品主动召回、责令召回及退市制度，明确食品召回范围、召回级别、召回处置等具体规定，使食品召回及退市制度切实可行。健全食品质量安全申诉投诉处理制度，加强申诉投诉处理管理。

（6）落实企业食品安全主体责任。完善企业内部质量控制、监测系统，重点加强农药残留、重金属、真菌毒素、微生物等项目检测，建立食品质量可追溯体系。健全食品质量安全投诉管理制度、不合格产品追溯制度、食品退市召回与应急处理制度等。

第三节　国家生物安全法律法规

随着生物安全问题的日益突出，国家相继颁布了生物安全相关的各种法律法规，生物安全领域的主要法律法规见表 5-8。

表 5-8　我国生物安全领域主要法律法规①

法律法规	发布部门	发布日期
中华人民共和国国境卫生检疫法（2009 年修正）	全国人大常委会	2009.8.27
中华人民共和国食品安全法	全国人大常委会	2009.2.28
中华人民共和国传染病防治法（2004 年）	全国人大常委会	2004.8.28
中华人民共和国药品管理法	全国人大常委会	2001.2.28
中华人民共和国国境卫生检疫法实施细则（2010 年修订）	国务院	2010.4.24
中华人民共和国食品安全法实施条例	国务院	2009.7.20
乳品质量安全监督管理条例	国务院	2008.10.9
血吸虫病防治条例	国务院	2006.4.1
国家突发公共事件医疗卫生救援应急预案	国务院	2006.2.28
国家突发重大动物疫情应急预案	国务院	2006.2.27
国家突发公共事件医疗卫生救援应急预案	国务院	2006.2.26
国家突发公共卫生事件应急预案	国务院	2006.2.26

① 中国法律信息. http：//law.law-star.com/html/lawsearch.htm[2013-7-18]

续表

法律法规	发布部门	发布日期
艾滋病防治条例	国务院	2006.1.29
疫苗流通和预防接种管理条例	国务院	2005.3.24
中国人民解放军实施《中华人民共和国药品管理法》办法	国务院	2004.12.9
病原微生物实验室生物安全管理条例	国务院	2004.11.12
突发公共卫生事件应急条例	国务院	2003.5.9
中华人民共和国药品管理法实施条例	国务院	2002.8.4
国内交通卫生检疫条例	国务院	1998.11.28
中华人民共和国进出口商品检验法	全国人大常委会	1989.2.21
中华人民共和国进出境动植物检疫法	全国人大常委会	1991.10.30
中华人民共和国认证认可条例	国务院	2003.9.3
中华人民共和国进出口货物原产地条例	国务院	2004.9.3
中华人民共和国产品质量法	全国人大常委会	1993.2.22
中华人民共和国标准化法实施条例	国务院	1990.4.6
中华人民共和国进出口商品检验法实施条例	国务院	2005.8.31
中华人民共和国进出境动植物检疫法实施条例	国务院	1996.12.2

从表 5-8 可以看出，我国生物安全领域的主要法律法规包括《中华人民共和国国境卫生检疫法（2009 年修正）》《中华人民共和国食品安全法》《中华人民共和国传染病防治法（2004 年）》《中华人民共和国药品管理法》等法案。这些法律法规在生物安全领域起着重要的规范作用。

第四节　国家生物安全管理体制

当前，生物恐怖主义威胁的上升和传染病的爆发与流行给人类健康和生命乃至国家安全造成危害。加强对致病微生物和毒素的安全防护和有效管理是保证生物安全的前提，也是《禁止生物武器公约》缔约国履约的重要内容之一。

我国高度重视生物安全问题。根据生物安全领域的有关法律法规，中国政府有关部门对传染病菌（毒）种的使用、保藏、携带和运输实行严格管理；加强对转基因食品、转基因生物安全和基因工程的安全管理，保护人员、动植物、微生物安全和生态环境；对使用有毒物品的作业场所及生物安全防护实验室等实行严格安全管理，防止实验室感染和致病微生物的泄露；强化进出境和过境卫生检疫，防止危险性病菌、害虫及有害动植物及其产品、能传播疾病的食品、药品等进出中国国境。

我国主要参与生物安全事务管理的机构包括卫生部、农业部、科学与技术部、外交部、国家发展和改革委员会、环境部、国防部、工业与信息部、国家质检总局、国家工商行政管理总局、国家食品药品监督管理总局、国家海洋局、国家林业局和国家中医药管理局。下面简要介绍这几个机构与生物安全相关的基本职能。

一、卫生部

根据第十一届全国人民代表大会第一次会议批准的国务院机构改革方案和《国务院关于机构设置的通知》（国发〔2008〕11 号），设立卫生部，为国务院组成部门。其与生物安全相关的职能部门及其主要职责包括：

1）规划财务司

拟订卫生事业中长期发展规划，推动区域卫生规划工作；统筹规划与协调全国卫生资源配置，管理大型医用装备的配置；提出医疗服务价格、药品价格、基本医疗保险费用结算等政策的建议；组织拟订国家卫生装备管理办法和标准；拟订药品和医疗器械采购相关规范。

2）政策法规司

起草卫生法律法规草案，组织拟订卫生政策和标准；起草部门规章；承担机关有关规范性文件的合法性审核工作；承担有关行政复议和行政应诉工作。

3）卫生应急办公室（突发公共卫生事件应急指挥中心）

拟订卫生应急和紧急医学救援规划、制度、预案和措施；指导突发公共卫生事件的预防准备、监测预警、处置救援、分析评估等卫生应急活动；指导地方对突发公共卫生事件和其他突发事件实施预防控制和紧急医学救援；组织实施对突发急性传染病防控和应急措施；对重大灾害、恐怖、中毒事件及核事故、辐射事故等组织实施紧急医学救援；发布突发公共卫生事件应急处置信息。

4）疾病预防控制局（全国爱国卫生运动委员会办公室）

拟订全国重大疾病防治规划、国家免疫规划和严重危害人民健康的公共卫生问题的干预措施并组织实施，完善重大疾病防控体系，防止和控制疾病的发生和疫情的蔓延；承担发布法定报告传染病疫情信息工作；承办全国爱国卫生运动委员会、国务院防治艾滋病工作委员会的具体工作。

5）农村卫生管理司

承担综合管理农村基本卫生保健和新型农村合作医疗工作，拟订有关政策、规划并组织实施；指导全国农村卫生服务体系建设和乡村医生相关管理工作；监督指导农村卫生政策的落实。

6）医政司

拟订医疗机构、医疗技术应用、医疗质量和服务、采供血机构管理等有关政策、规范、标准，并组织指导实施；拟订医务人员执业标准和服务规范；指导医院药事、临床重点专科建设、医院感染控制、医疗急救体系建设、临床实验室管理等有关工作；参与药品、医疗器械临床试验管理。

7）食品安全综合协调与卫生监督局

组织拟订食品安全标准；承担组织查处食品安全重大事故的工作；组织开展食品安全监测、风险评估和预警工作；拟订食品安全检验机构资质认定的条件和检验规范；承担重大食品安全信息发布工作；指导规范卫生行政执法工作；按照职责分工，负责职业卫生、放射卫生、环境卫生和学校卫生的监督管理；负责公共场所、饮用水等的卫生监督管理；负责传染病防治监督；整顿和规范医疗服务市场，组织查处违法行为；督办重大医疗卫生违法案件。

8）药物政策与基本药物制度司

承担建立国家基本药物制度并组织实施的工作，组织拟订药品法典和国家基本药物目录；组织拟订国家药物政策；拟订国家基本药物的采购、配送、使用的政策措施，会同有关方面提出国家基本药物目录内药品生产的鼓励扶持政策，提出国家基本药物价格政策的建议。

9）科技教育司

拟订医药卫生科技发展规划；组织实施国家重点医药科研攻关项目；指导医疗卫生方面的技术推广和科学普及工作；组织研究医学卫生技术标准；承担医药卫生实验室生物安全的监督管理工作；组织指导卫生专业技术岗位培训工作；承担组织开展继续医学教育和毕业后医学教育工作。

10）国际合作司（港澳台办公室）

承担组织指导卫生方面的政府与民间的多边合作交流和卫生援外有关工作；组织协调我国与世界卫生组织及其他国际组织在医学卫生领域的交流与合作；承担与港澳台的卫生合作工作。

11）其他事项

（1）管理国家食品药品监督管理总局和国家中医药管理局。

（2）食品安全监管的职责分工。

（3）食品生产、流通、消费环节许可工作监督管理的职责分工。

（4）职业卫生监管的职责分工。

（5）由卫生部会同国家食品药品监督管理总局适时推进食品安全监管队伍整合。

（6）所属事业单位的设置、职责和编制事项另行规定。

二、农业部

农业部是主管农业与农村经济发展的国务院组成部门，其与生物安全相关的主要职责包括：

（1）组织重大科研和技术推广项目的遴选及实施。

（2）起草动植物防疫和检疫的法律法规草案，签署政府间协议、协定，制定有关标准；组织、监督对国内动植物的防疫、检疫工作，发布疫情并组织扑灭。

三、科学与技术部[①]

科学与技术部是国务院组成部门之一。主要职能包括：牵头拟订科技发展规划和方针、政策，起草有关法律法规草案，制定部门规章，并组织实施和监督检查；负责组织制订国家重点基础研究计划、高技术研究发展计划和科技支撑计划，负责统筹协调基础研究、前沿技术研究、重大社会公益性技术研究及关键技术、共性技术研究，牵头组织国民经济与社会发展重要领域的重大关键技术攻关；会同有关部门组织科技重大专项实施中的方案论证、综合平衡、评估验收和制定相关配套政策，对科技重大专项实施中的重大调整提出意见。其与生物安全相关的职能部门及其主要职责包括：

1）政策法规司

拟订科技发展政策；会同有关方面推进国家创新体系建设和科技体制改革；起草相关法律法规草案和规章；承担机关有关规范性文件的合法性审核工作；会同有关方面拟订促进产学研结合的相关政策；拟订全国科普工作规划和政策；承办相关科研机构组建和调整的审核事宜；拟订科技人才队伍建设、促进科技知识产权创造的政策措施。

2）发展计划司

组织拟订科技发展规划和年度计划，提出科技计划经费配置建议，协调规划

① 中华人民共和国科学与技术部.http：//www.most.gov.cn/zzjg/index.htm#z2[2013-10-18]

和计划的实施；会同有关方面提出国家科技基础条件平台、重大创新基地建设规划建议；推动区域科技发展；拟订科技保密管理办法；承担相关科技评估管理和科技统计管理工作。

3）重大专项办公室

会同有关方面拟订科技重大专项实施办法，审核实施计划，提出综合平衡、方案调整和相关配套政策建议，跟踪和监督实施，协调解决重大问题，组织评估和验收；负责相关综合信息管理。

4）基础研究司

拟订国家基础研究规划和政策；组织实施国家重点基础研究发展计划和重大科学研究计划；参与编制国家重大科学工程建设规划；组织实施国家实验室、国家重点实验室、国家野外科学观测研究基地建设；组织推动科研基础性工作。

5）高新技术发展及产业化司

拟订相关领域高新技术发展及产业化的规划和政策；组织实施相关领域高技术研究发展计划、科技支撑计划和政策引导类科技计划；指导国家级高新技术产业开发区建设；推动高新技术产业化相关技术服务体系建设；拟订促进技术市场发展政策。

6）农村科技司

拟订科技促进农村发展的规划和政策；组织实施相关领域高技术研究发展计划、科技支撑计划和政策引导类科技计划；推动农村科技进步；指导相关重大科技成果应用示范；指导农业科技园区的有关工作。

7）社会发展科技司

拟订社会发展领域科技发展规划和政策；组织实施相关领域高技术研究发展计划、科技支撑计划和政策引导类科技计划；会同有关方面拟订人类遗传资源管理办法；促进生物技术发展及产业化工作；协调科技应对气候变化工作。

8）国际合作司

组织拟订对外科技合作与交流的政策；承办政府间双边和多边及国际组织间科技合作与交流事宜；指导相关部门和地方对外科技合作与交流工作；组织实施国际科技合作计划；承担科技援外与科技援华相关工作；指导驻外科技机构工作；承办涉港澳台科技合作与交流事宜。

科学与技术部负责组织制订的科学计划主要包括国家科技重大专项、国家科技计划等。

四、外交部[①]

中华人民共和国外交部是中华人民共和国政府的外交机关，是中华人民共和国国务院内主管外交事务的组成部门，负责处理中华人民共和国政府与世界其他国家政府及政府间国际组织的外交事务，其与生物安全相关的职能部门及其主要职责包括：

1）涉外安全事务司

负责国际防扩散等领域工作，研究有关国际安全问题。

2）条约法律司

负责办理国家对外缔结双边、多边条约事务，组织协调有关我国履行国际公约、协定工作。作为生物武器的受害国及《禁止生物武器公约》缔约国，中国一贯主张全面禁止和彻底销毁包括生物武器在内的一切大规模杀伤性武器，坚决反对这类武器的扩散。中国支持该公约的宗旨和目标，严格履行公约义务，积极参与旨在加强公约有效性的多边进程。

五、国家发展和改革委员会[②]

根据第十一届全国人民代表大会第一次会议批准的国务院机构改革方案和《国务院关于机构设置的通知》（国发〔2008〕11 号），设立国家发展和改革委员会，为国务院组成部门。其与生物安全相关的职能部门及其主要职责包括：

1）发展规划司

提出国民经济和社会发展战略、规划生产力布局的建议，提出国民经济和社会中长期发展、总量平衡及结构调整的目标和政策；组织拟订国民经济和社会发展中长期规划、全国主体功能区规划，并对规划实施情况进行监测与评估；提出推进城镇化的发展战略和重大政策措施；统筹协调经济社会发展重大专项规划和区域规划。

2）高技术产业司

综合分析高技术产业及产业技术的发展态势，组织拟订高技术产业发展、产业技术进步的战略、规划和重大政策；做好相关高技术产业化工作，组织重大产业化示范工程；统筹信息化的发展规划与国民经济和社会发展规划、计划的衔接

① 中华人民共和国外交部.http：//www.fmprc.gov.cn/mfa_chn/wjb_602314/zzjg_602420/[2013-10-18]

② 中华人民共和国国家发展和改革委员会.http：//www.sdpc.gov.cn/znbm/default.htm[2013-10-18]

平衡；组织推动技术创新和产学研联合；推动国民经济新产业的形成。

六、环境部[①]

根据第十一届全国人民代表大会第一次会议批准的国务院机构改革方案和《国务院关于机构设置的通知》（国发〔2008〕11 号），设立环境保护部，为国务院组成部门。环保部仍负责拟订并实施环境保护规划、政策和标准，组织编制环境功能区划，监督管理环境污染防治，协调解决重大环境保护问题，还有环境政策的制订和落实、法律的监督与执行、跨行政地区环境事务协调等任务。其与生物安全相关的职能部门及其主要职责包括：

1）科技标准司

组织拟定环境保护科技政策、规划、计划。组织环境保护重大科技攻关，组织环境保护重大技术工程示范。组织开展环境保护重大科技问题研究和新型环境问题风险评估。组织建立部级重点实验室和工程技术中心。

2）自然生态保护司

牵头负责生物多样性保护、生物物种资源（含生物遗传资源）和生物安全管理工作。负责有关国际环境公约的国内履约工作。承担国家生物安全管理办公室工作。

七、国防部[②]

中华人民共和国国防部是中华人民共和国国务院下属的一个部门，是 1954 年 9 月第一届全国人民代表大会第一次会议决议设立的。主要负责国防建设方面的具体工作。其与生物安全相关的主要职责包括：

1. 军队现代化建设

加强军队现代化建设，防化兵积极推进平战结合、军民结合、军兵种结合的核生化防护一体化建设，形成较强的全时空、全地域核生化防护保障能力。

1）武装力量

（1）保卫边防、海防、空防安全

① 中华人民共和国环境保护部.http：//www.mep.gov.cn/zhxx/jgzn/[2013-10-18]

② 中华人民共和国国防部.http：//www.mod.gov.cn/affair/book.htm[2013-10-18]

（2）参加国家建设和抢险救灾

（3）国际灾难救援

2）建立军事互信

2009年以来，上海合作组织安全领域合作继续保持良好发展势头。成员国先后签订《反恐怖主义公约》等文件，为安全合作奠定坚实的法律基础。中国积极参加东盟地区论坛、中国与东盟、东盟与中日韩框架下的多边安全会议。2010年5月，中国在第七次东盟地区论坛安全政策会议上，提出加强非传统安全合作问题研究、推动务实性合作等倡议。

3）军控与裁军

中国认真履行《禁止化学武器公约》的各项义务，建立了从中央到地方的各级履约机构。另外，中国与禁化武组织积极开展合作，并通过该组织向非洲缔约国提供援助。

中国支持旨在加强《禁止生物武器公约》有效性的多边努力，致力于公约的全面、严格履约，建立了较完备的履约法律体系，设立了国家履约联络点。每年按时向公约履约支持机构提交建立信任措施宣布资料，参加公约缔约国年会、专家会和相关研讨会，加强生物安全和疫情监控等工作，开展生物领域国际交流与合作。

八、工业和信息化部①

根据2008年3月11日公布的国务院机构改革方案，组建中华人民共和国工业和信息化部。工业和信息化部主要职责为：拟订实施行业规划、产业政策和标准；监测工业行业日常运行；推动重大技术装备发展和自主创新；管理通信业；指导推进信息化建设；协调维护国家信息安全等。作为行业管理部门，主要是管规划、管政策、管标准，指导行业发展，但不干预企业生产经营活动。其与生物安全相关的职能部门及其主要职责包括：

1）科技司

组织拟订并实施高技术产业中涉及生物医药、新材料、航空航天、信息产业等的规划、政策和标准；组织拟订行业技术规范和标准，指导行业质量管理工作；组织实施行业技术基础工作；组织重大产业化示范工程；组织实施有关国家科技重大专项，推动技术创新和产学研相结合。

① 工业和信息化部.http：//www.miit.gov.cn/n11293472/n11459606/n11459642/11459720.html[2013-10-18]

2）消费品工业司

承担轻工、纺织、食品、医药、家电等的行业管理工作；拟订卷烟、食盐和糖精的生产计划；承担盐业和国家储备盐行政管理、中药材生产扶持项目管理、国家药品储备管理工作。

九、国家质量监督检验检疫总局[①]

中华人民共和国国家质量监督检验检疫总局是中华人民共和国国务院主管全国质量、计量、出入境商品检验、出入境卫生检疫、出入境动植物检疫、进出口食品安全和认证认可、标准化等工作，并行使行政执法职能的直属机构。其与生物安全相关的职能部门及其主要职责包括：

1）质量管理司

组织实施国家质量振兴的政策措施和国家质量奖励制度；建立全国产品质量诚信制度；承办重大工程设备质量监理有关事宜；组织重大产品质量事故的调查并提出整改意见；承担产品防伪的监督管理工作。

2）通关业务司

拟订和调整出入境检验检疫商品目录；综合协调出入境检验检疫工作，管理口岸及特殊监管区域出入境检验检疫业务，参与相关对外谈判；管理出入境检验检疫标志标识、证单和原产地证签证；承担出入境检验检疫统计和业务信息化工作；监督管理从事与检验检疫通关业务有关社会服务机构的资质资格。

3）动植物检疫监管司

拟订出入境动植物及其产品检验检疫的工作制度；承担出入境动植物及其产品的检验检疫、注册登记、监督管理，按分工组织实施风险分析和紧急预防措施；承担出入境转基因生物及其产品、生物物种资源的检验检疫工作；管理出入境动植物检疫审批工作。

4）检验监管司

拟订进出口商品检验和监督管理的工作制度并组织实施；对进出口商品质量安全风险进行分析评估；承担国家实行许可制度的进出口商品验证工作；组织协调出入境集装箱检验检疫工作；监督管理法定检验商品的数量、重量鉴定；监督管理从事进出口商品检验鉴定业务检验机构的资质资格。

① 国家质量监督检验检疫总局.http：//www.aqsiq.gov.cn/[2013-10-18]

5）进出口食品安全局

拟订进出口食品和化妆品安全、质量监督和检验检疫的工作制度；承担进出口食品、化妆品的检验检疫、监督管理，以及风险分析和紧急预防措施工作；按规定权限承担重大进出口食品、化妆品质量安全事故查处工作。

6）产品质量监督司

拟订产品质量安全监督的工作制度；承担产品质量国家监督抽查工作；拟订国家重点监督的国内产品目录并组织实施；承担工业产品生产许可证管理、产品质量安全强制检验和风险监控工作；指导和协调产品质量的行业、地方和专业性监督；监督管理产品质量检验机构及仲裁检验、鉴定。

7）执法督察司

组织查处违反标准化、计量、质量、特种设备等法律法规的行为；组织本系统开展从源头打击假冒伪劣产品违法活动；承担组织协调全国有关专项打假活动及跨省（自治区、直辖市）案件的查处和大案要案的督查督办工作。

8）法规司

起草相关法律法规草案和规章；承担质量监督检验检疫国际合作协定、协议和议定书草案及机关有关规范性文件的合法性审核工作；管理与质量监督检验检疫有关的技术规范工作；承办有关行政复议和行政应诉工作。

9）卫生检疫监管司

拟订出入境卫生检疫监管的工作制度及口岸突发公共卫生事件处置预案；承担出入境卫生检疫、传染病监测、卫生监督、卫生处理，以及口岸突发公共卫生事件应对工作；承担口岸反恐相关工作。

十、国家工商行政管理总局①

根据《国务院关于机构设置的通知》（国发〔2008〕11号），设立国家工商行政管理总局（正部级），为国务院直属机构。其与生物安全相关的职能部门及其主要职责包括：

1）消费者权益保护局

拟订保护消费者权益的具体措施、办法；承担流通领域商品质量监督管理工作；开展有关服务领域消费维权工作；查处假冒伪劣等违法行为；承担指导消费者咨询、申诉、举报受理、处理和网络体系建设工作。

① 国家工商行政管理总局.http：//www.saic.gov.cn/zzjg/jgsz/[2013-10-19]

2）食品流通监督管理司

负责流通环节食品安全监督管理，拟订流通环节食品安全监督管理的具体措施、办法；组织实施流通环节食品安全监督检查、质量监测及相关市场准入制度；承担流通环节食品安全重大突发事件应对处置和重大食品安全案件查处工作。

十一、国家食品药品监督管理总局[①]

根据2013年3月10日披露的国务院机构改革和职能转变方案，组建国家食品药品监督管理总局。保留国务院食品安全委员会，具体工作由国家食品药品监督管理总局承担；不再保留国家食品药品监督管理局和单设的国务院食品安全委员会办公室。其与生物安全相关的职能部门及其主要职责包括：

1）法制司

（1）拟订食品药品监督管理立法规划和计划，组织起草食品药品监督管理法律法规及部门规章草案。

（2）负责总局食品药品监督管理规范性文件的合法性审核工作。组织对有关部门起草的法律法规、部门规章中涉及食品药品监督管理事项提出意见。

（3）指导食品药品监督管理法制建设，组织开展食品药品监督管理执法监督工作。

（4）拟订食品药品监督管理法制宣传教育规划并组织实施。

（5）组织开展食品药品监督管理法律制度理论研究。

（6）负责有关食品药品监督管理行政复议、行政应诉和听证工作。

2）食品安全监管一司

（1）掌握分析食品生产加工环节食品安全形势、存在问题并提出完善制度机制和改进工作的建议。

（2）拟订生产加工环节食品安全监督管理的规章、制度及技术规范。

（3）拟订食品生产许可实施办法，组织核准食品生产许可审查机构、审查员和检验机构，督促下级行政机关严格依法实施行政许可。

（4）指导下级行政机关开展食品监督抽检工作，组织开展全国食品监督抽检。

（5）指导食品生产加工环节检验检测工作，配合相关部门组织开展食品监督

① 国家食品药品监督管理总局.http：//www.sda.gov.cn/WS01/CL0003/[2013-10-19]

管理的科研工作。

（6）拟订问题食品召回制度，指导地方相关工作。

（7）指导地方推进食品生产者诚信自律体系建设。

（8）督促地方开展生产加工环节食品安全监督管理、履行监督管理职责，及时发现、纠正违法和不当行为。

3）食品安全监管二司

（1）掌握分析流通和餐饮消费环节食品安全形势、存在问题并提出完善制度机制和改进工作的建议。

（2）拟订流通和餐饮消费环节食品安全监督管理的制度、措施并督促落实。

（3）规范流通和餐饮消费许可管理，督促下级行政机关严格依法实施行政许可。

（4）指导下级行政机关开展流通和餐饮消费环节食品监督抽检工作。

（5）指导下级行政机关对进入批发、零售市场的食用农产品进行监督管理，组织协调、建立与农业部门的衔接处置机制。

（6）拟订不符合食品安全标准食品停止经营的管理制度，指导督促地方相关工作。

（7）指导地方推进食品经营者诚信自律体系建设。

（8）督促下级行政机关开展流通和餐饮消费环节食品安全日常监督管理、履行监督管理责任，及时发现、纠正违法和不当行为。

4）食品安全监管三司

（1）开展食品安全总体状况分析和形势研判，编制食品安全总体状况报告。

（2）拟订食品安全风险监测工作制度和技术规范，参与拟订国家食品安全风险监测计划，组织开展食品安全风险监测，通报监测结果并配合依法处置相关问题。

（3）开展食品安全风险预警和风险交流。

（4）组织协调、建立与农业、卫生计生、质检等部门有关食品、食品相关产品和进出口食品安全信息衔接机制。

（5）承担与国家卫生和计划生育委员会有关食品安全风险评估衔接工作。

（6）承担食品安全统计工作，编制食品安全统计年鉴。

（7）拟订保健食品监督管理工作制度和技术规范。

（8）承担保健食品注册审批工作，督促下级行政机关严格依法实施保健食品生产、流通许可及许可后的监督检查，对违法违规行为予以处理。

（9）指导督促下级行政机关开展保健食品监督管理、履行监督管理职责，及时发现、纠正违法和不当行为。

（10）拟订问题保健食品召回和处置制度，指导督促地方相关工作。

（11）组织开展食品安全统计、风险监测、风险预警和交流，以及保健食品监督管理领域的项目研究。

5）药品化妆品注册管理司（中药民族药监管司）

（1）组织拟订药品化妆品注册管理制度并监督实施。

（2）组织拟订药品化妆品相关标准并监督实施。

（3）严格依照法律法规规定的条件和程序办理药品注册和部分化妆品行政许可、医疗机构配制制剂跨省区调剂审批并承担相应责任，优化注册和行政许可管理流程。

（4）承担处方药与非处方药的转换和注册，监督实施药物非临床研究质量管理规范和药物临床试验质量管理规范，组织拟订中药饮片炮制规范。

（5）指导督促药品化妆品注册工作中受理、审评、检验、检查、备案等工作。

（6）督促下级行政机关严格依法实施药品再注册，以及不改变药品内在质量的补充申请、医疗机构配制制剂、部分化妆品许可等相关行政许可工作、履行监督管理责任，及时发现、纠正违法和不当行为。

6）药品化妆品监管司

（1）掌握分析药品化妆品安全形势、存在问题并提出完善制度机制和改进工作的建议。

（2）组织拟订药品化妆品生产、经营、使用管理制度并监督实施，组织拟订中药材生产和药品生产、经营、使用质量管理规范并监督实施。拟订药品互联网销售监督管理制度并监督实施。

（3）组织开展对药品化妆品生产、经营企业的监督检查，组织开展药品不良反应监测和再评价、化妆品不良反应监测、监督抽验及安全风险评估，对发现的问题及时采取处理措施。

（4）拟订境外药品生产企业检查等管理制度并监督实施。

（5）参与拟订国家基本药物目录。监督实施药品分类管理。

（6）承担麻醉药品、精神药品、医疗用毒性药品、放射性药品及药品类易制毒化学品等监督管理工作。

（7）拟订问题药品化妆品召回和处置制度，指导地方相关工作。

（8）拟订药品化妆品监督管理工作规范及技术支撑能力建设要求，督促下级行政机关严格依法实施行政许可、履行监督管理责任，及时发现、纠正违法和不当行为。

（9）承担总局深化医药卫生体制改革相关工作。

（10）承担国家禁毒委员会成员单位相关工作，承办履行国际药物管制公约相关事项，承担有关药品出口监督管理事项。

7）应急管理司

（1）组织拟订食品药品安全应急体系建设规划，推动应急体系建设和能力建设。

（2）组织拟订食品药品安全应急管理工作制度并监督实施。

（3）组织编制食品药品安全事故应急预案，开展应急培训和演练。

（4）组织开展食品药品安全信息搜集和舆情监测，指导协调核查、应对工作。

（5）建立食品药品重大信息直报制度并监督实施。

（6）核查领导批示、媒体披露和公众举报的食品药品安全事故，及时报告或协调回应。

（7）组织开展重大食品药品安全事故应急处置和调查处理工作，指导协调地方开展相关突发事件处置工作。

（8）负责建立食品药品应急管理专家组，开展食品药品安全舆情和重大事故案例研究，分析相关风险趋势及突发事件发生态势，提出对策建议。

8）科技和标准司

（1）组织拟订食品药品监督管理科研规划和计划，推动科技创新体系建设，承担相关科技条件建设工作。

（2）组织实施食品药品监督管理重大科技项目，组织引进国外相关先进技术，指导科研、管理与生产经营单位技术协作，促进科技成果转化。

（3）推动食品药品检验检测体系建设，拟订食品药品检验检测机构资质认定条件和检验规范并监督实施。

（4）推动食品药品电子监管追溯体系和信息化建设。

（5）建立完善有关药品、化妆品、医疗器械标准管理的相关制度和工作机制。

（6）组织拟订药用辅料、直接接触药品的包装材料和容器产品目录、药用要求、标准的管理规范。

（7）参与拟订食品安全标准。

9）新闻宣传司

（1）组织宣传食品药品安全方面的法律法规、方针政策，解读食品药品监督管理制度、措施。

（2）拟订食品药品安全信息统一公布制度，发布食品药品安全信息。

（3）拟订食品药品安全新闻宣传的年度、季度和专题报道计划并组织实施。

（4）建立和完善食品药品安全舆论引导机制、科普宣传工作机制，组织开展食品药品安全重大主题宣传活动。

（5）负责食品药品监督管理系统报刊、图书、影视、音像等宣传业务管理。

（6）组织推进食品药品监督管理有关的诚信体系建设。

十二、国家海洋局①

国家海洋局于 1964 年经国务院批准正式成立。它是国家海洋规划、立法、管理的政府行政管理机构，属于国土资源部的国家局。其与生物安全相关的职能部门及其主要职责包括：

海洋环境保护司——承担海洋环境保护事务的综合协调工作；拟订海洋环境保护工作战略和方针政策；拟订海洋环境保护与整治规划、标准、规范；组织开展海洋环境的监测、监视与评价，编制国家海洋专项环境信息；拟订污染物排海标准和总量控制制度；承担海洋工程建设项目、海洋油气勘探开发和海洋倾废对海洋环境污染损害的防治工作，承担海洋生态损害的国家索赔工作；组织编制并实施溢油和赤潮应急预案；监督海洋生物多样性和海洋生态环境保护；监督管理海洋自然保护区和特别保护区；组织全国海洋环境监测、监视网络，监督陆源污染物排海；组织开展海洋领域节能减排工作；拟订海洋技术标准、计量、规范和办法；承办局领导交办的其他事项。

十三、国家林业局②

国家林业局于 2008 年经国务院批准正式成立，是主管林业工作的国务院直属机构。其与生物安全相关的职能部门及其主要职责包括：

1）野生动植物保护与自然保护区管理司

监督管理全国陆生野生动植物猎捕或采集、驯养繁殖或培植、经营利用及其专用标识、疫源疫病监测；监督管理陆生野生动植物进出口。

2）科学技术司

管理监督林业生物种质资源、林业转基因生物安全；参与履行国际植物新品种公约、生物安全议定书。

---

① 国家海洋局.http：//www.soa.gov.cn/zwgk/bjgk/jgsz/[2013-10-19]

② 国家林业局.http：//www.forestry.gov.cn/portal/main/xxgk/jgjj.html[2013-10-19]

十四、国家中医药管理局①

国家中医药管理局是政府管理中医药行业的国家机构，隶属于国家卫生和计划生育委员会。其与生物安全相关的职能部门及其主要职责包括：

1）医政司

拟订中医药防治重大疾病规划并组织实施；参与组织协调突发公共卫生事件的应急医疗救治。

2）科技司

拟订中医药科学研究、技术开发规划并组织实施；组织实施中医药科技重点项目。

第五节　我国生物安全领域存在的问题和建议

一、我国生物安全领域存在的问题

我国已在生物安全管理方面取得了不小的成就，如疾病预防与监测系统等，但同时也存在着一些问题（郑涛等，2012b）：

第一，国家的法律法规体系有待进一步完善，其协调机制还不够健全。我国颁布了很多有关生物安全的法律法规，但这些法律法规的衔接性不够强，且在一些方面还是空白。我们需要在这方面加强法律法规体系的建设，特别是加强在有些技术实施过程当中的标准体系的建设（刘长秋，2010）。

第二，国家的突发公共卫生事件和生物防范的应急网络体系没有建成（穆源浦等，2004）。尽管我们已经建立了这个网络体系，但是这个网络体系当中的核心部分，如国家的病原库包藏中心还没有完全建成，难以满足我国新型生物技术发展的需要。

第三，国家目前在烈性病毒和生物恐怖制剂方面的技术储备不足。我国早期时候在传染病方面做了大量的基础和应用研究，在重大传染病在控制方面发挥了重要的作用。但是我们应该考虑到，我国不仅地域辽阔，而且区域经济发展极不平衡，人口多、人口密度大，且人口流动性很强，而不同地区和不同地方的生活方式和习惯也不一样，因此我国的传染病控制和生物防范的控制，突发性更强，

① 国家中医药管理局.http：//www.satcm.gov.cn/e/action/ListInfo/?classid=3[2013-10-19]

流行和传播更快，控制就更难，危害就更大（康小敏等，2013）。这种危害不仅是对一个人的健康的危害，造成人的致残、致死，更重要的是对一个地区的经济和社会的发展造成极大的危害，同时也会影响一个地区和国家的社会稳定和持续发展。

第四，缺少外来入侵生物的危害评估和控制方面的关键技术。随着全球货物的增加，有些外来生物是被人为或者非人为地带到了国内，造成很大影响。同时，已经入侵中国的外来生物没有得到有效控制，特别是已经造成很大影响的外来入侵生物，对我国的生态环境造成了重大的影响，但又缺少有效的控制技术和方法。

第五，转基因生物，我们国家批准了一批转基因生物，包括转基因动物、转基因植物，有关这些转基因生物对环境的影响，还缺少一些长期系统的科学积累。

第六，生物新型技术和生物制剂创新能力不足。生命科学同其他学科的交叉融合极大地推动了生物技术的发展，新的生物技术和生物制剂不断涌现，特别是合成生物学的发展，不仅为我国战略性新兴产业的发展带来了机遇，同时也为保障我国生态环境安全、社会稳定和国家安全带来新的挑战。但我国对生物技术的前沿领域部署不足，新型生物技术和生物制剂的研究、应用及控制能力有待提高。

二、相关建议

针对我国生物安全领域存在的问题，本书提出以下建议：

第一，建立健全生物安全管理法规体系。由于受社会背景和科技发展水平所限，我国的生物安全立法的法规级别较低，立法体系不够健全，远不能适应我国面临的相当严峻的生物安全问题（高泓娟，2003）。为此，应该抓紧颁布一部明确规定生物安全管理的原则、目标、基本管理制度和措施、实施程序、监督管理体制、违法责任、损害赔偿等条款的“生物安全法”或者国务院颁发的“生物安全管理条例”，作为国家实施生物安全管理的纲领性法规，指导全国的生物安全管理工作。同时，有计划地制定出专门的生物安全条例或生物技术安全条例，以及克隆技术管理条例、引进外来物种管理条例、人体基因管理条例、转基因生物体进出口管理条例、生物技术成果越境转移管理办法、生物工程环境影响评价和安全评价办法、生物安全标准管理办法等法规。逐步建立健全生物安全管理法规体系，以最大限度地保护人类健康和生态环境安全，促进国家经济发展和社会进步（钟福生，2005）。

第二，加快建立生物安全性评价机制。《农业转基因生物安全评价管理办法》

和《转基因食品管理办法》都确立了转基因食品安全评价制度。与发达国家相似，我国的转基因食品安全性评价制度在评价标准和要求上毫不逊色。但本书认为，这项制度仍有进一步完善之必要：首先，确立转基因食品安全性分级评价制度。转基因食品安全评价的方式和标准应当与该转基因食品及其前体生物的风险大小相适应。不区分风险大小而机械地执行统一的安全性评价方式和标准，既不利于转基因食品科技及时转化为生产力也不利于安全风险的防范。对风险小的转基因食品而言，设置过高的评价标准势必限制了该转基因物种产业化的正常发展，相反，对风险较大的转基因食品执行较低的评价标准则会留下安全隐患。针对各风险层次的转基因食品设立分等级的安全性评价制度是解决这一矛盾的有效途径。其次，完善转基因食品安全性重新评价制度。根据《转基因食品卫生管理办法》第 19 条规定，出现下列情况的转基因食品应当进行安全性重新评价：对转基因食品食用安全性和营养质量的科学认识发生改变的；转基因食品食用安全性和营养质量受到质疑的；因其他原因需要重新评价的。但国家尚没有配套性规定出台，许多实际问题无法解决。例如，安全性和营养质量置疑的提起主体是谁?对置疑的科学性由谁来判断？对转基因食品安全性和营养质量的科学认识发生改变的判断依据何在？重新评价的程序如何操作？上述这些问题都需要及时完善。因此，需要通过建立安全评价制度，保障农业转基因生物研究与应用的安全；实施进口安全与标识管理，规范转基因农产品贸易秩序；构建转基因生物安全监管体系，建设转基因生物安全管理技术支撑体系。

第三，建立责任明确、协调一致的生物安全管理机构体系。生物安全管理也是涉及多个管理部门的系统性管理工作，生物安全管理工作应在部门分工的基础上，体现分工合作、协调一致、简化程序、注重实效的原则。所以，建立全面管理、统一监督和相关部门分管的生物安全管理机构体系是必要的。该管理机构体系应该有一个负责统一领导和组织协调的主管机构；建立跨部门生物安全管理协调委员会，协调各相关部门的工作协作与配合；建立全国生物安全专家委员会、行业生物安全专家审评委员会，以专家工作机制来弥补单一行业主管部门评审可能形成的不足。

第四，建立责任明确、协调一致的生物安全管理机构体系。为了能够及时控制任何生物安全问题的爆发，我们应该建立长期有效的监测和应急机制，一方面需要政策支持；另一方面要有良好的公共卫生基础设施。首先要储备足够批量的疫苗，有充足的药物和手段，来保证对付一些突发事件。只有建立起长期有效、覆盖较广的监测和应急机制，才能及时有效地应对突发的传染性疾疫情或生物恐怖袭击。因此，政府应该在疫情缓解甚至完全消除后继续努力，将紧急措施中可以长期实行的某些内容加以改造，使其发展为常备机制，未雨绸缪，将新一轮疫情（或早或晚；或同或异；或新或旧）的可能损失减少到最低程度，争取从根本上解决流行疾病问题，持续保持国民的身体健康、国家与社会的长治久安和人民生活的稳定繁荣。

第五，加强生物安全科普和宣传。提高公众的生物安全意识，普及生物安全知识，使公众对所接触的生物技术新产品与自然生物产品之间的特性差异有所了解，合理地保护自己的消费权。同时，对从事生物科学研究的专业人员要进行必要的生物安全知识培训，以消除或减少研究过程中产生的废物对环境和社会的危害，也使研究产物符合生物安全的要求，从而促进生物科学研究在我国的健康发展。

第六，开展国际合作。众所周知，生物安全问题从来都不是局限于一个地区或一个国家的区域性问题，它是全球范围内普遍存在的问题。逐渐加快的世界经济一体化趋势使得生物安全问题的“蝴蝶效应”日益凸显，即使是发生于一个国家局部区域的生物安全个性事件，也会经由无处不在的媒体网络形成信息全球共享，个性事件在全球关注的目光中必然会突破区域性和个性而具有全球性和共性。保障生物安全越来越需要加强国际间的交流与合作，建立起全球性的生物安全责任基础。

第六章

生物安全产业

随着科学技术的不断发展，其成果不仅不断地渗透到人们的生活中去，也对各国的经济、军事等各个方面产生愈发深远的影响。近20多年来，生命科学、生物技术以空前的速度在全球范围内蓬勃发展，已经成为当今科学技术中最活跃的前沿学科。21世纪初，人类基因组图谱绘制完成，标志着生物经济时代已进入快速的成长阶段。生物技术已成为世界科技竞争的焦点。生物技术的发展让秸秆、海藻等传统废弃物和低价值物种变身为糖、燃料等产品，从而体现出更高的商业价值。生物医疗技术、生物育种技术更是与生命健康直接相关。而生物制造技术主张以可再生资源替代不可再生资源、以清洁高效的加工方式替代传统污染加工方式的模式，使食品、医药、化工等行业从原材料基础上实现可再生，更安全、环保，符合循环经济和人类生态文明建设的要求，这将促使世界传统行业如采矿、化工、冶金等产生巨大变革。“生物产业”作为一种新兴产业伴随着生物技术的发展而应运而生。

随着生物技术的迅速发展，生物安全问题也日益严重。本书认为，“生物安全产业”就是为解决这些生物安全问题而发展的一些产业。目前，国际上还没有“生物安全产业”这一概念。生物安全产业包括疫苗产业、抗生素产业、抗病毒药物产业和食品产业等相关产业。

生物安全产业从生物技术的突破中获得基本动力，经过几十年的发展，全球生物安全产业已经形成了一定的规模，产业发展潜力巨大，表现出令人鼓舞的市场前景。现代的生物安全产业本身存在一些显著的特点，主要表现为以下几个方面。

1. 知识倍增期缩短，经济快速增长

生物科学与技术的边界更加淡化，一些基础性研究成果可以跨越常规的应用研究与试验发展阶段迅速产业化，正是由于这样的原因，生物知识的倍增期在缩短，产业化速度加快，经济不断加速成长。生物科技知识的爆炸式增长将引发生物安全产业的迅速增长。

2. 知识和资本高度密集

生物安全产业的发展离不开生命科学的突破与生物技术的进步，知识在生物安全产业中的高度密集性体现在知识产权和人力资本等，无形资产占生物技术总资产的比重较大。生物安全产业是一个知识高度密集的产业。另外，生物技术本身是一个相当大的产业，其投入主要用于新产品研究、开发，生物医药产品开发所需的费用最高，为了保证这些产品不会损害人体健康，各国政府采取严厉措施要求企业对生物技术药物和生物技术农产品反复做严格的安全试验和安全性评估，从而使生物技术的研究与开发必须有庞大的资金支持。雄厚的资金是生物药品开发成功的必要保障。

3. 产品研发周期较长

大部分生物技术产品直接或间接地影响到人类本身的生存安稳，世界各国对于生物技术成果与技术的应用推广大都持极为谨慎的态度。许多生物技术产品，如转基因植物或动物、生物药品（如疫苗、抗生素）等，从开始研制到最终转化为产品要经过许多环节，如生物医药技术产品开发要经过实验室研究阶段、中试生产阶段、临床试验阶段、规模化生产阶段、市场商品化阶段，以及安全评估与监督许多环节、农业生物技术产品的大田实验、转基因农产品的潜在危害评估等，每个环节又有及其严格、复杂的审批程序。

4. 产业结构不对称性强

生物安全产业的市场在全球范围内发展不对称性较强。生物科技产业的垄断性较强，各个国家的生物科技产业在这种全球化进程中表现得更加不均衡。跨国企业通过兼并、合资、合作及独资方式将触角伸至世界各地，实行行业和地区分工专业化，使发展中国家正在成为生物原料生产基地。全球范围内生物安全产业发展不均衡，其市场分布不均衡性较强。

5. 双重发展动力机制

生物安全产业作为新兴产业，研究开发和技术水平直接决定着产业的发展水平，生物产业的发展支撑有赖于大学等研究机构不断推出新的研究成果。同时，对生物产品的需求与认识，也在很大程度上影响着相关的基础研究，特别是应用研究的领域和方向，如重大疾病的治疗等巨大市场需求构成生物安全技术研究和产业化的强大动力。因此，生物安全产业的发展由技术主导进入技术推动和需求拉动的双重主导阶段。

第一节 生物安全相关产业的现状和趋势分析

围绕着生物技术的发展，生物安全相关产业也取得了长足的进步。以下选取疫苗、抗生素、抗病毒药物和食品产业作为典型加以描述。

尽管目前全球诸多行业因经济衰退影响而使各自市场遭受不同程度的缩水，医药行业及药品市场仍然保持上升势头。IMS Health 公司报告显示：全球药品市场规模将继续扩大，预计未来几年内将增长近 3000 亿美元，2014 年将达到 1.1 万亿美元。在 2010～2014 年，预计全球市场年复合增长率为 5%～8%，其中主要传统市场，如美国、欧盟和日本的年复合增长率为 3%～6%，而新兴市场，如中国、印度和巴西等的复合增长率将达到 14%～17%。表 6-1 列出了 2012 年前 10 家生物制药公司的研发投入。

表 6-1 2012 年研发投入最大的 10 家生物制药公司

排名	公司	2012 年研发费用/亿美元	2011 年研发费用/亿美元	2012 与 2011 年增减百分比/%
1	Novartis	93.32	95.83	–2.6
2	Roche	89.9	85.64	5.0
3	Merck & Co.	81.68	84.67	–3.5
4	Pfizer	78.7	90.74	–13.3
5	Johnson & Johnson	76.65	75.48	1.6
6	Sanofi	64.51	63.05	2.3
7	GlaxoSmithKline	59.58	60.19	–1.0
8	Eli Lilly	52.78	50.21	5.1
9	AstraZeneca	52.43	55.23	–5.1
10	Abbott Laboratories	43.22	41.29	4.7

从各公司研发投入总额来看，2012 年和 2011 年的研发投入相比，前 10 家公司有 5 家公司投入减少，前 20 家公司则有 6 家公司投入减少。

第二节　疫 苗 产 业

一、疫苗产业的发展历史

疫苗在预防传染性疾病中所发挥的重要作用是不可取代、毋庸置疑的。自 1796 年英国乡村医生爱德华•琴纳（Edward Jenner）发明了牛痘疫苗至今，疫苗的发展可以概括为三次变革时代，第一次是以“疫苗之父”法国科学家巴斯德为代表的时代，通过利用物理、化学及生物学的方法，使病原微生物毒力降低，研制出了鸡霍乱杆菌菌苗、炭疽菌苗和狂犬病毒疫苗等；第二次是基于分子生物学技术的亚单位疫苗，如乙肝表面抗原在酵母中表达得到的亚单位疫苗等；第三次即现代疫苗更多地集中在从病原体的遗传物质核酸出发设计的核酸疫苗，以及更为精细的表位疫苗、多价疫苗等（沈志强，2002）。在现代疫苗的研发中，除了研发可以预防新型病毒感染的预防性疫苗，更需要研制出可用于治疗慢性感染性疾病、代谢性疾病、自身免疫性疾病、癌症等非传染性疾病的治疗性疫苗。21 世纪以来，面临新生病毒的不断挑战，对疫苗的研发有了更高的需求。同时，针对一些以烈性病原体为生物武器的恐怖事件，一些中和性保护抗体和疫苗研究也是极为重要的。可以预见，在未来的一些年内疫苗将会成为预防和治疗各种人类疾病的主要手段。因此，在该领域取得重大突破，不仅有助于提高人类健康水平，还会带来巨大的经济效益。

二、疫苗产业的发展现状和趋势

数百年来，疫苗的广泛应用控制了像狂犬病、破伤风、乙肝等多种严重危害人类健康的传染病，然而，面对艾滋病、丙肝、流感、登革热病毒、乳头瘤病毒、疱疹病毒等严重危害人类健康的疾病和病原，疫苗的研究一直未能获得明显突破。主要有两方面原因：一是病毒自身的问题。这类病毒都有明显不同于其他病毒的特点，如高度变异、引起持续感染、造成免疫病理反应、攻击免疫系统等（Cello et al.，2002）。二是缺少创新的疫苗理论和策略指导这类疫苗的研究。

20 世纪 70 年代以来，随着分子生物学、分子免疫学、蛋白质化学等的发展，疫苗学已进入到使用现代生物技术进行新型疫苗研究的阶段。

目前，全球疫苗市场规模已达到 350 亿美元。据国外分析师预测，2016 年全球疫苗市场规模将超过 520 亿美元。全球有超过 20 家企业被 WHO 认定为疫苗生产商，其中，GSK、Merck、Pfizer、Novartis 和 Sanofi 为全球疫苗市场份额的五大巨头，把持着全球市场比重的85%以上。2013年年报数据显示，这五大巨头的疫苗销售额为226亿美元，比2012年增长1.45%[①]。

2013年，GEN网站（genetic engineering）公布的2012年最畅销的15种疫苗中，联合疫苗有2种，用于预防肺炎的疫苗有4种，用于预防流感的疫苗有2种，用于预防轮状病毒性肠胃炎的疫苗有2种，用于预防乙肝、脑膜炎球菌病、水痘、带状疱疹、宫颈癌的疫苗各1种（表6-2）。由此可见，肺炎疫苗在全球疫苗市场中竞争力相对较强。由于肺炎球菌病是导致全球年龄小于5岁儿童发生可预防性死亡的首要原因，随着各国对疾病预防的日益重视，未来肺炎疫苗市场的市场需求将不断扩大。[②]

表6-2　2012年最畅销的15种疫苗[③]

排名	疫苗名称	2012年销售额/亿美元	销售峰值/亿美元	适应症
1	Prevenar 13	37.18	37.18（2012年）	用于6周～5岁儿童接种，预防13种肺炎球菌血清型引起的侵袭性肺炎球菌疾病、肺炎和中耳炎
2	Gardasil	19.00	19.00（2012年）	用于9～26岁女性接种，预防人类乳头瘤状病毒引起的癌病变前的子宫癌、阴道和外阴肿瘤
3	PENTAct-HIB	15.22	15.22（2012年）	用于预防B型嗜血杆菌引起的小儿肺炎、小儿败血症、会厌炎、中耳、关节炎、心包炎等感染
4	Infanrix/Pediarix	11.83	11.83（2012年）	用于2个月大以上的婴幼儿，预防白喉、破伤风、百日咳、小儿麻痹及B型流行性感冒嗜血杆菌感染
5	Fluzone High-Dose and Fluzone Intradernal/Vaxigrip/Mutagrip	11.52	17.08（2010年）	用于儿童（3岁或以上）和成人接种，以预防该疫苗含有的甲型和乙型季节性流感病毒所致疾病
6	Hepatitis franchise	9.86	11.01（2010年）	用于预防乙肝
7	Varivax	8.46	13.78（2010年）	用于预防水痘和因水痘带状疱疹而引起的并发症
8	Menactra	7.35	7.35（2012年）	用于小至9个月婴儿预防由脑膜炎奈瑟菌血清群A、C、Y及W-135引起的侵袭性脑膜炎球菌病
9	Zostavax	6.51	6.51（2012年）	用于50～59岁成人预防带状疱疹

① 中国疫苗产业期待迈出国门. http://www.menet.com.cn/Articles/information/201310/20131011092523252З_103521.shtml[2013-10-11]

② 2012年最畅销的15种疫苗. http://www.menet.com.cn/Articles/information/201307/20130710101633163З_97310. shtml[2013-7-10]

③ 2012年全球畅销疫苗简析. http://www.menet.com.cn/Articles/IEconomy/201307/201307250936443644_98361. shtml[2013-7-25]

续表

排名	疫苗名称	2012年销售额/亿美元	销售峰值/亿美元	适应症
10	Rotateq	6.48	6.62（2008年）	用于预防轮状病毒性肠胃炎的疫苗
11	Synflorix	5.87	5.87（2012年）	用于6周～2岁婴幼儿，以预防入侵性肺炎球菌疾病及由肺炎链球菌导致的急性中耳炎
12	Pneumovax 23	5.80	5.80（2012年）	预防肺炎双球菌性肺炎及肺炎双球菌性菌血症
13	Rotarix	5.49	5.49（2012年）	用于预防轮状病毒导致婴幼儿胃肠炎（腹泻）
14	Adacel	4.69	6.12（2011年）	用于预防百日咳、白喉、破伤风三种疾病
15	Prevnar/Prevnar（7-valent）	3.99	12.53（2010年）	用于婴幼儿接种，预防7种血清型（4、6B、9V、14、18C、19F和23F）肺炎球菌引起的侵袭性疾病

从表6-2中可以看出，截至2012年，最畅销前15种疫苗中销售峰值出现在2012年的最多，共有9种；其次是销售峰值出现在2010年的，共有4种。在最畅销前15种疫苗中，默沙东和赛诺菲所占疫苗超过一半以上，葛兰素史克也占了将近1/3。Prevenar 13目前已获全球一百多个国家批准，是世界上使用最广泛的肺炎球菌共轭疫苗，其在2012年的市场表现也是高居榜首。

对医药行业及市场进行细分时发现，疫苗市场是近年来异军突起的一个医药市场亚领域。究其原因主要有三：其一，医药工业传统的化学药研发已进入高度发展后的平台期，创新变得越来越困难；其二，SARS、甲型H1N1流感等病毒性传染病不断侵袭人类，客观上刺激了制药公司加大研发力度，再加上目前生物技术的日新月异，使得研制出更有效的预防此类重大传染病的新型疫苗成为可能；其三，大众的健康意识不断增强，思维逐渐从“治疗为主”转向“预防为主”。综合各方数据可以看出，2005～2009年全球预防疫苗市场年均复合增长率超过20%，并在2009年达到221亿美元。预计2010～2015年全球疫苗市场复合年增长率将保持在93%，2015年全球疫苗市场规模将达到395亿美元。

纵观全球疫苗市场，我们发现如下几个特点：

1. 六大巨头继续领跑全球疫苗市场

目前，全球有超过20家企业被WHO认定为疫苗生产商，其中GSK、Sanofi-Aventis、Merck、Pfizer、Novartis和Sanofi-MSD为全球疫苗市场份额的六大巨头，把持着全球市场比重的 85%以上。其中前五大公司的疫苗销售额在 2009 年都超过 20 亿美元。依目前形势来看，尽管面临来自新型市场疫苗制造商的挑战，未来几年六大巨头仍将继续统治世界疫苗市场，全球市场份额仍在 80%以上。

2. 行业整合加快，布局更趋集约

创新是疫苗行业发展的主要动力之一，世界上有许多创新型生物技术公司专注于研发新的效价更高的疫苗并且屡有成果。在这种形势下，一方面，越来越多的大型公司开始采取与之合作的方式进行疫苗开发，甚至对拥有优良研发及生产线的公司进行并购重组。另一方面，许多创新型生物技术公司本身在融资方面的困难使得其不得不寻找与大药企合作的机会，因而也为之后的收购创造了条件，如世界制药巨头 Pfizer 并购惠氏。

3. 新兴市场成为疫苗市场未来增长主要动力

世界医药市场的区域性消费比重与世界经济的总体形势呈一定的正相关关系。数据表明，美国、欧洲和日本在相当长的时期内一直占据着前三的位置。2006 年，上述三个经济体的医药开支分别占全球市场的 41%、19%和 10%。但是随着这些市场的逐渐饱和，世界医药巨头正在努力开拓新兴市场，以期将之作为新的销售增长点。IMS Health 预计到 2016 年传统发达国家和地区——美国、欧洲和日本的医药开支占全球份额将会继续走低或持平，分别为 31%、13%和 10%。与此相反，新兴市场的医药开支比重将会由 2006 年的 14%陡升到 30%。疫苗行业也呈现出类似的走势，IMS Health 的数据表明，新兴市场 2010 年疫苗规模约为 35 亿美元，未来将保持 20%～30%的速度增长。目前，很多跨国疫苗业巨头正在不断地将其业务扩展到中国、印度和巴西等新兴市场。

4. 中国疫苗业将持续高速增长

中投顾问发布的《2011-2015 年中国生物制药行业投资分析及前景预测报告》显示，目前中国已经具备了较高的疫苗生产能力，而且市场规模也较大。现在中国有疫苗生产企业 36 家，能生产预防 27 种疾病的疫苗，年生产能力达 10 亿剂；现阶段中国疫苗市场的规模大约为 50 亿元，并在 2011～2015 年将保持高于 20%的年复合增长率。

支持中国疫苗市场持续扩大及保持高增长有三个关键因素：第一，市场需求巨大且稳定；第二，公众健康意识的不断提高也为主动，自愿接受疫苗接种乃至扩大消费范围提供了必要条件；第三，跨国疫苗业巨头的不断进入和深层次合作

也是中国疫苗市场的助推剂。

三、我国疫苗产业的发展现状

我国是为数不多的自主供应疫苗的国家之一，随着疫苗生产品种、规模不断扩大，已成为全球最大疫苗生产国。一类疫苗，是指政府免费向公民提供，公民应当依照政府的规定受种的疫苗；二类疫苗，是指由公民自费并且自愿受种的其他疫苗。从数量上看，一类疫苗占国内整体疫苗市场的 80%左右；二类疫苗由于定价较高，其收入约占整个疫苗市场收入的 70%。我国现有疫苗可基本满足常规防疫需求，但随着人民群众对生命健康、卫生防疫的要求越来越高，加之 SARS、甲型 H1N1 流感等重大和新发传染病不断出现，疫苗的研发、生产和供应体系等各环节均暴露出一些突出问题，这些问题包括传染病监测预警水平低、研发能力相对落后、规模化生产能力弱、疫苗管理有待加强、应急保障能力不足等。

我国疫苗产业发展的主要障碍在于品种开发。首先是品种有限，现在全球疫苗品种只有四十来种，新品种开发很难，而国内主要是对老品种的仿制，但受技术限制，国内能够仿制的疫苗品种并不多，产品结构也仅是可以解决人类基本疾病问题的产品；其次就是研发周期很长，普通疫苗一般需 7 年以上的临床试验才能使用。最后，研发投入不足也制约了我国疫苗产业的发展，当前疫苗的主要研发方式有企业自主研发、与研究机构联合研发或者直接购买成果。而国内生物企业的疫苗研发投入一般占到整个销售收入的 5%，这与发达国家 10%～15%的水平相比还有一定差距。

我国拥有超过 13.6 亿的总人口和每年约 1600 万的新生儿，而且未来老年人口还将以年均约 3%的速度增长，预计 2020 年将达到 2.3 亿，庞大的潜在消费人群是疫苗市场发展的基础。此外，居民收入的持续增长，直接增加了其健康投资支出，将大幅提高疫苗的使用数量。由此可见，我国疫苗产业的需求和增长空间是极大的。全球范围内的疫苗生产企业将在中国市场展开最为激烈的竞争。全球疫苗市场前五大生产商——葛兰素史克、赛诺菲-万安特、默克、辉瑞和诺华均已加强在华布局。在这种竞争加剧的形势下，国内企业如果解决不了新产品研发和产能问题，跨国公司就会占领中国市场，中国的疫苗生产企业就面临垮台的危险。因此，疫苗是一个特殊的行业，关系到一个国家的安全，我国应加强自身的研发能力，提高我国自主研发新型疫苗的水平和产能，在传染病大流行爆发时，保证我国民众可以接种足量的疫苗，减少生命和经济损失。

第三节　抗生素产业

一、抗生素产业的发展历史

抗生素（antibiotics）是由微生物（包括细菌、真菌、放线菌属）或高等动植物在生活过程中所产生的具有抗病原体或其他活性的一类次级代谢产物，能干扰其他生活细胞发育功能的化学物质。现临床常用的抗生素有微生物培养液中提取物，以及用化学方法合成或半合成的化合物。已知天然抗生素不下万种，治疗领域至少有100种抗生素，但是绝大部分都属于几个大类，如喹诺酮类有环丙沙星、左氧氟沙星和氧氟沙星等；磺胺类有复方新诺明和甲氧苄啶等；发生耳部感染的儿童可能经常使用的青霉素类抗生素有阿莫西林等。

二、抗生素产业的发展现状和趋势

2011年12月，商业信息公司Visiongain发布的名为《抗菌药物：全球市场预测2012～2022》报告称，全球抗菌药物市场增速不会太快，其市场2016年将达到438.1亿美元，2010～2022年复合年均增长率达2.2%。Visiongain医药行业分析师表示，全球抗菌药物市场的增长主要由新上市的药物推动，如Ortho-McNeil/盐野义制药的Doribax（注射用多尼培南），2022年前将会成为主要的驱动市场增长的产品。但是，新抗菌药物很难达到“重磅炸弹”级水平地位，未来10年将会有大量的仿制药进入市场，该领域的竞争将会异常激烈。2010年，抗菌药物市场仅有两种产品达到了“重磅炸弹”级水平地位：强生公司的Levaquin（左氧氟沙星）和辉瑞公司的Zyvox（利奈唑胺），这两种产品的收入到2017年预计降至10亿美元以下。

Visiongain预测，头孢菌素类将占据抗菌药物市场的主要份额，2016年将达到116.71亿美元。其中，抗菌药物类别中增长最快的将是碳青霉烯类，2010～2022年复合年均增长率预计为3%。

目前，制药公司纷纷各尽其能地实现利益最大化，抗生素市场需求也未达到饱和，但是全球抗生素市场增长将继续放缓。商业信息公司Business Insights对主要抗生素品种做了市场预测，销售额排名前10位的抗生素在未来4年内销售额都将放缓甚至下降，见图6-1。

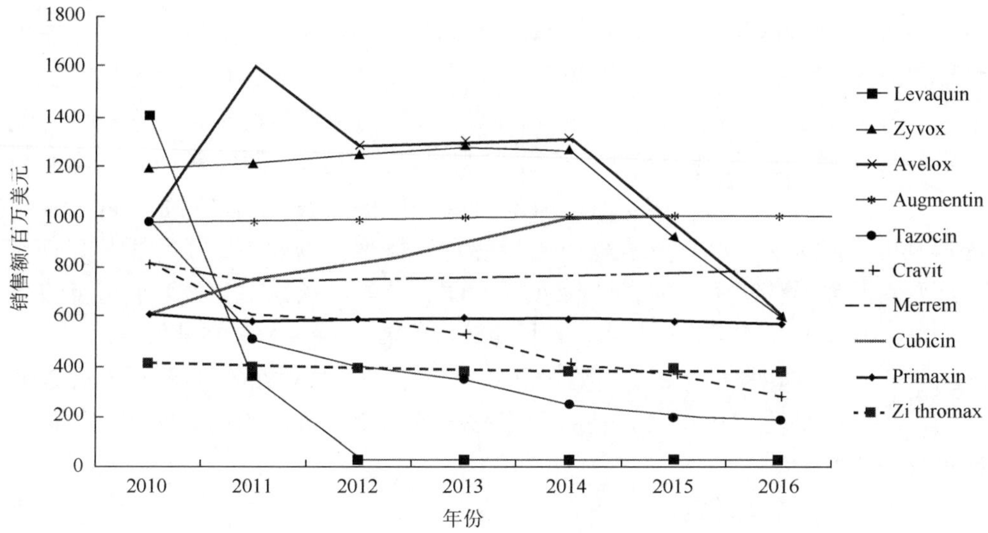

图 6-1　抗生素主导品种 2010～2016 年市场预测[①]

由于细菌耐药性问题，抗菌药物行业和市场是一个未满足临床需要的领域。院内感染是发达国家和发展中国家卫生保健预算的主要负担。由于研发乏力，特别是针对革兰阴性菌感染的新药匮乏，未来 10 年抗菌药物市场增长将会明显放缓。

三、我国抗生素产业的发展现状

2010 年，中国是世界上第二大抗菌药物的市场，产值超过国内制药工业总产值的 1/3，而 2010 年国内医药工业总产值则超过 1.2 万亿元，也就是说，国内抗生素产业规模已达到 4000 亿元以上。

同时，中国也是滥用抗生素最为严重的国家之一。卫生部合理用药专家委员会委员肖永红教授曾调查发现，中国抗生素人均年消费量在 138g 左右，是美国人的 10 倍。超时、超量、不对症使用或未严格规范使用的抗生素滥用行为已成系统性问题。中华医学会行为医学会主任委员杨志寅表示，在许多医院，抗生素使用率甚至高达 95%以上，连内科都能达到 70%～80%。而美国只有 40%多，抗生素使用率最低的北欧只有 20%。

抗生素一直供大于求。据国家食品药品监管局药品审评中心的研究人士介绍，多年来，国内抗生素临床用量居各类药物之首，2010 年占据样本医院用药

① Business Insights. The CRO Market Outlook to 2016. http://store.business-insights.com/Product/the_cro_market_outlook_to_2016? productid= BI00046-006[2011-11-18]

额约 23.71%，我国抗生素原料药市场发展也是一路高歌猛进，连临床治疗重度感染和耐药性大的碳青霉烯类也出现了大跃进式的扩投产热潮。因此，到 2011 年下半年，头孢类、青霉素类、喹诺酮类、大环内酯类等临床需求名列前茅的抗生素原料药均已出现了不同程度的产能过剩。由此，青霉素、阿莫西林、7-ACA、头孢曲松、阿奇霉素等原料药出现了价格大战，抗生素原料药产业已经陷入了“高投资、高风险、低收益”的发展怪圈。据业内人士分析，目前国内抗生素及原料药供大于求的原因有三方面：首先，国家对抗菌药物的监管力度趋严，限制医院使用量。其次，在国家实施新版药品 GMP 的背景下，各家抗菌药生产企业在新建厂房时，都选择了扩大产能（吴坤，2003）。最后，从 2011 年的市场情况来看，由于实行基本药物招投标制度，抗菌药的采购直线下降，销售形势空前严峻。

为了限制抗生素的滥用，2011 年 4 月，卫生部发布《抗菌药物临床应用管理办法（征求意见稿）》，根据该办法，三级医院购进抗菌药物品种不得超过 50 种，二级医院购进抗菌药物品种不得超过 35 种，同时还限制了易滥用种类的数量等。

第四节　抗病毒药物产业

一、抗病毒药物产业的发展历史

近年来，人类遭受了 SARS 病毒、禽流感病毒、疱疹病毒、呼吸道合胞病毒、甲型 H1N1 流感病毒的轮番侵袭，病毒和疫情的蔓延为抗病毒药物带来了广泛的市场空间。

抗病毒药是一类用于预防和治疗病毒感染的药物。抗病毒药在体外可抑制病毒复制酶，抑制感染细胞或动物体病毒复制或繁殖，在临床上可有效治疗病毒病。常用抗病毒药物按病毒所致疾病可分为抗疱疹病毒药、抗艾滋病病毒药、抗流感病毒药、抗肝炎病毒药。

1962 年，一种名为碘苷的药物的出现，标志着第一种西药抗病毒药物的产生，是抗病毒历史上一个重要的里程碑。早期的病毒性传染病主要有天花、脊髓灰质炎、麻疹和乙型脑炎等，这些疾病的发病率已日趋减少。1980 年，WHO 宣布全球消灭天花。但是新的病毒不断被发现，有的甚至爆发流行；而老的病毒性疾病又时有起伏，潜在威胁严重。

目前，对人有致病性的病毒达 1200 多种，发病率最高、危害性最大的是 HIV 所致的艾滋病和乙型肝炎病毒引起的乙型病毒性肝炎。目前国内医院使用的抗病毒处方药约有 25 种，主要用于治疗艾滋病、乙（丙）肝、疱疹病毒感染、流感等。按适应症的不同，国内抗病毒药物可分为以下几类：抗 HIV 药物，包括依非韦伦等 8 种产品；抗疱疹病毒药物，包括 5 种洛韦类产品及膦甲酸钠和阿糖腺苷；抗乙（丙）肝药物，包括拉米夫定和 α 干扰素；抗流感药物，包括奥塞米韦、复方金刚烷胺和金刚乙胺；广谱抗病毒药，包括利巴韦林、吗啉双胍、溶菌酶和聚肌胞等。

二、抗病毒药物产业的发展现状和趋势

抗感染性疾病市场面临耐药菌增长的挑战，许多制药公司将精力集中在开发抗耐药菌药物上，而开发的重点已从抗真菌和抗细菌药物转向抗病毒药物。

目前，抗细菌药物已经达到高度饱和，增长率较低；青霉素类和头孢类药物使用最为广泛，其次是喹诺酮类与大环内酯类。但是由于抗细菌药物的生命周期较短，对大公司而言正逐渐失去吸引力。市场机会在于治疗 MRSA 的口服药、治疗抗性假单胞菌属、不动杆菌属的药物。此外，近年来人类遭受了非典型性肺炎、禽流感病毒、艾滋病病毒、甲型 H1N1 流感病毒等的轮番侵袭，病毒和疫情的蔓延为抗病毒药物带来了广泛的市场空间。2009 年全球药物市场中，抗病毒药物市场增长最快（23%），销售额达到 248 亿美元，占全球药物市场的 3.7%。

三、我国抗病毒药物产业的发展现状

在我国医药市场上，抗病毒药物在抗感染药物市场中的比重较小。作为世界上肝炎病毒携带者数量最多的国家之一，我国对于肝炎药物的需求量较高。2011 年 6 月 13 日，据知名医药保健研究咨询公司 Decision Resources 的一份新兴市场研究报告《中国乙肝市场》（*Hepatitis B Virus in China*）预测，中国的乙肝市场规模将从 2010 年的 6.01 亿美元扩大至 2015 年的近 9 亿美元。一方面，接受乙肝药物治疗的人数增加将扩大中国的乙肝市场规模；另一方面，仍有大部分人口难以负担高昂的乙肝药物治疗费用，也限制了中国乙肝市场的增长。Decision Resources 报告显示，中国的丙肝市场有望从 2010 年的 1.37 亿元增长至 2015 年的 2.47 亿元。中国庞大的丙肝患者群体、政府主导全民医保的推进、高昂的丙肝治疗费用纳入医保报销是该市场持续增长的原动力。Decision Resources 公司的分

析师 Jing Wu 指出，中国的丙肝患者人数位居世界第一，是其他 7 个主要医药市场丙肝感染者人数总和的 5 倍多。在中国，目前丙肝患者的漏诊率非常高，Decision Resources 预计，一旦诊断率小幅增加，将导致整体的药物治疗患者数目大增。

另外，该报告分析发现，我国抗病毒药物产业存在以下特点。

1. 医院市场采购平缓增长

根据南方医药经济研究所广州标点医药信息有限公司“中国中成药与西药医院用药监测分析系统”（HDM 系统）数据显示，在北京、上海、广州三个一线城市中，2008～2010 年三大城市样本医院抗病毒用药的采购金额逐年递增（图 6-2）。2009 年抗病毒用药采购增长率达到 34%，2010 年的增长率为 10%。

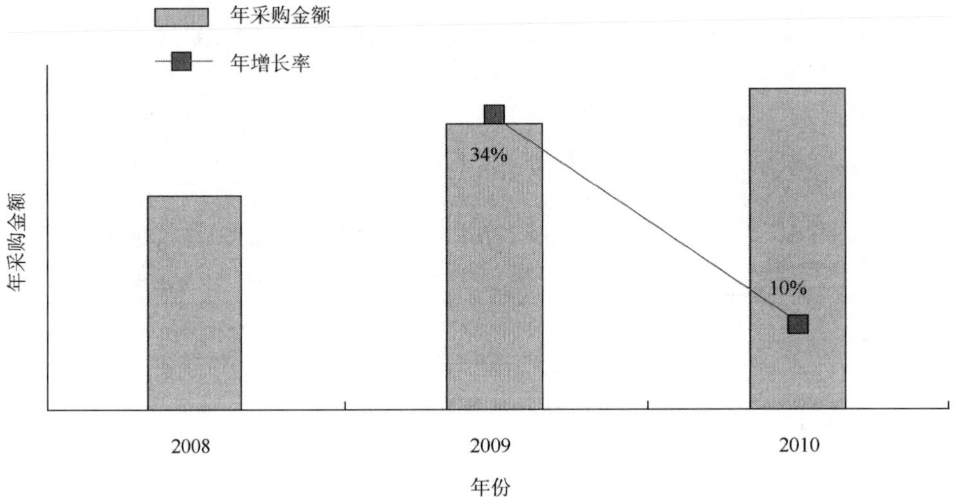

图 6-2　2008～2010 年北京、上海、广州样本医院抗病毒用药采购规模及增长情况[①]

2. 品牌集中度较高

根据 HDM 系统显示，北京、上海、广州三个城市中，样本医院采购药品的品牌集中度较高，2008～2010 年三城市抗病毒用药样本医院采购前 4 位品牌集中度（CR4）均超过 60%，品牌集中度相对较高（图 6-3）。

① 抗病毒药：三地医院显集中 慢性乙肝做主唱. http://www.menet.com.cn/Articles/IEconomy/201109/20110913104501451_ 55293.html[2011-9-13]

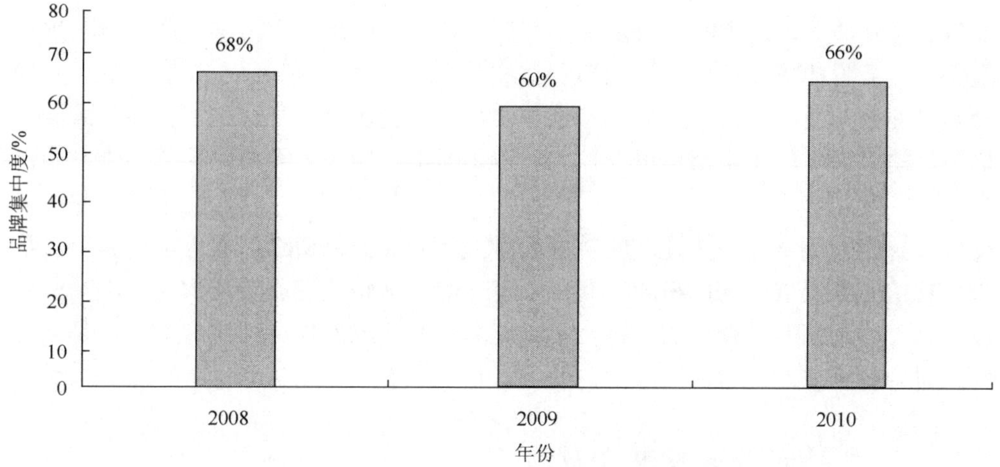

图 6-3　2008～2010 年北京、上海、广州样本医院抗病毒用药前四品牌集中度（CR4）①

目前，抗病毒药物以化学药品为主，主要包括广谱类药物（阿昔洛韦、利巴韦林、伐昔洛韦、泛昔洛韦、更昔洛韦等）、核苷类逆转录酶抑制剂（阿德福韦酯、恩夫韦肽、拉米夫定、替比夫定和齐多拉米双夫定等）、蛋白酶抑制剂（奥司他韦、金刚乙胺和沙奎那韦），以及其他抗病毒药物（抗艾滋病用药和膦甲酸钠）。中药也有很多抗病毒品种，如天青地白草、山豆根、小茴香、红孩儿、莪术、板蓝根、茵陈、大青叶及其制剂板蓝根颗粒、抗病毒口服液等具有抗乙肝病毒作用，黄连、金银花、苦参及其制剂丹宁注射液、牛黄醒脑注射液、双黄连注射液等具有抗艾滋病病毒作用，益盛药业公司产品清开灵注射液、香丹注射液在改善非典型性肺炎症状方面具有较好的疗效。

2006～2009 年，我国清热解毒类用药市场规模逐年增长，销售金额分别为 37.47 亿元、44.32 亿元、49.40 亿元和 54.71 亿元，年复合增长率为 13.45%。随着我国经济的高速发展和人民生活水平的显著提升，以及就诊率和用药水平的不断提高，清热解毒类用药市场规模将继续扩大。

第五节　食 品 产 业

一、食品产业的发展历史

食品产业是全球不同行业的综合体，这些产业提供了由世界人口消费的食物

① 抗病毒药：三地医院显集中 慢性乙肝做主唱. http://www.menet.com.cn/Articles/IEconomy/201109/20110913104501451_ 55293.html[2011-9-13]

能量。食品产业是人类的生命及健康产业，它也是衡量一个国家经济发展水平和人民生活质量的重要标志（周应恒和霍明月，2003）。改革开放30多年来，我国食品产业快速发展，已经成为国民经济中最具活力的重要产业之一，在促进经济增长、提高城乡居民生活水平、扩大就业等方面，发挥着重要的作用。当前中国食品产业发展势头良好，发展空间巨大，但也和其他产业一样，面临着调整产业结构，转变增长方式，提高发展质量的重大问题。如何切实把握国际国内经济形势变化给企业发展带来的机遇和挑战，进一步增强转变发展方式的自觉性和坚定性，努力解决发展中存在的问题，不断提高食品产业发展的质量和效益，是当前亟待研究和解决的问题。

二、食品产业的发展现状

食品产业已经成为世界经济的支柱产业，受到各个国家的重点关注。食品跨国大企业正以庞大的规模，雄厚的经济实力和强大的研究与开发能力，决定着世界食品产业的发展方向和潮流。全世界食品工业以每年约27 000亿美元的销售额居各行业之首，是全球经济的重要产业，也是全球最大的制造业。

随着食品产业的迅速发展，食品安全的保障难度也逐渐加大。食品安全问题作为一个全球性的基本公共卫生问题，已经受到世界各国和国际组织的普遍重视，对食品安全投入不断增加，发达国家基本都建立了较为完善的食品安全监管体制和科学的管理模式，发展中国家食品安全保障能力也正在加强（秦占奎等，2003）。然而，全球食品安全形势仍然不容乐观，食品产业链的全球化增加了食品安全保障难度，工业发展和环境破坏导致食品的化学危害趋于严重。受经济发展水平的制约，发展中国家和不发达国家食品安全保障能力仍然较低，每年都有大量的食源性疾病发生，不发达国家甚至每年约有220万人死于食源性腹泻，发达国家每年仍约有1/3的人感染食源性疾病，食品安全事故时有发生。保障食品安全已经成为世界各国面临的共同难题（李新生，2003）。

三、我国食品产业的发展现状

食品产业是我国的支柱产业之一，是我国经济的重要板块。2011年，在全球经济持续低迷的背景下，仍创造了7.8万亿元的产值，保持了31.6%的增速，高于中国工业经济平均增速3.6个百分点。

近年来，中国食品产业保持着每年20%以上的增速。2012年，光明食品集团就实现规模销售收入 1393 亿元，位于 2013 中国企业 500 强第 95 位，食品制造业第一位，在许多食品细分业务领域，光明食品集团居于国内领先地位。2012 年，光明集团的乳业、糖业、品牌代理业、连锁零售业、综合食品制造业和现代农业的六大核心地位，营收规模都突破了百亿。在大力开拓国内市场的同时，光明集团国际化程度已经位居 2013 年“中国 100 大跨国公司”第 37 位。

2012 年，食品产业取得了非常大的发展。中国食品工业协会秘书长熊必琳在“2012 中国食品产业发展论坛”上表示，2012 年食品产业生产运行稳定，食品产业总产值快速增加，工业利润持续增长，受外部经济环境影响较小。2012 年前三季度，食品工业增加值在工业大类中保持最快的增速，拉动整个工业增长 1.3 个百分点，上半年完成食品工业总产值 41 467 亿元，同比增长 22.2%，预计全年总产值接近 10 万亿元。

2012 年，中国食品科技学会副理事长孟素荷表示，预计今后 5～10 年，中国的食品工业仍是全球食品工业中最具活力的板块。一共有五大因素推动我国食品产业快速成长：①我国 13.6 亿的庞大人口，成为全球第一大食品消费市场；②城市化进程加快，增加了对工业食品的巨大需求；③食品行业的竞争主体为民企、外企，市场特征鲜明；④产业结构调整加速，食品企业价值提升；⑤我国粮食产量连续 8 年增长，形成了我国食品工业相对稳定的原料基础。

第七章

生物安全事件

随着生命科学和生物技术的发展，生物安全问题日益受到人们的关注。近年来，国际和国内都发生了一系列重大生物安全事件，其中各种病原菌引发的生物安全问题尤为突出（表 7-1）。近两年，国际上发生的生物安全事件主要包括肠出血性大肠杆菌疫情、“耐多药沙门氏菌”疫情、新型冠状病毒感染疫情；国内发生的主要生物安全事件包括双汇瘦肉精事件、上海染色馒头事件、塑化剂事件等。

表 7-1　近年来国际上重大生物安全事件

时间	事件	起源
1996 年	疯牛病流行	英国
1997 年	H5N1 流感大流行	中国香港
2001 年	“炭疽”事件	美国
2003 年	SARS 疫情爆发	中国广东
2005 年	埃博拉出血热大流行	刚果
2007 年	NDM-1“超级细菌”	印度
2009 年	H1N1 流感大流行	墨西哥；美国加利福利亚州、得克萨斯州
2011 年	肠出血性大肠杆菌感染疫情爆发	德国
2011 年	“耐多药沙门氏菌”疫情爆发	埃及
2012 年	新型冠状病毒感染疫情爆发	沙特
2013 年	H7N9 流感大流行	中国上海

第一节　国际重大生物安全事件分析

一、肠出血性大肠杆菌疫情分析

2011 年 5～7 月，德国发生一起肠出血性大肠杆菌（EHEC）O104：H4 感染事件引起疫情爆发，波及欧盟其他 13 个国家及美国、加拿大等地，报告 EHEC 感染和溶血性尿毒综合征（HUS）病例 4400 余例。经调查发现，从埃及进口的葫芦巴种子是这场疫情的“元凶”，受污染的葫芦巴种子被用于生产芽苗菜，导致疫情爆发。

1. 疫情特点分析

大肠杆菌是最常见的微生物之一，在自然界分布广泛，大多数不致病，主要寄生在人或动物的肠道内，被称为正常菌群。但少数大肠杆菌具有毒力，可引起疾病。科学家将可以导致人类腹泻的大肠杆菌按其致病特点分为 5 类：肠致病性大肠杆菌、肠产毒性大肠杆菌、肠侵袭性大肠杆菌、肠出血性大肠杆菌和肠黏附性大肠杆菌。

近 30 年来，引起出血性肠炎的病原菌主要是大肠杆菌 O157：H7，2011 年，导致欧洲疫情的病原体是大肠杆菌——O104：H4。引起此次疫情的罪魁祸首为肠出血性大肠杆菌的一个变种“Husec41”。此病症状为出血性腹泻，血管和肾功能受损，最严重时导致溶血性尿毒综合征，致肾衰竭而亡。这次变种的肠出血性大肠杆菌具有较强的耐药性，抗生素对其没有效果。此次疫情感染者以中青年居多。

德国联邦风险评估研究所 2011 年 6 月 9 日发表公报表示，根据基因的测序结果，本次爆发疫情的菌株与一种肠黏附性大肠杆菌的基因同源性超过 93%，而各种肠黏附性大肠杆菌迄今只在人体中发现，菌株对一些抗生素也具有抗药性。据此推断，致病菌株很可能源自人体，通过人际传播或在人类与周围环境之间传播，也可以通过被污染的食物传播。疫情发生后，由于传染病原难以确定，德国政府直到 2011 年 6 月 10 日才初步确定疫情源头。另外，当时缺乏针对肠出血性大肠杆菌感染的有效治疗手段，从而导致疫情的大范围爆发。

2. 疫情防控的经验和教训

1）大肠杆菌未纳入常规化验范围

疫情发生之初，德国按照一般的出血性腹泻患者进行处理，其常规化验的目标是寻找志贺氏菌、沙门氏菌和弯曲菌等致病原，但是不包括大肠杆菌。因此，在疫情开始爆发的时候，就错过了早日发现致病原的宝贵时机（文宏保，2010）。

2）信息发布机构太多

德国《时代》周报网络版发表评论表示，本次德国疫情的应急管理一团糟。有太多的机构、官员和专家介入，同时又缺乏疫情中央监控机制。先是德国联邦机构宣布西红柿、黄瓜、生菜等与患者发病密切相关，其后又有汉堡官员宣布其在西班牙黄瓜上发现肠出血性大肠杆菌。最终实验室检验证实，西班牙黄瓜虽然带菌，但并不是造成本次疫情的特殊菌株。感染不断蔓延，各方面的专家学者、各州官员和联邦官员又纷纷对媒体发布各种信息和见解。民众不安、迷惑心理不减反增。

3）病例汇总不够及时

由于制度问题，德国各地卫生局不能及时上报疑似或确诊病例；这种分级上报机制导致最终汇总的确诊或疑似病例总数严重滞后。《时代》周报报道，尽管按法律规定发生肠出血性大肠杆菌感染需要报告，但各地卫生局往往并不能及时上报疑似或确诊病例，而且病例首先要上报各州卫生主管当局，后者又会拖一段时间才将各地最新疫情汇总上报给联邦公众传染病预防与监控主管机构——罗伯特·科赫研究所。这种分级上报机制造成罗伯特·科赫研究所汇总的确诊或疑似病例总数严重滞后（周定成，2011）。

4）病菌基因研究缺乏统一快速协调

《时代》周报报道，此次华大基因率先检测出病菌的基因居然是通过德国的科学家与中国科学家的一次偶遇。其实，德国明斯特大学医院卫生研究所早些时候就已初步确认了本次疫情致病原的特性，并也在同时进行基因测序研究，但其基因测序结果的公布比中方晚了半天。这说明德国在病菌基因研究上缺乏统一快速协调，缺乏有效的合作机制。

5）临床资源尚需整合

《时代》周报指出，本次德国不少重病区医院应急机制承压已近极限，病床和用于治疗的血浆供应逐步趋于紧张。同时，疫情在德国爆发时又在患者病程发展等方面表现出了与以往肠出血性大肠杆菌感染明显不同的特点，德国各医院并没有现成经验可循。为了治疗救人，各医院不得不采取诸如注射抗体等非常规试验疗法，取得了不少经验。面对这种复杂的局面，德国并没有某个全国性的机构出面协调，最终还是由德国各大医院自发组织起了网上交流平台，分享治疗经验，协调病床、血浆供应等。

此次德国暴露出来的这些问题，美国有一些成功的经验可以借鉴。以病菌检测为例，1996 年，美国疾病控制预防中心（CDC）建立了 PulseNet 网络实验室，将常见致病菌的基因图谱和标准检测方法放到 PulseNet 平台，美国州立和市立的公共卫生实验室只要加入该平台，就可以将可疑菌的检测结果与电子数据库中致病菌基因图谱进行比对，及时快速地识别致病菌，以便进一步展开调查和控制（翟清华等，2009）。从病例统计来看，美国建立了全国统一的数据库，让各地直接登记，自动汇总流行病感染病例，并由 CDC 总部的防疫专家每天统一分析评估。这样某地或多地病例一旦非正常增多，立即会被发现。此外，自 2001 年起，美国 50 个州都有了各自能迅速对患者排泄物样本是否含致病菌进行基因检验的实验室。

3. 结语

从全球角度而言，欧洲处理大肠杆菌疫情中出现的问题是一个警钟，提示我们在未来应对全球性食品安全危机时可能面临的困难。针对全球治理上的短板，国际社会必须未雨绸缪，加强在食品安全领域国际合作的机制化建设。

二、“耐多药沙门氏菌”疫情分析

2011 年 8 月，一项新研究发现，一种主要对抗生素环丙沙星产生高度耐药性的耐多药沙门氏菌菌株已在全球多地“现身”。法国巴斯德研究所等机构研究人员在美国《传染病杂志》上表示，他们对多国疫情监控系统数据进行分析后确认，2000～2008 年，这种名为“耐多药肯塔基沙门氏菌”的菌株导致法国、英国、丹麦等国共 489 人感染。

1. “耐多药沙门氏菌”的来源与传播情况

1）“耐多药沙门氏菌”的来源

研究发现，埃塞俄比亚、摩洛哥以及尼日利亚的鸡肉和火鸡中曾分离出耐多药肯塔基沙门氏菌菌株，这表明禽类可能是重要感染源。研究人员认为，尼日利亚、摩洛哥养鸡业普遍使用氟喹诺酮类抗生素加速了耐多药沙门氏菌菌株的传播（François et al.，2006）。

2）“耐多药沙门氏菌”的传播状况

研究人员表示，全球最初一批耐多药肯塔基沙门氏菌菌株感染者主要出现在埃及，时间是 2002～2005 年。2006 年以后，这种菌株传到非洲多个地区和中东，其中只有约 10%的感染者有过国际旅行史，他们因此推测，在欧洲发现的多数感染病例因消费受污染的进口食品或通过二次感染所致。

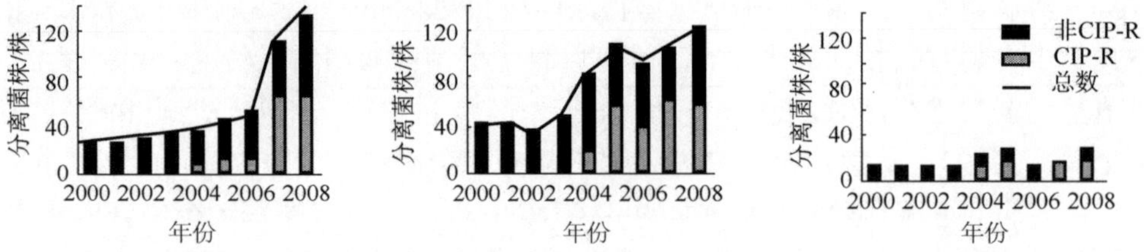

图 7-1 欧洲三国肯塔基沙门氏菌菌株年分离情况（2000～2008 年）

2011 年 8 月发表于《感染性疾病杂志》上的一项研究对法国、英格兰和威尔士、丹麦及美国的国家细菌监测系统报告的数据进行了评估。结果显示，在 2000～2008 年，共 489 例患者感染此种多耐药沙门菌，其中，2002 年和 2008 年分别为 3 例和 174 例（图 7-1）。经多位点序列分型和脉冲场凝胶电泳等证实，此种分离株属于 ST198-X1 克隆。此种沙门菌感染于 20 世纪 90 年代和 21 世纪初在埃及流行，其后向非洲其他地区蔓延，并逐渐扩散到中东、欧洲和美国。家禽被认为是其潜在主要传播媒介。多数病例为旅游者，其他可能通过被污染的进口食品（包括人类食品和动物饲料）而被感染。研究者认为，在全球食品卫生体系中实施公共卫生监督十分重要，国家和国际管理机构应实施持续监测和适宜的控制措施来限制耐药菌传播（Le Hello et al.，2011）。

2.“耐多药沙门氏菌”的特点

沙门氏菌属肠杆菌科，革兰氏阴性肠道杆菌，已发现 1800 种以上。除可感染人外，还可感染很多动物，包括哺乳类、鸟、爬行类、鱼、两栖类及昆虫。沙门氏菌病是公共卫生学上具有重要意义的人畜共患病之一，人畜感染后可呈无症状带菌状态，也可表现为有临床症状的致死疾，它可能加重病态或死亡率，或者降低动物的繁殖生产力。沙门氏菌经口进入人体以后，在肠道内大量繁殖，经淋巴系统进入血液，造成感染。随后，沙门氏菌在肠道和血液中受到机体的抵抗而被裂解、破坏，释放大量内毒素，使人体中毒，出现中毒症状。

沙门氏菌是人类面临的重要公共健康威胁之一。美国每年约有 4 万人感染沙门氏菌，1999～2008 年，欧洲超过 160 万人感染沙门氏菌。感染沙门氏菌者病情一般比较温和，但老人以及免疫系统虚弱者病情会比较严重，此时的普遍治疗方式是服用环丙沙星等氟喹诺酮类抗生素。目前，耐药性细菌的出现日益频繁，非临床环境中广泛存在着耐药基因是造成如今耐药菌泛滥的内因。而临床上的抗生素滥用，以及环境中的抗生素污染，是造成耐药菌泛滥的外因。

3. 疫情防控的经验和教训

1）整合公共卫生监督体系受到各国体系状况的限制

2011 年 8 月发表于《感染性疾病杂志》的一项研究表明，临床试验室将分离到的沙门菌分离株上报国家监督体系的比率，从法国的 65%到丹麦的 99%不等；英格兰和威尔士对 99%的分离株进行了药敏试验，而美国药敏试验率仅为 5%；法国未常规进行亚型分析；英格兰和威尔士对主要血清型进行了噬菌体分型；而美国对 65%的分离株进行了脉冲场凝胶电泳试验。因此，对各国公共卫生监督体系进行比较并非易事，也相对地限制了对新出现菌株监测的及时性。

2）保证监测的及时性是制定有效监控策略的关键

此次报告的多耐药沙门菌克隆在其蔓延到欧洲和美国的家禽中之前已被发现，生产者和监控者应可迅速识别该菌株并上报。对食源性动物和食物原料等进行监督将有利于在传染病大范围蔓延前提早发现，且有助于发现新毒力因子或耐药基因。

3）各国、各部门间应加强合作

2011 年 8 月在《感染性疾病杂志》上发表的研究表明，对环丙沙星高度耐药的肯塔基沙门氏菌已出现全球播散的趋势，通过多国合作监测研究可以快速确定该多耐药性沙门菌在全球范围内的流行，是国际间合作预警和控制传染病流行的可靠模式（袁杰，2011）。国内和国际间公共卫生、食品、动物监测系统的有机整合将有利于早期发现和鉴定新发病原体和有效预防传播。

4. 结语

在我国，随着国家公共卫生投入的增加和个人卫生意识的增强，食源性感染引发的腹泻近年来有所下降，但形势仍不容乐观，每年还有大量的食源性感染发生，且其中沙门菌感染导致的胃肠炎和细菌性痢疾占一定的比例。目前，我国应该进一步加强对沙门菌感染的监测，及时发现和预防各种耐药菌导致的疾病流行和爆发。此外，我国在家禽和水产品养殖中，抗生素使用情况严重，是导致细菌耐药发生及人类疾病流行的重要原因之一。

三、“新型冠状病毒”疫情分析

英国卫生防护局（HPA）2012 年 9 月中旬发布公告表示，一名 49 岁卡塔尔男子从沙特阿拉伯返回卡塔尔后出现急性呼吸道感染症状，随后乘救护机从多哈到达英国。在伦敦治疗后，院方确诊该男子感染了一种新型病毒。之前不久，沙特阿拉伯曾出现一个死亡病例，其肺部组织提取的病毒与此次发现的病例相比，基因排序相似度为99.5%。最终，HPA确认这种新型病毒是一种冠状病毒。WHO表示，冠状病毒的种类很多，大部分冠状病毒性质温和，引起普通感冒的病毒和引起SARS的病毒都属于冠状病毒。根据WHO和英国卫生部门公布的基因图谱，这两名中东病人所感染的新型冠状病毒为2C类病毒，与SARS的2B类病毒属不同族群。

1. 病毒特点

1）病毒可能来自动物

在对感染新型冠状病毒的患者的样本进行初步基因检测后，研究人员认为这种病毒的源头可能与动物有关。WHO官员表示，目前还没有证据证明这种病毒可在人与人之间传播，他们怀疑这两例病患是从动物身上感染的。对于新型冠状病毒的起源，医学专家还不清楚。有怀疑认为，可能是已有冠状病毒的一种新突变，亦或是动物身上携带的传染病，后传播到人体。欧洲疾病预防控制中心（ECDC）研究人员在网络版杂志《欧洲监控》上刊登消息称，他们认为患者可能从动物身上感染新型冠状病毒。这类疾病通常称为“人畜共患病”。

2）病毒典型症状无法完全确定

到目前为止，这种新型病毒已经确诊感染两人。HPA呼吸疾病首席科学家约翰·沃森表示，还无法完全确定这两例确诊病例的症状就是典型症状。该病毒引起的症状包括发烧、咳嗽、呼吸急促和呼吸困难等急性重症呼吸道感染症状。另外，它还能迅速引起肾衰竭。

3）病毒传播途径尚不明确

冠状病毒与流感等呼吸系统感染的传播途径相似，可通过感染者咳嗽和打喷嚏等方式传播，但截至目前，该新型冠状病毒的传播途径尚不明确。WHO在声明中称：“WHO目前仍在收集更多的信息，以确定其可能对公共卫生造成的影响。”WHO于2012年9月26日发出新型冠状病毒防御指南，并呼吁全球卫生机构人员上报所有赴沙特或卡塔尔旅行并患有急性呼吸道感染的病例。WHO在指南中表示，卫生工作人员应对患有急性呼吸道病症，并在过去10日内去过新型病毒发现地或接触过疑似及确诊病例的患者保持警惕，应及时报告卫生部门。受感染患者可能还伴有发烧（体温高于38摄氏度）和咳嗽症状，并需要住院治疗。英国、沙特阿拉伯、卡塔尔等国在内的卫生部门的初步调查则认为，此两名患者均为个案，目前尚无特异性治疗措施，建议出现严重呼吸道感染症状的患者住院治疗，并主要采取对症支持疗法。

4）不会轻易人传人

WHO 于 2012 年 9 月 28 日表示，新型冠状病毒“不会轻易人传人”。

WHO 称，国际社会正在共同努力，进一步了解这种新型冠状病毒及公共卫生风险。WHO 说，按目前掌握资料，病毒可以在人类之间传播的机会不大。

2. 荷兰出现疑似病例

荷兰欧登塞大学医院 2012 年 9 月 26 日证实，已经隔离 5 名患疑似新型冠状病毒感染呼吸道症状的患者，其中一家 4 口中的父亲曾经去过沙特阿拉伯，另外一人去过卡塔尔，有两名患者年龄不到 5 岁。欧登塞大学医院首席内科医生斯文·斯滕翁表示，5 名隔离患者出现高烧、咳嗽以及类似流行性感冒的症状。斯滕翁指出，不知道这种病毒如何传播，因此就像收治禽流感和甲型 H1N1 流感患者那样隔离他们，以防病毒传染其他人，还没有应对这种病毒的药物。

第二节　国内食品安全

一、国内食品安全记分牌

近几年，食品安全事件在世界范围内不断出现，如英国的“疯牛病”和“口蹄疫”事件、比利时的“二噁英”事件，国内的瘦肉精、地沟油、塑化剂等事件，使得全球的食品安全问题形势十分严峻。近年来，我国食品安全事件频发，下面分析我国 2011～2012 年发生的食品安全事件。2011 年和 2012 年曝光的食品安全新闻见表 7-2。

表 7-2　2011 年和 2012 年曝光的食品安全新闻①

地区	食品名	毒物	类别	日期	内容
湖南	三全奶香馒头	发霉	过期	2012-2-10	三全奶香馒头发霉了
吉林	奥利奥饼干		假冒	2012-12-31	市工商局光复路分局查获仿冒奥利奥饼干
江西	猪肉		无证经营	2012-12-31	新建县查封作坊工厂保障食品安全

① 根据《中国食品安全问题新闻资料库》. http://www.zccw.info/index[2011-6-5]整理

续表

地区	食品名	毒物	类别	日期	内容
多地区	三元核桃花生乳		其他	2012-12-28	三元牛奶频曝质量问题 再陷“早产门”
多地区	光明鲜奶	异物	混有异物	2012-10-22	光明乳业不“光明” 质量问题寒人心
多地区	蒙牛牛奶		过期	2012-8-23	蒙牛篡改产品生产日期 经理被刑拘
多地区	南山婴幼儿奶粉		产品不合格	2012-7-23	南山婴幼儿奶粉 5 批次被检出含强致癌物
多地区	伊利奶粉	汞	产品不合格	2012-6-15	伊利奶粉汞含量异常紧急召回
多地区	德露滋奶粉		假冒	2012-12-25	德露滋“洋奶粉”身份遭疑 德国企业名竟为中文全拼
福建	超市		食品不合格	2012-12-31	厦门海沧区永辉等 11 家超市食品不合格
北京	老酸奶	明胶	添加剂	2012-4-9	“皮鞋制老酸奶”：果冻老酸奶陷“工业明胶风波”
北京	鸭血		造假	2012-5-14	稻香村店铺卖“假鸭血” 百年老号曝丑闻
多地区	光明优倍	碱水	产品不合格	2012-6-28	部分光明牛奶因设备故障混入碱水
多地区	徐福记	违禁食品添加剂	添加剂	2012-8-28	沙琪玛、凤梨酥含违禁抗氧化剂：徐福记被起诉
多地区	酒鬼酒	塑化剂	添加剂	2012-11-19	酒鬼酒（000799）“塑化剂风波”：白酒行业深陷塑化剂危机
山西	速成鸡		其他	2012-11-24	肯德基和麦当劳供货商山西粟海集团“速成鸡”
广东	火锅原料食品		卫生不达标	2012-12-31	市场监管局抽检结果显示 火锅原料食品近两成不合格
山西	可口可乐	氯	产品不合格	2012-4-17	可口可乐“含氯门”：含氯水误入饮料引风波
山东	羊肉		假冒	2012-12-31	聊城超市所售羊肉频出问题 竟然吃出“猪肉”味
贵州	满天香纯粮净流酒		产品不合格	2012-5-31	贵州满天香纯粮净流酒酒精度不达标
贵州	面包		过期	2012-5-31	买到变质面包 消协维权十倍赔偿
云南	油脂		产品不合格	2012-5-31	西南最大油脂企业生产问题油脂两月后才召回
山东	水产加工品		产品不合格	2012-5-31	山东青岛功夫堂健牛水产加工品被抽检不合格
多地区	喜之郎果冻	防腐剂	添加剂	2012-5-31	喜之郎果肉含防腐剂 员工自己都不吃
北京	茶叶		产品不合格	2012-5-31	北京华联售“三无”茶害人腹泻 消费者要求十倍赔偿
贵州	营养餐		卫生不达标	2012-3-29	营养餐食品安全问题频发引关注 改善同时安全更重要

续表

地区	食品名	毒物	类别	日期	内容
广西	牛肉		卫生不达标	2012-5-31	广西肉牛私宰乱象调查 7头肉牛仅1头是正规屠宰
广东	双汇	菌落	产品不合格	2012-5-31	双汇菌落超标 食品安全警钟为何一鸣再鸣
福建	雪碧		造假	2012-5-28	喝雪碧灼伤食道 真正现实"舌尖上的中国"
广东	餐具		卫生不达标	2012-5-31	21家餐具消毒单位不合格 19家被罚款5000元
江西	熟食	蟑螂	卫生不达标	2012-5-31	沃尔玛订单现身无证熟食黑作坊：蟑螂满地爬
北京	麦当劳		过期	2012-3	麦当劳过期食品加工出售
香港	雅培喜康宝奶粉		产品不合格	2012-3-22	雅培奶粉不符合安全标准
多地区	立顿茶叶	农药	产品不合格	2012-4	立顿茶叶上禁用农药超标
陕西	豫竹方便面		产品不合格	2012-12	吃方便面中毒 食品安全防线"形同虚设"
河南	制药原料	地沟油	其他	2012-8	健康元生物制品有限公司涉嫌采购地沟油制药
多地区	古井贡酒	酒精	产品不合格	2012-8	古井贡酒部分酒用食用酒精勾兑
河南	双汇肋排	蛆虫	卫生不达标	2012-5	双汇肋排现蛆虫
河北、江西、浙江等	毒胶囊	工业明胶	产品不合格	2012-4	不法厂商使用重金属铬超标的工业明胶生产药用胶囊
安徽	猪血	甲醛	添加剂	2012-1	制售甲醛超标400多倍的"甲醛猪血"案
广东	酱油		添加剂	2012-3	高明威极调料食品有限公司采购液态盐生产酱油
广东	白菜	甲醛	添加剂	2012-5	部分蔬菜商贩使用甲醛溶液喷洒白菜进行保鲜
多地区	张裕葡萄酒	农药	产品不合格	2012-8	张裕葡萄酒藏农药
北京	满记甜品	细菌	产品不合格	2012-1-11	满记甜品细菌超标
广东	食用油	黄曲霉素B1	产品不合格	2012-1-18	20家企业食用油黄曲霉素B1超标
山东	思念汤圆	创可贴	混有异物	2012-2-5	思念汤圆创可贴
黑龙江	红牛		添加剂	2012-2-9	红牛添加剂
多地区	饮料酒类	香精色素	添加剂	2012-4-17	饮料酒类被曝能用香精色素勾兑
浙江	蜜饯		添加剂	2012-4-24	全国严查问题蜜饯 来伊份下架
江西	猪耳朵	明胶、塑料	造假	2012-5-5	江西"人造猪耳朵"疑用明胶和塑料制成

续表

地区	食品名	毒物	类别	日期	内容
辽宁	豆腐		添加剂	2012-5-9	沈阳查处最大黑豆腐坊 搜出4600斤毒添加剂
多地区	调味品		产品不合格	2012-5-12	39种酱油、醋等调味品不合格
福建	金针菇		产品不合格	2012-6-4	福建古田查获35吨致癌金针菇
多地区	可口可乐	焦糖素	添加剂	2012-7-3	可口可乐焦糖素致癌
多地区	恰恰香瓜子	香精	添加剂	2012-12-25	恰恰香瓜子喷香精
山东	速成鸡		其他	2012-12	山东六和“速成鸡”事件
天津	注胶虾	明胶	其他	2012-2	注胶虾事件
多地区	鸡		过期	2012-3	柴鸡、过期鸡胗事件
广东	奶粉	阪崎肠杆菌	产品不合格	2012-4	太子乐牌和摇篮牌奶粉被检出含致命阪崎肠杆菌
河南	鲜奶	激素和抗生素	其他	2012-4	中国政法大学法学院副院长称鲜奶中含大量激素和抗生素等
浙江	竹笋	硫磺	其他	2012-5	硫磺竹笋事件
浙江	地沟油	变质的动物内脏	其他	2012-4	以变质的动物内脏提炼地沟油
江苏	肉宝王中王调味料	氯	添加剂	2012-5	肉宝王中王调味料中添加氯
香港	金帝花生油		产品不合格	2012-12	香港40桶致癌金帝花生油流出市面去向不明
山东	金锣火腿肠	异物	混有异物	2012-8	火腿肠中有蓝色异物
河南	鸡蛋		造假	2012-11-6	假鸡蛋现身江湖 食品安全伤不起
河南	今麦郎方便面		产品不合格	2012-7	今麦郎方便面酸价超标
浙江	旺仔牛奶	苍蝇	混有异物	2012-7	旺仔牛奶被曝喝出苍蝇
山东	红富士苹果		其他	2012-6	红富士套药袋长大
北京	全聚德		其他	2012-5	全聚德转卖地沟油
福建	阿尔卑斯棒棒糖	蟑螂	混有异物	2012-5-20	阿尔卑斯蟑螂事件
河南	生猪肉品		产品不合格	2012-4	商丘天晖肉类加工有限公司被查涉嫌不合格
四川	蒙牛纯牛奶	黄曲霉素	产品不合格	2011-10	国家质检总局报告称蒙牛纯牛奶强致癌物超标140%
北京	老冰棍	菌落总数、大肠杆菌	产品不合格	2012-5-21	北京瑞华冷饮厂生产的老冰棍菌落总数和大肠杆菌超标
多地区	蒙牛随变榛子巧克力雪糕	菌群总数、大肠菌群	产品不合格	2011-11	蒙牛随变榛子巧克力雪糕被监测出菌群总数、大肠菌群超标

续表

地区	食品名	毒物	类别	日期	内容
浙江	血燕	亚硝酸盐	产品不合格	2011-8	血燕亚硝酸盐严重超标
上海、四川	巧克力	蛆虫	其他	2011-12-28	食用费列罗巧克力发现活蛆虫
安徽	雨润火腿	过期肉	过期	2011-5-19	合肥雨润火腿被疑掺过期肉
陕西	雨润加工肉		产品不合格	2011-7-2	“问题肉”中有病变淋巴和脓包
北京	雨润老北京烤鸭	菌落	产品不合格	2011-8-3	雨润老北京烤鸭被检出菌落总数严重超标
台湾	起云剂	邻苯二甲酸二酯（DEHP）	添加剂	2011-5-24	台湾昱伸香料有限公司制售的食品添加剂起云剂中含 DEHP
山东	美素奶粉	活虫	混有异物	2011-10	青岛一消费者在美素奶粉中发现活虫
陕西	雅培奶粉	甲虫	混有异物	2011-11	西安一消费者在雅培奶粉中发现甲虫
北京	全聚德驴肉		其他	2011-7-18	方庄全聚德店因“无证驴肉”被处罚款 1000 元
多地区	立顿铁观音	稀土	产品不合格	2011-11-9	立顿铁观音稀土超标
多地区	思念三鲜水饺	金黄色葡萄球菌	产品不合格	2011-10-19	思念三鲜水饺检出金黄色葡萄球菌
多地区	三全白菜猪肉水饺	金黄色葡萄球菌	产品不合格	2011-11-7	三全白菜猪肉水饺检出金黄色葡萄球菌
多地区	湾仔码头上汤小云吞	金黄色葡萄球菌	产品不合格	2011-11-17	湾仔码头上汤小云吞检出金黄色葡萄球菌
吉林	可口可乐美汁源果粒奶优	农药	产品不合格	2011-11-28	长春市民饮用可口可乐美汁源草莓味果粒奶优中毒，1 死 1 昏迷
北京、天津、河北	地沟油		其他	2011-6	调查发现天津、河北、北京都存在地沟油加工窝点
北京	猪蹄	火碱、双氯水	其他	2011-10-17	部分商户使用火碱、双氯水等化工原料泡制猪蹄
江苏	鸭血	膨大剂	添加剂	2011-12	鸭血中添加膨大剂
重庆	潲水油		其他	2011-5-5	重庆查处 5 个制销潲水油窝点
广东	粽子		无证经营	2011-5-19	东莞地下作坊日销上万黑粽
北京	包子	香精	添加剂	2011-9-15	北京多家包子铺非法使用香精
陕西	血脖肉		其他	2011-5-17	西安不少生肉市场上“血脖肉”正热销
多地区	肯德基炸薯条		其他	2011-8-17	肯德基内部员工称肯德基炸制薯条的油是 7 天换一次
江苏	俏江南		其他	2011-9-19	俏江南南京店卷入地沟油风波
山西	山西老陈醋		造假	2011-8-8	山西老陈醋 95%为醋精勾兑

续表

地区	食品名	毒物	类别	日期	名称
多地区	依云矿泉水	亚硝酸盐	产品不合格	2011-1	依云矿泉水亚硝酸盐超标
四川	火锅油		其他	2011-7-26	老堂客连锁火锅店涉嫌回收火锅底料制售火锅油
多地区	麦当劳		过期	2012-3-15	麦当劳员工随意更改食品保质期
上海	味千拉面		其他	2011-8-2	味千拉面骨汤门
四川	海底捞		卫生不达标	2011-9-26	海底捞被曝操作不规范，卫生不过关
江苏	假牛肉		造假	2011-8-25	江苏无锡窝点生产加工并出售假牛肉
多地区	统一芦笋汁	塑化剂	添加剂	2011-5-31	有毒芦笋汁流入国内，统一发召回令
甘肃	零食		添加剂	2011-5-31	添加剂提出美味零食　家长怒诉学生已成“垃圾桶”
新疆	非有机食品		造假	2011-5-31	有机食品认证市场乱象：只要交钱轻松变“有机”
上海			添加剂	2011-5-31	上海：34 家餐企因非法添加或滥用食品添加剂被查
北京	调味面制品	甜味剂、防腐剂、着色剂	添加剂	2011-5-30	问题面制品厂多数无处追查　北斗星称遭冒牌上黑榜
江苏	五芳斋肉粽		其他	2011-5-30	五芳斋霉变肉粽疑致流产　负责人态度恶劣不愿赔偿
上海		有毒塑化剂	添加剂	2011-5-30	台湾多款食品、饮料含有毒添加剂上海紧急下架
北京	生姜	硫磺	添加剂	2011-5-27	记者暗访生姜熏制过程 批发市场公开售卖
浙江	酒		假冒	2011-5-27	十元葡萄酒冒充拉菲　温州工商通报多起假酒案件
宁夏	黄酿皮	柠檬黄	添加剂	2011-5-27	银川：滥用食品添加剂制售“黄酿皮”　违法企业受罚
浙江	淡菜		产品不合格	2011-5-27	宁波上百市民食用淡菜中毒　有关部门介入调查
北京	葡萄酒	糖精钠	添加剂	2011-5-26	北京两葡萄酒违规添加“三精一水”勾兑葡萄酒
山东	牛肚、百叶、墨鱼水发货	氢氧化钠、甲醛	添加剂	2011-5-26	经营者爆料揭水发货黑幕　工业火碱泡出鲜亮墨鱼
广东	卤鸭子	橙红色素，王中王香料，辣椒油树脂辣椒精	添加剂	2011-5-26	添加剂让卤鸭子金灿灿　卤汁反复烧煮或可致癌
安徽	火腿	塑料膜、金属卡扣	混有异物	2011-5-26	厨师揭发名牌火腿疑掺过期肉　雨润公司欲 10 000 元私了
多地区	薯片等 4 种零食		添加剂	2011-5-25	好丽友薯片含 10 种添加剂　孩子吃多影响健康

续表

地区	食品名	毒物	类别	日期	内容
重庆	辣椒粉	罗丹明 B	添加剂	2011-5-25	重庆辣椒粉查出“花粉红”会致皮下组织生肉瘤
重庆	口香糖		造假	2011-5-25	重庆破获一特大生产、销售假冒口香糖案
重庆	糖		卫生不达标	2011-5-24	曝地下黑糖厂车间系猪圈改造 缸里糖水长满虫
多地区	经典名作奶粉	亚硝酸盐	添加剂	2011-5-24	金典名作生产商二陷质量门“绝对安全”成虚言
四川	酒店饮食	未知	产品不合格	2011-5-24	30 多人疑似食物中毒 病人症状缓解 星级酒店已停业
辽宁	鸡爪、猪皮、鸡肠	氢氧化钠、过氧化氢	添加剂	2011-5-24	添加工业原料加工鸡爪鞍山警方端掉食品黑窝点
山东	永和豆浆		卫生不达标	2011-5-24	永和豆浆黑幕：餐具从不消毒，馊菜照常销售，卫生状况极差
广东	油条	铝	添加剂	2011-5-23	餐饮服务业抽检：即食油条铝残留量超标 5 倍
浙江	优酸乳饮料		造假	2011-5-23	奶奶一场大病收到山寨伊利一堆两种是金华企业生产
北京	桶装水		包装材料	2011-5-23	黑窝点用自来水灌“娃哈哈桶装水”被查共 400 余桶
多地区	品客薯片		产品不合格	2011-5-23	品客薯片四登黑榜 洋品牌屡上黑榜遭遇信任
广东	面包	发霉	过期	2011-5-23	家乐福卖“霉斑面包”被指“不值得信任的超市”
陕西	双汇火腿肠		产品不合格	2011-5-23	吃双汇吃出臭肉 代理商称运输有误消费者质疑
北京	海参	海藻粉、胶类物质	添加剂	2011-5-23	销售商揭“人造海参”黑幕：成分复杂最好勿食
北京	购物袋		包装材料	2011-5-23	沃尔玛等三家超市塑料袋被曝无 QS 标识
黑龙江	面筋	牛肉粉、甜味素、大肠杆菌	添加剂	2011-5-21	大把添加剂配出毒面筋
多地区	水果	催熟剂、膨大剂、生长激素、防腐剂	添加剂	2011-5-20	瓜果从小到大被曝用十几类激素能增产 20%以上
黑龙江	盒饭	臭肉	产品不合格	2011-5-20	记者暗访盒饭黑加工点 臭肉加酱油猛炒照样卖
北京	北京烤鸭	烂肉	造假	2011-5-20	揭开袋装“北京烤鸭”黑幕 商户遇查抄通风报信
北京、上海、广东	爆米花桶	荧光增白剂	包装材料	2011-5-20	滥用荧光增白剂 7 成纸杯不合格 选购注意包装信息
四川	粽子		无证经营	2011-5-19	成都“粽子一条街”暗藏食品安全隐患

续表

地区	食品名	毒物	类别	日期	内容
广东	腊肉	敌百虫、着色剂、亚硝酸钠、工业用盐	添加剂	2011-5-19	敌百虫加着色剂熏制毒腊肉　两名主犯嫌疑人被抓获
湖南	酒	白酒，色剂	造假	2011-5-19	色剂调酒药　“酿出”高档 XO 黑窝点 3 分钟灌装一瓶
黑龙江	豆芽	药品	添加剂	2011-5-19	“毒豆芽”被曝光哈市“豆芽村”作坊关门或转项
北京		甜蜜素	添加剂	2011-5-19	北京本周 21 种食品全市下架　甜蜜素超标成主要问题
广东	猪肉丸	复合磷酸盐	添加剂	2011-5-18	深圳“小肥羊”猪肉丸　添加剂超标可致佝偻病
黑龙江	今天酸奶酪	异物	混有异物	2011-5-18	沃尔玛超市今天酸奶酪长绿毛厂家称正常
重庆	水面		无证经营	2011-5-18	无证卖水面一斤赚了 6 角钱结果被罚 8000 元
重庆	食品添加剂	增味剂	添加剂	2011-5-18	重庆一公司因超范围使用食品添加剂　老板被刑拘
上海	馒头	柠檬黄	添加剂	2011-5-18	上海“染色馒头”犯罪嫌疑人被批准逮捕
海南	酒	染色剂	添加剂	2011-5-18	海南省最大假酒案追踪：假酒是如何“酿”成的？
北京	酱鸭翅	致病菌	检疫不合格	2011-5-18	北京：酱鸭翅检出致病菌 21 种　不合格食品停售
广东	广式凉果	二氧化硫	添加剂	2011-5-18	深圳曝光不合格食品名单　小肥羊、一品轩榜上有名
多地区	大西洋鲑鱼	副溶血性弧菌	产品不合格	2011-5-18	国家质检总局：挪威的大西洋鲑鱼上黑榜
山东	冰淇淋		无证经营	2011-5-18	卧底哈根达斯：过期前产品猛推荐嘴吮指上奶油
上海	保健食品	西布曲明、酚酞	添加剂	2011-5-18	上海食品药品监督管理局依法查处 7 种违法保健食品
湖北	消毒餐具		造假	2011-5-17	“消毒餐具”仅用水洗　月牟利 2.6 万黑作坊被查封
多地区	黄瓜	避孕药	造假	2011-5-17	“避孕药”黄瓜引担忧　北京摸底调研农产品激素
山东	真空咸菜	苯甲酸钠、柠檬黄、安赛蜜等	添加剂	2011-5-16	一包咸菜含十种添加剂　低盐咸菜含量更高
山东	羊肉汤	黑色毛发	混有异物	2011-5-16	10 厘米的黑色毛发
山东	进口水果		造假	2011-5-16	山寨洋水果充斥市场　国货贴洋标签价格涨 10 多倍
广东	腐竹	吊白块、工业硼砂	添加剂	2011-5-16	广东“毒腐竹”添加硼砂

续表

地区	食品名	毒物	类别	日期	内容
湖北	臭豆腐	硫酸亚铁、焦糖色	添加剂	2011-5-16	探访黑作坊：臭豆腐缸中有蛆蠕动
重庆	保健食品		造假	2011-5-16	重庆排查3万家保健食品店　保健品、药品不能混卖
广东		菌落总数	添加剂	2011-5-16	深圳多个食品企业菌落总数超标　食品添加剂超量
北京	鸡肉	火碱	添加剂	2011-5-14	商户被曝用火碱泡出白嫩鸡肉拿到市场售卖
甘肃	松花蛋	老鼠屎	混有异物	2011-5-13	兰州大润发超市待售商品“惊现”老鼠屎
重庆	辣椒	胭脂红、日落黄	添加剂	2011-5-13	胭脂红和日落黄加豆瓣酱里　商贩竟说“不加颜色不红，卖不出”
贵州	酒		造假	2011-5-13	贵州省质量技术监督局检查物流公司　揪出千余瓶山寨“茅台”
浙江	鸡翅、鸡腿	日黄落	添加剂	2011-5-13	鲜亮鸡翅做美容　宁波多家熟食店违规用“日落黄”
贵州	鸡	重晶石粉	添加剂	2011-5-13	贵州鸡灌注重晶石粉事件始末：商贩肇事殃及农民
辽宁	海参	火碱、硼砂	添加剂	2011-5-13	沈阳销售“毒海参”案　两名嫌疑人被批捕
湖北	豆制品	焦糖色、硫酸钠	添加剂	2011-5-13	武汉被曝光豆制品黑窝点仍在生产
广西	鱼子	烟头	混有异物	2011-5-12	袋装鱼子中吃出一烟头　消费者要求经销商道歉
多地区	羊肉、羊肉汤	羊肉精	添加剂	2011-5-12	过量食用羊肉精对肾脏有害　发白羊汤或含羊肉精
多地区	免费茶	大肠杆菌	产品不合格	2011-5-12	饭店免费茶多为茶叶残渣　霉菌大肠杆菌超标
贵州	酒		造假	2011-5-12	蔚蓝酒厂　啥酒都能造
辽宁	豆芽	兽药	添加剂	2011-5-12	商贩用兽药激素催出30厘米化学豆芽
浙江	爆米花桶	荧光剂	添加剂	2011-5-12	爆米花桶被爆使用违禁材料　温州一企业涉嫌违规生产
北京		甜蜜素、防腐剂	添加剂	2011-5-12	北京市工商局：一社区超市查出8款问题食品
重庆	猪蹄膀	双氧水、亚硝酸盐	添加剂	2011-5-11	商贩用双氧水浸泡裹肉猪皮　造假猪蹄膀
江苏	银鱼	凝胶	产品不合格	2011-5-11	江苏泰州现人工合成银鱼类似凝胶物质
重庆	食用油	潲水油	造假	2011-5-11	重庆警方连续打掉6个制售潲水油窝点

续表

地区	食品名	毒物	类别	日期	内容
重庆	三明治、香肠、欧式火腿	香精、红曲色素	添加剂	2011-5-11	“著名商标”企业用过期原材料生产火腿腊肠
广东	奶茶		添加剂	2011-5-11	奶茶原料解密：喝奶茶等于喝添加剂
多地区	免费茶水	菌落总数超标	添加剂	2011-5-11	免费垃圾茶充斥餐馆饭店：一壶成本不到一分钱
陕西	米皮		卫生不达标	2011-5-11	西安：米皮黑作坊坐落厕所旁　每天产出五六百斤
四川	花椒	柠檬黄色素	添加剂	2011-5-11	成都市民买到染色青花椒　添加柠檬黄色素
重庆	豆瓣	色素	添加剂	2011-5-11	重庆查获一批染色豆瓣厂家违规添加色素
山东	鲜榨果汁	柠檬酸、苯甲酸钠等	添加剂	2011-5-10	街头“鲜榨果汁”卖得火　多用浓缩汁和添加剂勾兑
山东	红肠		混有异物	2011-5-10	京鼎熟食红肠现“蟑螂壳”　店长称“吃得太仔细”
福建	猪油		产品不合格	2011-5-9	黑作坊用猪肉下脚料熬油　老板称“味道好得很”
重庆	猪头肉		添加剂	2011-5-9	无证作坊用回锅松香处理猪头肉或损伤肝肾
多地区	桶装水桶		包装材料	2011-5-9	纯净水桶有差别　PET 材质长期使用可能致癌
重庆	鸡	矿石粉	产品不合格	2011-5-9	重庆截获千只灌注矿石粉土鸡　最多增重 1 斤
重庆	蜂蜜		造假	2011-5-9	重庆市民疑购得假蜂蜜　专家支招如何辨识
江西	蛋糕		产品不合格	2011-5-9	保质期内蛋糕竟是馊的　乔家栅糕点店遭投诉
辽宁	蜂蜜		造假	2011-5-8	旱厕边兑出假蜂蜜续：造假者还“装纯”
重庆	馒头	甜蜜素	添加剂	2011-5-7	重庆黑作坊毒馒头滥用甜蜜素　蒸具放在便槽上
浙江	猪皮	工业双氧水	添加剂	2011-5-6	浙江查获 1000 多公斤用工业双氧水漂白的猪皮
北京	调味品		造假	2011-5-6	业内自揭食品造假黑幕　曝光食品安全监管软肋
江西	米粉		卫生不达标	2011-5-6	米粉黑作坊藏身猪圈旁
北京	凉拌菜		卫生不达标	2011-5-6	北京凉拌菜合格率仅 75%
北京	酒		造假	2011-5-6	假酒窝点产销轩尼诗等“洋酒”　涉案经营额 4.3 万余元

续表

地区	食品名	毒物	类别	日期	内容
上海	爆米花桶	荧光剂	添加剂	2011-5-6	上海查封10万余只问题爆米花桶 长期使用会致癌
辽宁	猪蹄筋	亚硝酸钠、人工色素	添加剂	2011-5-5	沈阳一黑熟食加工点 厕所内做蹄筋猛放添加剂
海南	猪肉	注水肉	造假	2011-5-5	食用或致食物中毒问题 猪肉流向海口一些小饭店
安徽	甜玉米	玉米香精	添加剂	2011-5-5	街边香甜玉米藏猫腻 添加剂保甜久煮不坏
湖南	三明治、西饼	过期面包、香料	过期	2011-5-5	涉嫌回炉过期面包做“三明治”“仟吉西饼”长沙三店被查封
福建	馒头	色素、香精	添加剂	2011-5-5	福建大学校园遭遇染色馒头 店主希望私下解决
广东	馒头		添加剂	2011-5-5	龙岗：污井脏水和面做出大白馒头
重庆	卤菜		无证经营	2011-5-5	苍蝇围着卤水嗡嗡飞 小区无证卤菜作坊被查
多地区	饭店	亚硝酸盐	添加剂	2011-5-5	揭秘饭店美食健康隐患：鲜艳肉食多含亚硝酸盐
重庆	饭店	敌敌畏	添加剂	2011-5-5	饭店抽检乱相曝光：调料瓶里混杂敌敌畏
江苏	饭菜		其他	2011-5-5	舜天大酒店喜宴“放倒”10名食客
山东	葡萄酒		造假	2011-5-4	200余箱侵权葡萄酒被查
广东	凤爪	双氧水	添加剂	2011-5-4	广州：酒楼售卖白凤爪内含双氧水
重庆	毛肚	工业烧碱	添加剂	2011-5-3	黑作坊用工业烧碱泡发毛肚 多流入火锅店
重庆	血旺	甲醛	添加剂	2011-5-1	商贩两年卖出700余吨毒血旺 教你4个鉴别法
山东	牛羊肉		造假	2011-4-30	鸭肉当牛羊肉卖!“阿郎山”在执法人员面前露馅
山东	油	工业盐	添加剂	2011-4-29	用工业盐炼油卖给饭店
湖北	羊肉		造假	2011-4-29	猪肉+羊油=羊肉？买1斤便宜一半多
湖南	小花片、鸡蛋饼食品		过期	2011-4-29	霉变食品做小花片停业
多地区	调味料	牛肉膏	添加剂	2011-4-29	烧烤店主揭行业内幕：牛肉膏当调味料使用

续表

地区	食品名	毒物	类别	日期	内容
云南	肉串		无证经营	2011-4-29	黑食品作坊老板：合格证没有，肉串百分之百安全
山东	牛肉		添加剂	2011-4-29	记者暗访烤肉店：鸭肉加添加剂成牛羊肉
重庆	毛肚	烧碱	添加剂	2011-4-29	重庆一黑作坊用工业碱浸泡毛肚食用后或致癌
重庆	花椒	染色	添加剂	2011-4-29	重庆查获万斤染色毒花椒　部分制成火锅底料
山东	娃哈哈八宝粥	绿豆蝇	添加剂	2011-4-29	娃哈哈八宝粥喝出绿豆蝇　消费者讨说法遭拖延
山东	蜂蜜		造假	2011-4-29	业内人士称蜂蜜造假普遍多系大米做成果葡糖浆
广东	食盐	工业盐	添加剂	2011-4-28	两男子生产假食用盐　坪山销售被检察院起诉
重庆	泡椒凤爪	双氧水	添加剂	2011-4-28	质检员曝泡椒凤爪多由病死鸡爪泡双氧水制造
浙江	牛百叶	双氧水	添加剂	2011-4-28	商贩用双氧水泡牛百叶以改善卖相每日售出25千克
山东	烤鱼片		产品不合格	2011-4-28	北洋问题烤鱼片未流入青岛　厂家称是辅料原因
北京	腐竹	硼砂、甲醛	添加剂	2011-4-28	四款零食下架：金龙纯豆腐竹含硼砂、吊白块
四川	鲜榨饮料	色素香精	添加剂	2011-4-27	鲜榨饮料多为色素香精勾兑　过量食用或致癌
福建	雪津啤酒	铁钉、铁线	混有异物	2011-4-27	雪津啤酒未开封铁钉铁线肚中藏消费者吓出一身冷汗
广西	米粉		混有异物	2011-4-27	母女在粉店吃粉吃出蜈蚣　双方为赔偿问题争论半天
广东	腊肉	农药	添加剂	2011-4-27	黑作坊用农药浸泡腐烂猪肉腌制腊肉
多地区	火锅底料	罂粟籽	添加剂	2011-4-27	火锅底料放罂粟籽就像放味精　放多少厨师也糊涂
广东	红薯粉条		造假	2011-4-27	广东督查中山假红薯粉条案已查获1456千克
广东	黑米	染色	添加剂	2011-4-27	孕妇疑买到染色黑米　专家支招如何辨识
重庆	豆干	烧碱、福尔马林	添加剂	2011-4-27	黑心作坊往豆干里添加烧碱　被工商部门查处
重庆	豆瓣酱	罗丹明B	添加剂	2011-4-27	食药安全曝光：豆瓣酱掺入致癌物罗丹明B
广东	蛋糕	霉斑	过期	2011-4-27	蛋糕吃一半发现有霉斑　面包新语店方表歉意
山东	爆米花桶	蓝光、荧光增白剂	添加剂	2011-4-27	爆米花桶含荧光增白剂　麦凯乐华臣影城的不合格

续表

地区	食品名	毒物	类别	日期	内容
重庆		三聚氰胺	添加剂	2011-4-27	三聚氰胺何以“幽灵再现”？——重庆有毒有害食品药品大案追踪
多地区	香蕉	乙烯	添加剂	2011-4-26	媒体传香蕉用乙烯利催熟可致儿童性早熟
广东	通心菜	氧化乐果	产品不合格	2011-4-26	东莞通心菜检出违禁农药残留被销毁
广东	食品添加剂	违禁	添加剂	2011-4-26	食品添加剂大超市难觅踪影　小市场暗藏猫腻
广东	蜂蜜柚子茶	死蟑螂	混有异物	2011-4-26	天喔茶庄饮料喝出蟑螂　孩子上吐下泻
辽宁	豆芽	兽药、激素药剂、农药	产品不合格	2011-4-26	沈阳查获毒豆芽超 55 吨　生产者认为行为合法
山东	担担面	色素	添加剂	2011-4-26	担担面披上“黄衣”色诱买家　变色面条下架
北京	炸鸡	亚硝酸盐	添加剂	2011-4-25	1 岁女童食路边摊所售炸鸡　亚硝酸盐中毒死亡
陕西	樱桃片		造假	2011-4-25	超市将萝卜制成樱桃片出售　消费者预取证被咬伤
山东	君宝康乳钙咀嚼片	细微异物	混有异物	2011-4-25	孕妇吃“君宝康乳钙咀嚼片”吃出鱼线
广东	牛扒		造假	2011-4-25	顾客称超市买回牛扒洗后成猪肉
广东	爆米花桶		包装材料	2011-4-25	广州两影院爆米花桶含荧光增白剂食用致癌
北京			产品不合格	2011-4-25	候机旅客食用首都航空公司配发早餐引发腹泻
多地区			过期	2011-4-25	首航早餐被指食用后导致腹泻　疑因食品过期变质
广西			其他	2011-4-25	一场酒宴数十名村民集体食物中毒
陕西	牛奶		产品不合格	2011-4-23	陕西榆林 251 名小学生因喝蒙牛学生奶集体中毒
广东	面点		无证经营	2011-4-23	无 QS 认证面点堂皇进入市面销售
山东	冷鲜肉		产品不合格	2011-4-23	买回的冷鲜肉是半熟的？超市：不排除恶性竞争的可能
山东	有机蔬菜		产品不合格	2011-4-22	业内人士曝有机蔬菜认证不规范或并非有机
北京	牛肉	牛肉膏	造假	2011-4-22	多地曝用牛肉膏制造假牛肉多吃致癌
多地区	鸽子肉		造假	2011-4-22	网曝无良商家用老鼠肉冒充烤乳鸽
上海	高钙奶		产品不合格	2011-4-22	蒙牛高钙奶惊现大量黄色沉淀物是否有毒谜团待解
广东	牛肉	硼砂	添加剂	2011-4-21	佛山商贩被曝向猪肉里添加硼砂制造假牛肉

续表

地区	食品名	毒物	类别	日期	内容
北京	烤鱼片	二氧化硫	添加剂	2011-4-21	北京联华超市所售含二氧化硫烤鱼片下架
北京	黑豆	染色	添加剂	2011-4-21	北京市民买黑豆疑被染色　泡豆水像墨汁
多地区	方便面	牛肉精粉	添加剂	2011-4-21	专家称方便面中牛肉味调味包普遍含牛肉精粉
多地区			添加剂	2011-4-20	添加剂泛滥幕后：少加容易坏　多加没人发现
山东	瓶装牛肉酱	玻璃碴	混有异物	2011-4-20	瓶装牛肉酱吃出玻璃碴舌头被划开大口子
广东	奶茶		产品不合格	2011-4-20	小学生实验发现市售奶茶中珍珠疑添加塑料
广东	干制水产品		造假	2011-4-20	广州市民曝部分干制水产品虚假标注保质期
陕西	包子	血脖肉	添加剂	2011-4-20	咸阳路边摊被曝用血脖肉做包子食用易染病
山东	山鸡蛋		产品不合格	2011-4-19	山鸡蛋蛋黄咬不动　扔到桌上竟弹起 20 厘米
重庆	毛血旺	甲醛	添加剂	2011-4-19	重庆黑作坊被曝日售添加甲醛毛血旺 2000 千克
多地区	老酸奶	凝胶剂	其他	2011-4-19	老酸奶被曝含凝胶剂　添加含量暂无国家标准
山东	饼干		过期	2011-4-19	烟台市民买到早产饼干　缘因超市老板私改日期
湖北	生姜	硫磺	添加剂	2011-4-18	湖北宜昌查获近 1 吨硫磺熏制生姜
浙江	馒头		产品不合格	2011-4-18	温州黑作坊制售染色馒头　万余馒头流入校园
辽宁	豆芽	激素	添加剂	2011-4-18	沈阳警方查获激素催生豆芽长期食用或致癌
山东	鲅鱼		造假	2011-4-18	市场现假冒本地鲅鱼　本地春鲅鱼 5 天后才上市
湖北	自来水		产品不合格	2011-4-17	居民家中自来水管流出红色虫子
多地区	养殖业	抗生素	产品不合格	2011-4-17	国内养殖业抗生素滥用触目惊心　检测却仅针对出口
江苏	南京		检疫不合格	2011-4-16	市民买黄鳝做菜　发现上百条线状寄生虫
多地区	黑芝麻		添加剂	2011-4-15	北京市民购黑芝麻泡水后水质似墨汁
广东	啤酒		造假	2011-4-14	出租屋内日产“名牌”啤酒 20 箱
江苏	米		过期	2011-4-14	江宁陶吴百余吨过期米翻新进入乐天玛特超市
多地区	酒酿		过期	2011-4-14	过期大米变身酒酿

续表

地区	食品名	毒物	类别	日期	内容
福建	刀鱼	水银	产品不合格	2011-4-14	天价刀鱼被曝光注射水银
重庆	刀鱼	水银	产品不合格	2011-4-14	网友微博曝光商贩向刀鱼腹中灌注水银后出售
江苏			其他	2011-4-14	食品抽检乱相曝光：猪肉检测员不认识旋毛虫
黑龙江	面筋快餐	色素、甜味素	添加剂	2011-4-13	黑工厂加工热销儿童食品　分装直接用手抓
江苏	芒果	乙烯	添加剂	2011-4-13	南京芒果大多是催熟　专家称剥了皮再吃没多大影响
青海	马铃薯	发芽马铃薯	产品不合格	2011-4-13	一学校食堂用发芽马铃薯加工食品 3000 斤毒薯被销毁
广东	地沟油		产品不合格	2011-4-13	警方查获 200 千克地沟油成品由粪池残渣提炼
重庆	蛋糕		造假	2011-4-13	蛋糕店头一天蛋糕没卖完　换个生产日期再卖
山东	猪肉	死猪肉、大粒盐	无证经营	2011-4-12	烟台捣毁一屠宰病死猪黑窝点脏得令人作呕
山东	桶装水		无证经营	2011-4-12	无证小作坊偷产桶装水
多地区	面包		过期	2011-4-12	曝光：面包店内部员工自爆到期产品回炉内幕
重庆	馒头		添加剂	2011-4-12	上海多家超市被曝多年售染色过期馒头
广东	酒		造假	2011-4-12	茅台酒厂退休工调制两吨假茅台
湖北	油炸食品		其他	2011-4-11	工商查获早产“可比脆”
江苏	食用油	泔水油	无证经营	2011-4-11	臭水沟垃圾堆旁生产“食用油”黑作坊被摧毁
江苏	南瓜干		产品不合格	2011-4-11	买到长毛南瓜干一番论理获赔 16.4 元
多地区	地沟油	生活残渣	产品不合格	2011-4-11	重庆掏粪工掏扒生活残渣　提炼地沟油
江西	白馒头		无证经营	2011-4-11	又见白馒头产自黑作坊
山东	猪肉		添加剂	2011-4-8	摊贩给猪肉“化妆”　神秘粉末一抹肉色就变红
重庆	猪肉		添加剂	2011-4-8	重庆现化妆猪肉原料或为致癌物
甘肃	一次性饭盒		包装材料	2011-4-8	兰州工商查获 3500 个“三无”一次性饭盒
山东	馒头		产品不合格	2011-4-8	郑州：致癌塑料布蒸馒头屡禁不止市民甚忧
河北	酱油、醋	醋酸、甜蜜素、发酵粉、畜牧盐	添加剂	2011-4-8	石家庄一“酱油醋黑窝点”被查处

续表

地区	食品名	毒物	类别	日期	内容
北京	海参	糖参	造假	2011-4-8	青岛干海参市场多半系糖参加糖每斤成本降千元
河南	海参	糖参	造假	2011-4-8	经销商自曝干海参增重伎俩　糖水浸泡一斤重三两
江苏	洋河		造假	2011-4-7	假“洋河”频现市场　经营户进货查验有漏洞
江苏	香油	香油精	添加剂	2011-4-7	低价香油多为香油精勾兑　记者暗访揭秘成本
江苏	酒		造假	2011-4-7	低价酒勾兑成高档酒　京口警方捣毁特大假酒窝点
重庆	火锅汤		添加剂	2011-4-7	三种添加剂调出火锅味　部分火锅店未受检
山东	海鲜		过期	2011-4-7	冷冻海鲜“恶意延长”保质期?
辽宁	海参		造假	2011-4-7	白糖当海参卖一年多赚 30 亿元　辽宁也有此类情况
北京	超甜食品	食品甜味剂、甜蜜素、糖精钠	添加剂	2011-4-6	7 种超甜食品被停售
山东	肉丸		产品不合格	2011-4-5	肉丸不标肉含量成行规　市民称吃肉丸如吃面团
湖北	活鱼		产品不合格	2011-4-5	给你看活鱼　下锅用死鱼　牙签戳穿餐馆“潜规则”
山东	猪头肉	磷酸盐	添加剂	2011-4-3	猪头肉夜里发绿光、冒鬼火　专家现身揭秘
海南	油豆角		产品不合格	2011-4-2	提示：海南省发布食用油豆角预警公告
山东	肉皮海带	盐酸、双氧水、明矾、工业用盐	添加剂	2011-4-2	济南取缔一处用工业盐酸加工肉皮海带的黑窝点
浙江	贝因美奶粉		产品不合格	2011-4-2	贝因美奶粉深陷“红疹门”　厂家玩“躲猫猫”被质疑
贵州	酒		造假	2011-4-2	紫云工商局查获一批假冒驰名商标“习酒”
辽宁	东北大拉皮		无证经营	2011-4-2	黑作坊制出“东北大拉皮”
广东	鱼皮花生	老鼠屎	混有异物	2011-4-1	吃鱼皮花生发现老鼠屎
上海	养生汤		无证经营	2011-4-1	无证加工“养生汤”　销往酒店餐厅牟利　虹口捣毁一“三无”地下加工点
北京	小吃		卫生不达标	2011-4-1	占便道不卫生　北京 6 家小吃店藏身公主坟天桥下

续表

地区	食品名	毒物	类别	日期	内容
上海	青团	微生物	产品不合格	2011-4-1	王家沙新雅等老字号青团被检出微生物超标
重庆	毛肚	烧碱	添加剂	2011-4-1	商贩用工业烧碱泡毛肚批发给当地火锅店
江苏	酒		造假	2011-4-1	酒贩子用散装酒灌出“飞天茅台”高价出售牟利
山东	花生油	工业毛油	其他	2011-4-1	莱西产花生油检测结果惊人　酸值直逼硫酸
河南	猪肉	重金属、饲料	添加剂	2011-3-31	部分养殖户给生猪喂重金属使其皮毛发亮
湖南	猪肉	瘦肉精	添加剂	2011-3-31	养殖户用瘦肉精喂猪获刑 1 年
海南	蟹肉棒、虾肉丸	仿生食品	造假	2011-3-31	海口超市：蟹肉棒里无蟹肉海鲜丸煮后变面粉团
云南	奶粉罐		包装材料	2011-3-31	高价回收奶粉罐背后问题不小　疑为不法商人造假
重庆	茅台	基酒勾兑	造假	2011-3-31	“要想来钱快搞点假酒来卖”酒厂退休员工制假茅台
辽宁	馒头	增白剂	添加剂	2011-3-31	“五一”之后面粉、馒头增白剂将退出餐饮市场
陕西	酒		造假	2011-3-31	漏斗套丝袜过滤造“名酒”　咸阳端掉制假黑作坊
浙江	酒		造假	2011-3-31	温州市欧海区查获 2500 多瓶假冒高档白酒并抓获 2 名嫌疑人
山东	海参		其他	2011-3-31	8000 余斤海参疑因附近施工污染水质死亡
江西	果汁	黑色块状漂浮物	混有异物	2011-3-31	汇源果汁瓶内疑现黑色异物　企业回应换一瓶
北京	豆包		造假	2011-3-31	沃尔玛豆包被指馅太少　消费者称几乎是馒头
多地区	莱西花生油		其他	2011-3-30	莱西花生油中查出溶剂油有害成分毒超地沟油
江苏	猪肉	松香	添加剂	2011-3-29	发黑的松香拔毛　黑作坊每天做几百斤猪头肉
北京	鲜榨果汁		添加剂	2011-3-29	揭秘街头“鲜榨果汁”真相：添加剂勾兑而成
吉林	牛奶草莓	激素	添加剂	2011-3-29	“牛奶草莓”究竟咋整的？
广东	火腿肠	生锈铜圈	混有异物	2011-3-29	女童吃火腿肠吃出生锈铜圈　事主索赔遭再三拖延

续表

地区	食品名	毒物	类别	日期	内容
山东	猪肉	工业盐、甲醛	无证经营	2011-3-28	猪血添甲醛还用工业盐胶　南一加工黑窝点被端
山东	面包	发霉鸡蛋	过期	2011-3-28	暗访青岛幸福园食品厂发霉鸡蛋做出诱人面包
山东	法式软面包	苍蝇	混有异物	2011-3-28	冬天产的面包袋内有苍蝇　济南达利园应允调查
天津	豆皮	工业镁	添加剂	2011-3-28	黑心暴利做豆皮用“工业镁”　涉及数额达 23 万元
安徽	茶叶		造假	2011-3-28	“新茶”真假难辨　散茶随意“贴牌”
海南	桶装水	黑心桶	包装材料	2011-3-26	饮水机违禁桶“东方不败”　过期桶“行走江湖”
江苏	奶茶	兴奋剂	添加剂	2011-3-25	家长质疑“巧蜜多”：奶茶里暗掺“药”？
重庆	蘑菇	亚硝酸钠	添加剂	2011-3-25	洗蘑菇水变成奶白色　专家称是亚硫酸钠过量
北京、上海、四川、广东	饮用水		其他	2011-3-24	中国部分城市成年居民饮水状况堪忧
北京	沙琪玛、面制食品	铝	添加剂	2011-3-24	“铝铸”沙琪玛超标三倍多　可凭小票和食品包装退货
青海	乳粉	三聚氰胺	添加剂	2011-3-24	公安部公布 2010 年 10 起典型食品安全犯罪案件
辽宁	豆腐	黑作坊味邦	造假	2011-3-24	市场上“味邦”豆腐并非味邦造　黑豆腐坊在鹿圈旁开了两年
北京	纯净水	塑料桶	包装材料	2011-3-24	“黑心 PC 塑料桶”影响水质安全
广东	百佳超市		过期	2011-3-24	“百佳”食品为何“佳期”无限？
多地区	饮用水	双酚 A	包装材料	2011-3-23	饮用水问题曝光：每年超 2600 万个黑心桶流入市场
山东	巧克力		造假	2011-3-23	德芙巧克力少半块　“短斤缺两”被疑不诚信
福建	鸡蛋		造假	2011-3-23	副省长叶双瑜批示：督查“弹力蛋黄”事件
山东	瓜子	石灰	添加剂	2011-3-23	黑作坊用石灰粉泡出瓜子　执法人员现场查封瓜子 300 余千克
山东			卫生不达标	2011-3-23	市民全家棒约翰餐厅吃晚饭　饭后呕吐腹泻不止
重庆			过期	2011-3-23	消费者沃尔玛买到过期饮料　当场获 10 倍赔偿
多地区	依云	亚硝酸盐	添加剂	2011-3-22	外资品牌频曝质量问题　依云、百事上进口产品黑名单

续表

地区	食品名	毒物	类别	日期	内容
湖北	巧克力		过期	2011-3-22	武汉 1 家乐福卖过期两月巧克力　工商部门介入查处
北京	木耳	掺沙	造假	2011-3-22	调查发现部分木耳加沙增重　假货价格贵于真品
湖南	油炸食品		产品不合格	2011-3-21	泰州小学生吃学校零食连续拉肚子　家长呼吁监管
浙江	料酒	铅	包装材料	2011-3-21	一把锡壶装料酒　全家集体铅中毒
山东	黄花鱼		添加剂	2011-3-21	“染色黄花鱼”很黄很害人
新疆			过期	2011-3-20	食品快过保质期　乌市超市普遍不明说
河北	纸杯	荧光增白剂	包装材料	2011-3-19	农贸市场纸杯堪忧　劣质产品扰乱行业秩序
安徽	玉米	三聚氰胺	添加剂	2011-3-18	四款中国产食品在美检出三聚氰胺或其类似物质
重庆	双汇	火腿肠	产品不合格	2011-3-18	消费者买到发霉火腿肠　厂家拒绝公开道歉
山东	牛奶		添加剂	2011-3-18	迎春乐牛奶惊现小黑虫　长角长腿令人作呕
重庆	毛血旺	福尔马林	添加剂	2011-3-18	重庆查获黑心食品厂　专生产福尔马林毛血旺
山东	胡姬花花生油	悬浮物、棉絮	混有异物	2011-3-18	胡姬花花生油悬浮“棉絮”　网友质疑掺杂油
广东	合生元奶粉		产品不合格	2011-3-18	1 岁女婴吃奶粉严重腹泄　厂家仅双倍补偿
广西	茶叶		造假	2011-3-18	茶商自揭暴利链：绝大部分“春茶”是“翻新茶”
多地区	冰		其他	2011-3-18	食物被冰污染危害健康　工商业用冰安全须重视
多地区	猪肉	瘦肉精	添加剂	2011-3-17	业内人士称使用瘦肉精是行业潜规则
多地区	一次性纸杯	含苯油墨	包装材料	2011-3-17	行业标准放任含苯油墨一次性纸杯　呼唤国际标准
陕西	蟹肉棒	仿生食品	造假	2011-3-17	仿生食品多由食品添加剂　制成营养价值有限
河南	变蛋		造假	2011-3-17	上豆装变蛋：穿着“石灰衣”、揣个“避孕套”
重庆	青岛啤酒		造假	2011-3-17	重庆一啤酒厂涉嫌商标侵权　50 万瓶山寨青啤被查
上海	糯米料酒		添加剂	2011-3-17	“糯米料酒”竟是添加剂和水“调”出来
陕西	廉价食品		产品不合格	2011-3-17	小学生难拒校门口美食　成“廉价食品”消费大军

续表

地区	食品名	毒物	类别	日期	内容
河南	可乐		添加剂	2011-3-17	添加剂商店出售可乐配方饮料　多流向学校周边
广东	瓜子	二氧化硫	添加剂	2011-3-17	穗市场数款瓜子检出二氧化硫超标
广东	瓜子	二氧化硫	添加剂	2011-3-17	部分瓜子炒货用二氧化硫“增色”
多地区	依云	亚硝酸盐	添加剂	2011-3-16	国家质检总局：部分依云矿泉水被检出亚硝酸盐超标
山东	羊肉		其他	2011-3-16	市民称 90 元买羊肉疑似有假　欲检测需花 2 千元
多地区	双汇	瘦肉精	添加剂	2011-3-16	央视曝光含瘦肉精生猪流入双汇食用后会出现中毒症状
四川	双汇	瘦肉精	添加剂	2011-3-16	双汇被曝用“加精”猪肉　部分超市双汇火腿肠下架
江苏	葡萄酒	甜味剂	添加剂	2011-3-16	江苏食品抽检葡萄酒　不合格项目最多
广东	海鲜丸	调味剂	添加剂	2011-3-16	海鲜丸类食品营养价值有限　营养师建议少吃
山东	海带	染色	添加剂	2011-3-16	记者暗访多家黑作坊　海带在脏桶里变成嫩绿色
浙江	餐具		无证经营	2011-3-16	喜乐康无证经营　被责令整改生产餐具送往 80 家
多地区		虫子	混有异物	2011-3-16	美赞臣奶粉被曝吃出肉虫　总部回应奶粉无问题
多地区	野生动物	寄生虫	检疫不合格	2011-3-15	专家提示嗜食野生动物或感染寄生虫
上海	喜饼		造假	2011-3-15	“手工喜饼”假证假号违规卖
福建	松板肉		无证经营	2011-3-15	农民自制冒牌“松板肉”　赚出两套房
山东	食用油		产品不合格	2011-3-15	质检局公布抽查结果　六企业食用油抽查不合格
湖南	米粉店	猪油	产品不合格	2011-3-15	黑心猪油又来了，这次是粉店
福建	米		过期	2011-3-15	集美工商部门查处改装大米窝点快过期大米玩“变脸”
海南	茅台		造假	2011-3-15	夫妇 1 年半制售假茅台 6000 瓶　获利 150 万元
安徽	酱油	防腐剂	添加剂	2011-3-15	安徽抽查酱油、食醋等产品　5 组上“黑榜”
安徽	火腿肠	瘦肉精	添加剂	2011-3-15	河南济源双汇公司用含瘦肉精猪肉层层监管虚设
湖南	合渣豆花粉		过期	2011-3-15	张家界：游客购买 18 元过期食品工商调解获赔 500 元

续表

地区	食品名	毒物	类别	日期	内容
福建	蛋黄派	螺丝钉	混有异物	2011-3-15	蛋黄派中吃出个螺丝帽　晋江工商部门已介入调查
天津	饼干		产品不合格	2011-3-15	天津乐美家食品公司麦香饼干不合格
山东	洋酒		造假	2011-3-14	记者暗访揭制售假酒内幕　可乐、白酒兑出假洋酒
山东	食品添加剂		添加剂	2011-3-14	济南质量白皮书：14.52%不合格食品添加剂超标
多地区	三得利		造假	2011-3-14	三得利夸大宣传乌龙茶“零卡路里”罚款136万余元
湖北	烤肠		产品不合格	2011-3-14	十大典型打假六成涉及吃喝　劣酒变成“五粮液”
辽宁	白酒		造假	2011-3-14	“纯粮酿造散白酒”其实就用稻壳子加点玉米面
山东	干鱼片		造假	2011-3-13	暗访城阳一加工窝点　臭黄花鱼变身美味干鱼片
广东	鱿鱼丝	甲醛	添加剂	2011-3-12	沃尔玛鱿鱼丝甲醛被指超标四百倍公司称不认同
山东	甜玉米		无证经营	2011-3-12	龙口市工商局查处违法加工假冒甜玉米粒案
北京	净水机		包装材料	2011-3-12	净水器使用3个月后长出青苔　市民饮用后腹泻
山东	鱼箱	水泥	包装材料	2011-3-11	鱼箱里边藏水泥　箱子净重2斤多
辽宁	香肠	亚硝酸钠	添加剂	2011-3-11	3年350吨毒香肠流入沈城市场
辽宁	牛肉丸		造假	2011-3-11	“肉”丸没肉全是淀粉、肉膏、卡拉胶
北京	橄榄油		产品不合格	2011-3-11	800元买了不合格橄榄油　消费者诉超市双倍索赔
宁夏	醋	醋酸、防腐剂	添加剂	2011-3-11	黑窝点勾兑三利酱醋　一包真醋+水+醋酸+防腐剂=N包假醋
重庆	板鸭		过期	2011-3-11	重庆官方称对销售“过期板鸭”的沃尔玛从重处罚
辽宁	杏仁露		造假	2011-3-10	假冒杏仁露刚喝下去就拉肚子
湖北	青豆	乳化胶	添加剂	2011-3-10	商家用化工原料将黄豆染成青豆日批发1～2万斤
贵州	牛排		造假	2011-3-10	块“伪牛排”难倒六个部门？
山东	酱油		造假	2011-3-10	记者暗访3次　挖出山寨版东古酱油
陕西	瓜子		产品不合格	2011-3-10	张二嘎牌瓜子接连嗑出虫　厂方称有虫才是绿色食品
湖北	蜂蜜		造假	2011-3-10	武汉工商局对食品抽样检测　4种蜂蜜完全“人造”

续表

地区	食品名	毒物	类别	日期	内容
云南	餐具		产品不合格	2011-3-10	昆明检查49家餐饮具消毒单位仅3家达标
天津	儿童食品		产品不合格	2011-3-9	“重口味”零食让孩子很受伤
山东	蟹肉棒		造假	2011-3-8	蟹肉棒无蟹肉　龙虾丸不含虾　海鲜味全靠添加剂
多地区	速冻肉丸		造假	2011-3-8	速冻肉丸里究竟有多少肉？——来自速冻肉丸市场的记者调查
辽宁	牛蹄筋	硫化钠	添加剂	2011-3-8	硫化钠褪毛　沈阳几十公斤毒牛蹄筋被阻截
广西	蜂蜜		产品不合格	2011-3-8	广西蜂蜜市场抽检合格率不到五成
多地区	饭馆		添加剂	2011-3-8	小饭馆滥用食品添加剂　厨师网友称少在外吃饭
辽宁	紫菜		添加剂	2011-3-7	低价海藻染色冒充紫菜卖　食用过量损伤肾脏肝脏
浙江	珍珠粉		造假	2011-3-7	国内珍珠粉缺乏质量标准　造成监管难题
陕西	虾丸		造假	2011-3-7	超市售货员称虾丸无虾　蟹棒无蟹多为仿生品
多地区	饲料	餐厨油	产品不合格	2011-3-7	餐厨油回收添加进饲料成行业热点安全隐患受怀疑
山东	蜜饯凉果	色素	添加剂	2011-3-7	路边卖的蜜饯凉果七成不合格
辽宁	酱油	日落黄	造假	2011-3-7	盐糖水＋“日落黄”兑成假酱油
安徽	地沟油		产品不合格	2011-3-7	全国政协委员、安徽大学副校长牛立文：别让餐厨垃圾变成“地沟油”
多地区	肯德基		产品不合格	2011-3-7	网友质疑肯德基用鱼肉充蟹肉　水产商称是便宜货
山东	红酒	甜蜜素、苹果香精	造假	2011-3-4	十几种化工原料加上自来水几毛钱成本造出“名牌”红酒
广东	包子	亚硫酸盐	添加剂	2011-3-4	深圳包子馒头合格率59.7%　多因膨松剂使用随意
湖北	奶瓶			2011-3-3	塑料奶瓶疑会诱发性早熟　专家建议多用玻璃奶瓶
香港	贝壳类海产	镉	产品不合格	2011-3-3	香港抽检贝壳类海产发现镉含量超标
山东	面包	鼻涕纸	混有异物	2011-3-2	面包袋内发现“鼻涕纸”　十倍赔偿、一句道歉就摆平？
北京	麦当劳		混有异物	2011-3-2	消费者状告麦当劳汉堡里吃出骨头扎伤牙齿

续表

地区	食品名	毒物	类别	日期	内容
广东	进口罐头		产品不合格	2011-3-2	部分进口罐头食品标签不合格
山东	纯净水桶		包装材料	2011-3-2	部分装纯净水水桶系塑料垃圾制成
北京	依云	亚硝酸盐	添加剂	2011-3-1	80 余吨依云矿泉水亚硝酸盐超标
湖南	日本豆腐		造假	2011-3-1	“日本豆腐”上标有两个生产日期该认哪个？
广东	食用菌罐头		产品不合格	2011-3-1	食用菌罐头达标率为零　罐头食品达标率 83.7%
山东	肉丸		添加剂	2011-3-1	批发商揭假肉丸内幕：淀粉和肉粉加添加剂制成
陕西	火锅店		产品不合格	2011-3-1	西安火锅店羊肉卷水分大　发白是猪肉　发黑是鸭肉
江西	黄鱼	工业色素	添加剂	2011-2-28	江西工商部门责令工业色素染色黄鱼下架
安徽	饼干		造假	2011-2-28	一袋饼干竟有两个“出生证”
北京	冰糖葫芦		造假	2011-2-28	袋装冰糖葫芦“山楂粉制成”口感如面粉
上海		价格误导	造假	2011-2-28	上海农工商超市误导消费者　超值装商品贵过原价
山东	果冻		产品不合格	2011-2-27	“一口吞”果冻偷渡抵烟　被查 6 年前曾噎死儿童
福建	酒鬼花生	过氧化物	产品不合格	2011-2-25	省质监局：一种“酒鬼花生”过氧化值超标不能吃
山东	蛋糕	油污	卫生不达标	2011-2-25	达利园瑞士卷有黑点　市民称很恶心像油污
江西	佳绿茉莉香米		产品不合格	2011-2-24	佳绿茉莉香米被指泛黄有异味　疑为陈米
广东	黑米	染色	添加剂	2011-2-24	一把黑米泡出一盆黑水
湖南	干鱼	工业盐	添加剂	2011-2-24	冷水江端掉一非法用工业盐腌制干鱼窝点
北京	蜂蜜		造假	2011-2-24	6 种蜂蜜葡萄糖、果糖、C_4 植物糖含量不达标
广东	包子	硫酸铝钾	添加剂	2011-2-24	健康包点变“毒包”或致痴呆　深圳多饭店有售
上海	饮料		过期	2011-2-23	买到了过期汽水　男子要超市停业
山东	牛肉面		卫生不达标	2011-2-23	慕名去奇好好牛肉面馆吃面　10 余市民吃完腹泻

续表

地区	食品名	毒物	类别	日期	内容
山东	牛奶		过期	2011-2-23	无良商店卖过期牛奶　3岁儿童喝后上吐下泻一夜
山东	海鲜丸子		造假	2011-2-23	散装海鲜丸子让人不放心　调查发现多为三无产品
广东	方便面		过期	2011-2-22	市民连续在沃尔玛买到过期食品欲索十倍赔偿
山东	全麦面包	面包粉	添加剂	2011-2-22	现场实验揭开全麦面包真相　面包粉掺色素染成
云南	农田	重金属	产品不合格	2011-2-22	农田重金属污染触目惊心　每年污染1200万吨粮食
广西	镉米	色素	添加剂	2011-2-22	专家称镉污染等调查面临难题　常受地方政府阻挠
山东	果汁	香精	添加剂	2011-2-21	鲜艳“果汁”又酸又苦　原是香精色素加水勾兑成
多地区	山寨食品		造假	2011-2-18	山寨食品充斥农村市场　“营养快线”名字最雷人
多地区	皮革奶		造假	2011-2-18	废旧皮革熬煮可提炼出“皮革水解蛋白”
辽宁	牛板筋	甲醛	添加剂	2011-2-18	造假者用甲醛双氧水泡制牛板筋半年卖出20吨
多地区	美赞臣		混有异物	2011-2-18	美赞臣奶粉现3厘米长异物　厂家称照片难判定
多地区	餐具	重金属	包装材料	2011-2-18	瓷质餐具含有害重金属　长期盛醋可致免疫力下降
陕西	餐巾纸		造假	2011-2-18	西安地区三无餐巾纸泛滥　专家建议自带手帕
陕西		双氧水	添加剂	2011-2-18	10名记者饭店聚餐病倒7人　店长自称老板有背景
辽宁	猪头肉		产品不合格	2011-2-17	沈阳现熟食黑加工点　怪味锅污黑汤烀出掉色猪头肉
河北	元宵		产品不合格	2011-2-17	鲜果元宵露“馅”吓煞人
广东	汤圆		混有异物	2011-2-17	品牌汤圆出现蓝色异物　厂家承认纰漏认赔1500元
广西	潲水油		造假	2011-2-17	南宁查封10余吨疑似潲水油　当事人已全部接受调查
上海	巧克力		混有异物	2011-2-17	“台尚”巧克力吃出头发丝
多地区	牛奶	皮革	产品不合格	2011-2-17	旧皮鞋旧沙发提炼蛋白粉掺入牛奶广州未发现

续表

地区	食品名	毒物	类别	日期	内容
多地区	牛奶	皮革	产品不合格	2011-2-16	农业部下令查“皮革奶” 长期食用将致癌
广东	米	镉	产品不合格	2011-2-16	广州大米未发现镉超标 粤北部分地区已遭污染
广东	冷冻食品		造假	2011-2-16	多款冷冻食品被查不合格
贵州	火锅底料	香精	添加剂	2011-2-16	小老板揭秘香精调制火锅底 加一滴白水变飘香
上海	蛋糕		造假	2011-2-16	欧尚超市蛋糕促销“水分”多 700克蛋糕缺 120 克
天津	元宵	香精	过期	2011-2-15	鲜果元宵“露馅儿” 竟是过期香精
北京	火锅底料	罂粟	添加剂	2011-2-15	火锅底料竟用罂粟壳，食品安全怎能忘？
湖北	海苔		过期	2011-2-15	汉正街查获 7000 多袋“早产”海苔食品
江苏	大润发		过期	2011-2-15	超市集体失信价格欺诈成“潜规则”
多地区	牙签		产品不合格	2011-2-14	漂白牙签一闻便知劣质危害大
山东	汤圆	糖精钠	添加剂	2011-2-14	糖精钠掺入汤圆馅甜得发苦 改良剂配进糯米粉外皮不裂
山东	汤圆		产品不合格	2011-2-14	暗访黑汤圆工厂：工人抹鼻涕老板直言是冒牌
福建	烧烤摊		添加剂	2011-2-14	记者暗访批发市场：烧烤摊一根烤翅用四五种添加剂
江西	饺子	生锈小刀	混有异物	2011-2-14	袋装饺子内现 10 余厘米长生锈小刀
重庆	坚果		产品不合格	2011-2-14	三批次炒货坚果质量抽查不合格
上海	鸡公煲	罂粟	添加剂	2011-2-14	沪 3 家鸡公煲店“涉毒”被封 火锅底料添加罂粟将重罚
重庆	火锅料	罂粟	添加剂	2011-2-14	罂粟粉“隐姓埋名”藏进火锅料 工商加大查处力度
上海	冬虫夏草	霉	产品不合格	2011-2-14	东方 CJ 售出万元冬虫夏草 拆开都是发霉变质货
海南	腌鸡		无证经营	2011-2-13	海口：一“腌鸡”加工窝点因无证经营被封
山东	压缩肉		过期	2011-2-13	压缩肉过期半年多还在卖 超市老板称一时疏忽
陕西	调料	罂粟	造假	2011-2-13	西安市场出现“罂粟”调料 专项检查从严从重处罚

续表

地区	食品名	毒物	类别	日期	内容
重庆	火锅底料	工业染料	产品不合格	2011-2-13	加致癌工业染料　5企业火锅底料吃不得
山西	豆芽		添加剂	2011-2-13	太原：多种有害人体的添加剂催生出鲜嫩豆芽
福建	蜜饯		产品不合格	2011-2-12	闽12批次蜜饯干制品抽检不合格　福州3企业上黑榜
浙江	矿泉水		过期	2011-2-12	揭秘地下矿泉水加工点：厕所里运出“山泉”
辽宁	大米		造假	2011-2-12	沈阳市新民工商局查获假冒大米
吉林	纯净水桶		包装材料	2011-2-12	点滴瓶塑料瓶轧吧轧吧做水桶　解密长春有毒水桶
北京	娃娃菜		造假	2011-2-11	白菜心冒充娃娃菜　商户“猫腻”出新招
黑龙江	蜂蜜、干水制品、白酒、酱油		产品不合格	2011-2-11	食品抽样检验发现蜂蜜、干水制品、白酒、酱油等商品不合格
广东	河米	霉	产品不合格	2011-1-31	东莞霉米漂白制成河粉每天上市100万斤问题河粉
山东	芹菜		造假	2011-1-30	胶白马家沟芹菜频遭假冒市场三成是假货
广东	牛肉串	日落黄	添加剂	2011-1-30	泛龙牛肉串检出“日落黄”
山东	水饺	头发	混有异物	2011-1-28	一市民吃水饺吃出头发
山东	瓜子	塑料带	包装材料	2011-1-26	吃瓜子吃出“塑料袋”　交涉后市民获10倍赔偿
山东	来伊份蚕豆	虫子	混有异物	2011-1-25	来伊份蚕豆吃出虫子　厂家称不能保证都是好的
浙江	康师傅冰红茶	混浊物	混有异物	2011-1-21	康师傅冰红茶喝出浑浊物　顾客投诉一个月没结果
海南	干果速冻食品		造假	2011-1-20	购买年货要多个心眼
广东	猪肉腊肉		检疫不合格	2011-1-12	问题腊肉追踪：非法窝点被端老板彭某已被刑拘
湖北	豆腐	大豆分离蛋白、变性淀粉、白色素	添加剂	2011-1-11	“假豆腐”拷问执法的“标准依赖”
四川	腌腊制品		产品不合格	2011-1-10	全省腌腊制品抽检5批次产品酸价超标
江苏	咸水鸭	骨髓膏、嫩肉粉、鹅肉肉精油、一滴香	添加剂	2011-1-10	“鹅肉肉精油”卖得最俏
河南	食用酱油、醋		过期	2011-1-10	河南省新野县公安局破获一起重大假冒注册商标案

续表

地区	食品名	毒物	类别	日期	内容
多地区	食品添加剂	碳酸氢钠	添加剂	2011-1-10	内蒙古乌审旗恒源化工有限公司生产的食品添加剂国家抽检不合格
广东	散装宽粉、大米		产品不合格	2011-1-10	广州前进路“好又多”　6种食品含有害物质
河北	奶饮品		造假	2011-1-10	邯郸峰峰矿区工商局查扣一批假冒名牌奶饮品
安徽、内蒙古	多味五彩冰激凌	盐酸克仑特罗	添加剂	2011-1-10	内蒙古卫生厅发出紧急通知　要求彻查多味五彩冰激凌
山东	地沟油		产品不合格	2011-1-10	山东发布整治方案全省“围剿”地沟油
江苏	羊肉卷	羊肉香精	添加剂	2011-1-9	猪肉+羊肉精=“羊肉卷”南京市场出现假羊肉卷
江苏	鸡蛋	海藻酸钠水溶液、柠檬黄食品色素	添加剂	2011-1-9	震撼揭秘：假鸡蛋的制作过程
湖北	海鲜丸		造假	2011-1-8	业内曝部分海鲜丸虚有其名　由添加剂合成
多地区	金丝蜜枣、无核蜜枣	连二亚硫酸钠、氯化钙	添加剂	2011-1-7	山西不良商家用工业原料给蜜枣美容
多地区	植物油	黄曲霉毒素B1、苯并（a）芘溶剂等	添加剂	2011-1-7	国家抽检食用油　广东14批次产品上黑榜
北京			产品不合格	2011-1-7	北京青田鑫毅和佰润通达公司6种食品检出违禁物
湖南	鸭肉	松香	添加剂	2011-1-6	“工业松香煺鸭毛”成行业惯例　含剧毒或致癌
浙江	酱油、香醋、麻油		过期	2011-1-6	仓库大规模篡改食品“生日”　让食品“返老还童”
多地区	火锅底料	罂粟壳、苏丹红	添加剂	2011-1-6	部分火锅底料添加剂超标标准或今年起草
湖北	豆腐	大豆分离蛋白、变性淀粉、白色素	添加剂	2011-1-6	人工合成豆腐已流入宜昌
北京	巴西烤肉	硼砂、吊白块、苯甲酸	添加剂	2011-1-6	“久久”牌巴西烤肉等6种食品在北京全市停售
北京			产品不合格	2011-1-6	6种食品检出违禁物　北京市停售严重者可致癌
广西	羊肉		造假	2011-1-5	南宁现“山寨”羊肉　鸭肉掺上羊尾油后出售
北京	食品包装		造假	2011-1-5	水果包装箱掺水泥被曝光市场未对事件明确表态

续表

地区	食品名	毒物	类别	日期	内容
安徽	肉制品	日落黄、苯甲酸、菌落总数	添加剂	2011-1-5	安徽两种肉制品添加剂过量
四川	肉制品		检疫不合格	2011-1-5	注意！这5种肉制品抽查不合格
河北	葡萄酒	水、色素、酒精、香精	添加剂	2011-1-5	央视曝光“化学葡萄酒”色素加酒精勾兑而成
山东	牛奶巧克力零食		过期	2011-1-5	小心！即将过期食品商家全力促销
广东	腐竹	甲醛	添加剂	2011-1-5	深圳食品安全抽检散装腐竹抽检不合格
多地区	超市自制食品		过期	2011-1-5	超市过期食品换标签“保鲜”
山东	鳕鱼		造假	2011-1-4	济南鳕鱼品种价差十几倍　专家表示真假难鉴定
天津	香料添加剂	增香膏、增色剂、增辣剂、飘香剂	添加剂	2011-1-4	“一滴香”绝迹　类似产品还有
北京	甜味添加剂	安赛蜜、糖精、阿斯巴甜	添加剂	2011-1-4	蜜饯、面制品最容易“甜过头”
香港	松子桂花鱼、咖喱粉	李斯特菌、二氧化硫、苏丹红1号、苏丹红4号	添加剂	2011-1-4	香港发现17种食物样本不合格
多地区	奶油	反式脂肪酸	检疫不合格	2011-1-4	反式脂肪酸，甜美的奶油陷阱
多地区	面粉	稀释过氧化苯甲酰、吊白块	添加剂	2011-1-4	太白的面食千万不要吃
江苏	桂圆		造假	2011-1-4	多数“莆田桂圆”名不副实
江苏	地沟油		产品不合格	2011-1-4	黑加工点用泔水炼制地沟油　每吨可卖3000余元
山东	饼干	老鼠屎	混有异物	2011-1-4	消费者饼干里吃出老鼠屎　经销商称是诬陷
浙江	比萨饼	橡皮圈	混有异物	2011-1-4	比萨饼内有橡皮圈　消费者维权商家承认有过失
重庆	白米		产品不合格	2011-1-4	白米煮出红饭　米店老板称米可能被泡过后再晒干

统计分析2011年和2012年食品安全问题发生的地区发现，近两年我国食品安全问题主要发生在华东地区，比重达到37%，其次是华南地区（16%）、华北地区（14%）、西南地区（14%）、华中地区（8%）、东北地区（6%）和西北地区（5%），见图7-2。

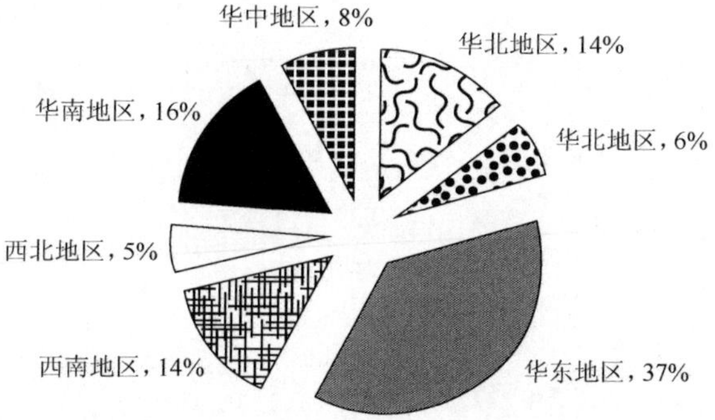

图 7-2　2011 年和 2012 年食品安全问题发生地区占比分析

统计分析 2011 年和 2012 年食品安全问题的类别发现，我国食品安全问题主要是由食品添加剂引起，比重达到 35%，其次是产品不合格（19%）、造假（18%）、过期（6%）、混有异物（6%）、卫生不达标（3%）等，见图 7-3。

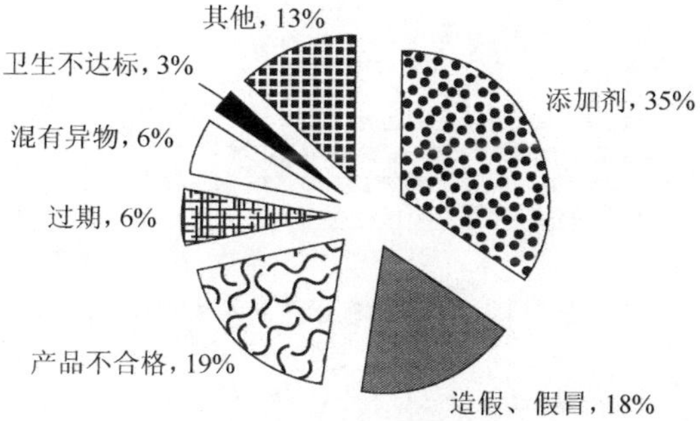

图 7-3　2011 年和 2012 年食品安全问题的类别

各地区食品安全新闻曝光的数量是该年度该地区食品安全危机程度的体现，图 7-4 为 2011 年和 2012 年各地区食品安全新闻曝光数量。

从图 7-4 中可以看出，2011 年和 2012 年食品安全新闻曝光数量前十的地区分别是山东、广东、北京、重庆、江苏、浙江、上海、辽宁、湖北、陕西。

从图 7-5 中可以看出，2011 年和 2012 年食品安全问题“前十强”地区的食品安全问题类别包括添加剂、造假、产品不合格、过期、混有异物、卫生不达标等，其中添加剂问题所占比重最大，达到 37%，其次是造假（19%）和产品不合格（17%）。

综上分析，我们可以看出，我国食品安全问题主要是由食品添加剂引起的。我国食品安全法指出，食品添加剂是指为改善食品品质和色、香、味，以及为防腐、保鲜和加工工艺的需要而加入食品中的人工合成或者天然物质。我国《食品添加剂使用标准（GB2760-2011）》明确规定了允许使用的食品添加剂的品种、使用范围及最大使用量。食品添加剂如果选择合理、利用恰当会产生积极的作用，如某

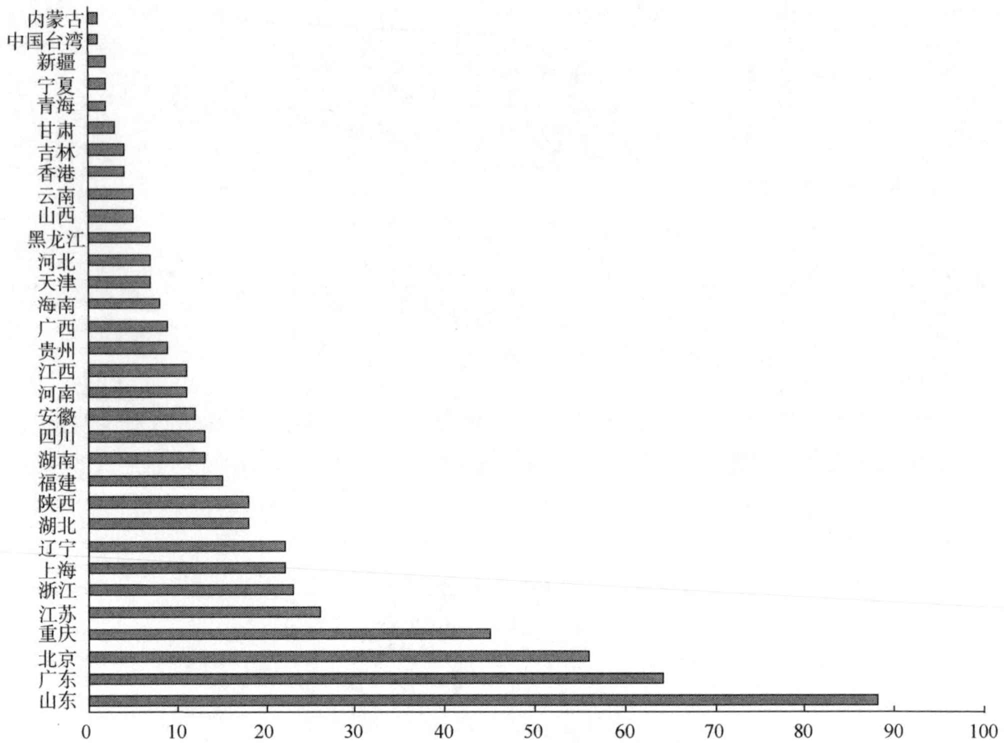

图 7-4　2011 年和 2012 年各地区食品安全新闻曝光数量排名

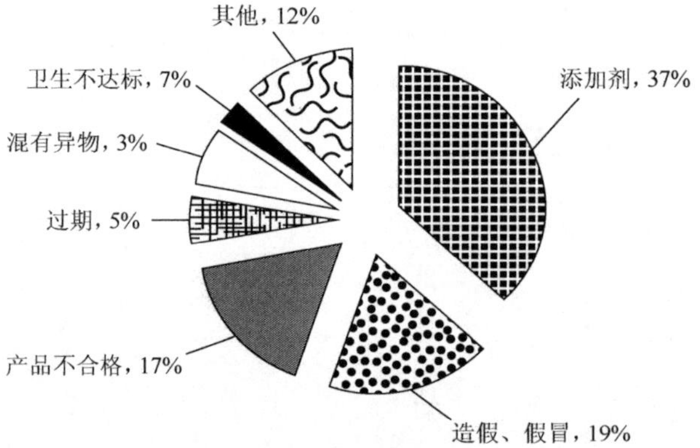

图 7-5　2011 年和 2012 年“前十强”地区食品安全问题的类别

些防腐剂的防腐功能能够在一定程度上保障人们的食品安全。食品添加剂的使用应符合以下几项要求（吕圆圆等，2012）：

第一，不应该将食品腐败的本质状况掩盖起来；

第二，不应该对人体产生危害；

第三，不应该降低食品自身应有的营养价值；

第四，不应该将食品生产过程中存在的质量性缺陷掩盖起来，不能掺假、掺杂；

第五，在达到一定目的的基础上，要尽量减少其使用；

第六，要在保证食品质量的前提下，对其进行有效改善，保证其无害性，同时便于食品生产与加工或者储藏。

总的来说，食品添加剂作为目前食品生产过程中的必需品，与人们的生活紧密联系在一起，在食品的生产过程中发挥着重要的价值与作用。食品添加剂作为食品生产过程中不可少的辅助原料，如果滥用或者不合理使用将会造成食品安全问题的出现，甚至造成较大范围的危害，因此食品加工生产商应该谨慎使用食品添加剂，政府也应该加强对食品添加剂规范使用的监督、管理，有关部门加强对食品的检测，确保食品安全（谢一平和梁晨曦，2009）。

二、国内重大食品安全事件分析

近年来发生了很多重大食品安全事件，如双汇瘦肉精事件、上海染色馒头事件、塑化剂事件、“毒胶囊”事件、红牛添加剂事件等，不禁引起人们对食品安全的担忧，在这里我们就 2011 年和 2012 年国内发生的典型食品安全事件进行分析，剖析这些食品安全事件的危害及其造成的重大影响。

1. 蒙牛纯牛奶产品被检出强致癌物

1）事件

2011 年 12 月 24 日，国家质检总局公布对全国液体乳品进行抽检的结果公告，蒙牛乳业（眉山）有限公司生产的一批次产品被检出黄曲霉素 M1 超标 140%。此前，曾曝光蒙牛乳业一系列问题（表 7-3）。

表 7-3 蒙牛发生问题一览表

问题	相关内容
2008 年 9 月，蒙牛等品牌液态奶被检出三聚氰胺	三鹿婴幼儿奶粉事件发生后，国家质检总局又紧急开展了液态奶三聚氰胺专项检查，结果显示，市场上绝大部分液态奶是安全的。但蒙牛、伊利、光明生产的液态奶仍被检测出含有三聚氰胺
2009 年 2 月，蒙牛特仑苏 OMP 事件	早在 2007 年三、四月间，方舟子曾在博客中称：“特仑苏 OMP 治癌”。卫生部会同多个部门的专家对添加 OMP 的蒙牛特仑苏牛奶进行研讨后认为，这一产品没有健康危害，但 OMP 不是现行国家卫生标准允许使用的食品原料，蒙牛进口并使用 OMP 没有事先申请批准

续表

问题	相关内容
2010 年 4 月，陕西 18 名学生喝蒙牛牛奶后食物中毒	22 日，陕西周至县马召镇一小学的 18 名学生先后出现食物中毒症状。据悉，这些学生都是饮用了 22 日早发放的“蒙牛”牌核桃奶后出现食物中毒症状
2011 年 4 月，陕西 251 名小学生疑食用蒙牛牛奶后中毒	陕西榆林市 251 名学生在喝完蒙牛学生奶后出现身体不适，被送往医院治疗
2011 年 10 月，蒙牛 1 个月曝 3 起问题奶	蒙牛连续的负面消息，使其号称高品质的全球“样板工厂”被质疑为“样子工厂”

2）危害

1993 年，黄曲霉毒素被 WHO 的癌症研究机构划定为 1 类致癌物，是一种毒性极强的剧毒物质。黄曲霉毒素的危害性在于对人及动物肝脏组织有破坏作用，严重时可导致肝癌甚至死亡。天然污染的食品中以黄曲霉毒素 B1 最为多见，其毒性和致癌性也最强。黄曲霉毒素是黄曲霉、寄生曲霉等产生的代谢产物。当粮食未能及时晒干及储藏不当时，往往容易被黄曲霉或寄生曲霉污染而产生此类毒素。黄曲霉毒素存在于土壤、动植物，以及各种坚果，特别是花生和核桃中。在大豆稻谷、玉米、通心粉、调味品、牛奶、奶制品、食用油等制品中也经常发现黄曲霉毒素。

3）损失

蒙牛称，该批次产品在接受抽检时尚未出库，公司对该批次全部产品进行了封存和销毁，未造成重大损失。

2. 双汇瘦肉精事件

1）事件

2011 年“3・15”国际消费者权益保护日，央视曝光双汇集团在河南济源子公司——济源双汇食品有限公司收购添加“瘦肉精”饲料的猪肉，一时间“瘦肉精”再次成为公众关注的重大公共卫生问题。

2）危害

瘦肉精，指的是一类动物用药，包括盐酸克仑特罗、莱克多巴胺、沙丁胺醇和硫酸特布他林等，属于肾上腺类神经兴奋剂。把 “瘦肉精”添加到饲料中，的确可以增加动物的瘦肉量。但国内外的相关科学研究表明，食用含有“瘦肉精”的肉会对人体产生危害，常见有恶心、头晕、四肢无力、手颤等中毒症状，特别是对心脏病、高血压患者危害更大。长期食用则有可能导致染色体畸变，会诱发恶性肿瘤。

3）损失

2011 年 3 月 15 日，双汇发展（38.51，–0.38，–0.98%）股价跌停，市值蒸发 103 亿元，影响销售额 15 亿元；济源双汇处理肉制品和鲜冻品直接损失达 3000 多万元；由于“瘦肉精”改生猪头头检查，全年预计增加检测费 3 亿多元；品牌美誉度受到巨大伤害。按照万隆公布的数字，双汇能够计算的损失超过 121 亿元。对于品牌形象伤害带来的经济损失，双汇没有给出具体的估算。

3. 速冻水饺“细菌超标”事件

1）事件

2011 年 10 月 19 日，思念三鲜水饺检出金黄色葡萄球菌；11 月 7 日，三全白菜猪肉水饺也检出金黄色葡萄球菌；11 月 17 日，湾仔码头上汤小云吞也检出金黄色葡萄球菌。至此，国内速冻食品市场上的三大著名品牌全部陷入“细菌门”。

2）危害

金黄色葡萄球菌在自然界中无处不在，空气、水、灰尘，以及人和动物的排泄物中都可找到。因而，食品受其污染的机会很多。金黄色葡萄球菌是化脓感染中最常见的病原菌，可引起局部化脓感染，也可引起肺炎、心包炎等，甚至败血症、脓毒症等全身感染。典型的金黄色葡萄球菌为球形，显微镜下排列成葡萄串状，在空气、水、灰尘，以及人和动物的排泄物中随处都可找到，因此，食品受其污染的机会较多，适宜金黄色葡萄球菌生长的食品主要为乳制品、蛋制品、肉制品等。

3）损失

据尚普咨询发布的《2012～2016 年中国速冻水饺行业市场分析及投资价值预测报告》显示：速冻水饺行业知名品牌陷入细菌超标一事，严重损坏了速冻水饺行业的形象，而知名速冻水饺的中招大大打击了消费者对品牌的信任感，这也促使很多消费者对速冻水饺消费的减少。这对与速冻水饺行业的发展十分不利，同时也在一定程度上遏制了当前速冻水饺行业的迅猛发展。

4.“染色馒头”事件

1）事件

2011 年 4 月，《消费主张》节目曝光，上海盛禄食品有限公司分公司在馒头中加入色素、防腐剂，回炉过期馒头，更改生产日期，制成“染色馒头”后运送到联华、华联等多家超市进行销售。

2）危害

过期食品可能会引起食物中毒和急性传染病。一方面，超过保质期的食品有可能导致细菌大量繁殖，食用后可导致“生物型”食物中毒和急性传染病；另一方面，过期的食品也可引起化学变化（如油脂酸败），食用后可导致“化学型”食物中毒。

3）损失

在老百姓对食品安全越来越担忧的同时，食品本身的整个产业链也受到了巨大冲击。

5.“毒豆芽”事件

1）事件

2011 年 4 月，沈阳市公安局皇姑分局端掉 6 个黄豆芽黑加工点，查获掺入非食品添加剂豆芽 25 余吨，老板称这种豆芽“旺季每天可售出 2000 斤”。这些豆芽中被检测出亚硝酸钠、尿素、恩诺沙星、6-苄氨基腺嘌呤等有害物质。

2）危害

生产豆芽过程中是不允许使用任何添加剂的。而该黑加工点使用了至少 4 种添加剂，其中尿素严重超标，恩诺沙星是一种兽用药，6-苄氨基腺嘌呤是一种激素。加入尿素和 6-苄氨基腺嘌呤可使豆芽长得又粗又长，而且可以缩短生产周期，增加黄豆的发芽率。但是人食入后，会在体内产生亚硝酸盐，长期食用可致癌。

3）损失

对豆芽的产业链产生了冲击，一段时间市场上豆芽无法出售，造成巨大经济损失。

6.“地沟油”事件

1）事件

2011 年 6 月月底，《新华视点》初步揭开了京津冀“地沟油”产业链的黑幕。调查发现天津、河北甚至北京都存在“地沟油”加工窝点，其加工工艺科技含量高，产业链庞大，并以小包装的形式进入超市。

2）危害

全国粮油标准化技术委员会油料和油脂工作组组长、武汉工业学院食品科学与工程学院教授何东平表示，据他估计，目前我国每年返回餐桌的地沟油有 200 万～300 万吨。而中国人一年的动、植物油消费总量大约是 2250 万吨，也就是说，按照比例，你吃 10 顿饭，可能有 1 顿碰上的就是地沟油。据了解，从餐饮业的餐厨垃圾中提炼 1 吨地沟油，成本仅 300 元左右。医学研究成果显示，长期摄入地沟油会对人体造成明显伤害，如发育障碍、易患肠炎，以及脂肪肝等病变。而地沟油中的主要危害物之一黄曲霉素是一种强烈致癌物质，其毒性是砒霜的100倍。

7. 依云矿泉水事件

1）事件

国家质检总局公布的2011年7月入境不合格化妆品、食品信息，共有422种产品上黑榜，依云矿泉水赫然在列，有超过9.6吨的产品被检出亚硝酸盐超标。

2）危害

据了解，亚硝酸盐可在人体内反应生成强致癌物，不仅会增加患癌的风险，还能够透过胎盘对胎儿产生致畸作用。过量摄入亚硝酸盐，可导致正铁血红蛋白血症，导致血氧过少，令人感到头痛、虚弱、呼吸困难。

3）损失

依云再次遭遇“细菌门”，极大地打击了消费者的信心。据新浪网的一项调查结果显示，87%的消费者表示以后不再购买依云矿泉水。“依云”俨然已跌入品牌信任危机的深渊。

参考文献

安榆林. 2004. 我国外来有害生物入侵现状与口岸检疫对策. 江苏省昆虫学会第十一届会员代表大会暨学术研讨会论文汇编.

边红彪. 2011. 日本食品法律法规体系框架研究. 食品安全质量检测学报，(3)：170-173.

边永民. 2007. 欧盟转基因生物安全法评析. 河北法学，25（5）：157-163.

蔡守秋. 2002. 论生物安全法. 河南省政法管理干部学院学报，(2)：1-10.

陈光宇. 2000. 转基因生物的安全性评估分析. 江西农业学报，12（4）：44-50.

陈俊红. 2004a. 美国转基因食品安全管理体系. 食物安全，(8)：25.

陈俊红. 2004b. 日本转基因食品安全管理体系. 食物安全，(1)：20.

陈思礼，袁媛. 2008. 转基因生物与环境安全. 中国热带医学，8（4）：662-665.

陈锡福，陈生男，韩宏. 2010. 浅谈食品添加剂与食品安全. 中国卫生监督杂志，17(6)：593-596.

陈小帆，张洪玲，罗子娟，等. 2005. 我国外来有害生物入侵与控制措施. 植物检疫，19（2)：87-89.

陈永红，李哲敏，许世卫. 2003. 农业转基因生物安全性分析. 中国食物与营养，(9)：4-5，19.

邓青，易虹. 2012. 中国食品安全监管问题刍议——借鉴美国食品安全法的制度创新. 企业经济，(1)：166-168.

范云六，黄大昉，彭于发. 2012. 我国转基因生物安全战略研究. 中国农业科技导报，14（2)：1-6.

高崇明，张爱琴. 2004. 生物伦理学十五讲. 北京：北京大学出版社.

高泓娟. 2003. 我国食品安全管理与发达国家的差距. 食品安全杂志，(6)：15-17.

何亚非. 2014. 美国全球战略调整带来的挑战. 中国新闻周刊.http://politics.inewsweek.cn/20140224/detail-79784-1.html[2014-2-24].

胡隐昌，肖俊芳，李勇，等. 2005. 生物安全及其评价. 华中农业大学学报（社会科学版)，(1)：29-36.

黄国华，耿献辉. 2002. 世界主要国家对转基因生物的管理. 中国农技推广，(8)：20-21.

黄培堂. 2005. 生物恐怖防御. 北京：科学出版社.

黄振艳，邓庆华，徐春光，等. 2008. 生物入侵的现状、危害和防治. 呼伦贝尔学院学报，（1）：58-59.
江新风. 2004. 环球大视野：解析日本新《防卫计划大纲》. http://www.people.com.cn/BIG5/guoji/1030/3052666.html[2004-12-14].
蒋翠红. 2003. 全球化时代的生物安全战略初探. 国际观察，（4）：61-66.
金培刚. 2005. 我国食品卫生管理体制改革展望. 中国卫生监督杂志，12（2）：135.
金启明. 2005a. 欧盟将启动《安全研究计划》. 全球科技经济瞭望，（4）：4-5.
金启明. 2005b. 欧盟的《第七个框架研发计划》. 全球科技经济瞭望，（7）：6-8.
金松. 2006. 冷战后日美同盟的调整和日本安全战略转型. 上海：上海社会科学院硕士论文.
康小敏，李红，房军领，等. 2013. 传染病防治过程中存在问题与对策. 护理实践与研究，10（24）：68-69.
柯坚. 2000. 对我国转基因生物体加强管理的几个问题. 科学学与科学技术管理，21（6）：16-18.
柯坚. 2001. 论生物安全法律保护的风险预防原则. 法学杂志，（3）：33-37.
李东阳. 2002. 我国对农业转基因生物实施全面管理. 作物种植，（4）：30.
李尉民，岳宁，夏红民. 2000. 转基因生物及其产品的风险与管理. 生物技术通报，（4）：41-44.
李新生. 2003. 食品安全与中国安全食品的发展现状. 食品科学，24（8）：250-255.
李益标，黄玲江，吴建华. 2012. 浅谈传染病的防治及管理. 医药卫生方针政策与法律法规研究，6：597.
李振宇，解焱. 2002. 中国外来入侵种. 北京：北京林业出版社.
李正明. 2003. 我国食品安全质量管理体系的思考与建议. 食品科技，（7）：38-42.
李忠爱，王子成. 2005. 转基因作物的生物安全及发展前景. 甘肃农业，（5）：41-42.
廉恩臣. 2010. 欧盟食品安全法律体系评析. 政治丛林，（2）：94-100.
林镝，曲英. 2004. 中美食品安全管理体制比较研究. 武汉理工大学学报·信息与管理工程版，26（3）：154-158.
林晶. 2010. 完善食品安全信息公开制度的建议. 中国医药导报，（12）：193-194.
刘标，薛达元. 1998. 国际生物安全立法的进展及焦点问题. 农村生态环境，14（2）：45-48.
刘标，薛达元. 2000. 国际生物安全现状与我国的生物安全对策. 农村生态环境，16（1）：34-37.
刘长秋. 2010. 生物经济发展视野下的生物安全问题及其立法对策研究. 中国人口 • 资源与环境，20（5）：151-157.
刘国艳. 2003. 现代社会的食品安全体系建立. 动物科学与动物医学，20（10）：13-16.
刘辉，尹芳秋，郭魁亮，等. 2008. 生化恐怖与灾害事件对防护医学教学的新要求. 白求恩军医学院学报，6（2）：104-105.
刘建飞. 2007. 生物武器扩散威胁综论. 世界经济与政治，（8）：49-55.

刘洋，文治瑞. 2005. 转基因生物的安全性. 黔南民族师范学院学报，（3）：55-59.
刘志陟，李慧. 2003. 试论我国转基因生物安全性法律体系的完善. 当代法学，（10）：94-96.
龙火生，马毅青，向钊，等. 2003. 生物安全的由来及发展. 家畜生态，24（2）：7-10.
陆忠伟. 2003. 非传统安全论. 北京：时事出版社.
吕圆圆，张云，唐庆强，等. 2012. 食品添加剂的危害性分析. 黑龙江科技信息，（27）：19.
马兰，殷正坤. 2004. 转基因生物的社会风险分析. 科技管理研究，（1）：156-158.
马文丽，郑文岭. 2004. 生物恐怖的危害与预防. 北京：化学工业出版社.
穆源浦，刘嘉楠，张俭波. 2004. 对建立我国食品安全保障体系的分析与建议. 中国卫生监督杂志，11（6）：345-347.
潘振强，吕有生. 2008. 对美国国家安全战略的思考. 美国问题研究，（10）：1-20.
钱迎倩，马克平. 1995. 生物技术与生物安全. 自然资源学报，10（4）：322-331.
钱迎倩，魏伟，桑卫国，等. 2001. 转基因作物对生物多样性的影响. 生态学报，21（3）：337-343.
秦川. 2008. 现代生活与生物安全. 北京：科学普及出版社.
秦占奎，唐光江. 2003. 中国进出口食品的安全现状与展望. 食品安全杂志，（5）：8-9.
任端平，潘思轶，薛世军，等. 2006. 论中国食品安全法律体系的完善. 食品科学，27(5)：270-275.
任智华. 2010. 日本食品安全监督管理体系现状分析. 农业经济，（6）：93-94.
商荣秀. 2013. 浅谈我国林业外来有害生物入侵现状及防控对策. 德州学院学报，29（7）：79-80.
邵家胜，卢洪洲. 2011. 新发传染病发病研究概述. 诊断学理论与实践，10（3）：293-296.
沈志强. 2002. 动物疫苗发展史上的三次疫苗革命. 中国禽业导刊，21：4-5.
宋锡祥. 2008. 欧盟转基因食品立法规制及其对我国的借鉴意义. 上海大学学报（社会科学版），（1）：91-92.
孙斌. 2006. 食品安全管理存在问题及其对策研究. 中国安全科学学报，16（11）：48-53.
孙江华，袁德成，欧阳华. 2002. 外来入侵种及其对森林生态系统的威胁. 中国森林病虫，21（6）：32-35.
唐春生. 2007. 欧盟转基因食品法律规制问题研究. 湖南师范大学硕士学位论文.
腾学敏. 2010. 我国流动人口传染病流行现状与对策研究. 职业与健康，（6）：687-689.
田惠光. 2004. 食品安全控制关键技术. 北京：科学出版社.
万方浩. 2007. 中国生物入侵研究进展与入侵生物学学科构建. 生物入侵与生态安全——“第一届生物入侵学术研讨会”论文摘要集. 北京：中国植物保护学会生物入侵分会.
万方浩. 2008. 生物入侵. 北京：科学出版社.
王宏萍，周晓明，袁正宏. 2011. 我国五十余年来传染病发病情况及防治的文献复习. 中华传染病杂志，29（2）：121-123.
王建英，王亚楠，王子文. 2009. 关于食品安全问题的研究综述. 吉林农业科学，34（5）：59-64.

王俊丽，崔长海，聂国兴等. 2013. 实验室生物安全管理与建设. 实验室研究与探索，32（6）：427-429.
王明远. 2008. 转基因生物安全法律概念辨析. 法学杂志，（1）：79-83.
王迁. 2004. 欧盟转基因食品法律管制制度研究. 华东政法学院学报，（5）：96.
王迁. 2006. 美国转基因食品管制制度研究. 东南亚研究，（2）：48-49.
王永怡，陈文，张玲霞. 2009. 关注全球疫情，思考我国的传染病防控热点. 传染病信息，（1）：1-5.
魏晓青，王玉民，孙军红. 2008. 生物恐怖危机管理. 东南国防医药，10（4）：312-314.
文宏保. 2010. 传染病防治体系存在问题及应对策略. 医学信息，23（8）：321-322.
吴东，吴曙霞，王磊. 2010. 生物技术对人类安全与伦理的影响分析. 中国医学伦理学，23（1）：130-132.
吴坤. 2003. 营养与食品卫生学. 第 5 版. 北京：人民卫生出版社.
吴忠道. 2003. “正在出现的传染病”：一个不容忽视的公共卫生问题. 热带医学杂志，3（1）：6-8.
夏少敏，张娟红. 2004. 外来物种入侵的法律法规. 浙江省第二届生物多样性保护与可持续发展研讨会论文摘要.
谢铭. 2002. 转基因生物产业化与生物安全. 广西名族学院学报（自然科学版），8（2）：80-81.
谢学勤，高建华，杨晓英，等. 2007. 当前新发传染病的流行特点及防控建议. 首都公共卫生，1（15）：205-206.
谢一平，梁晨曦. 2009. 浅谈食品添加剂与人体健康. 中国食品工业，7：531.
熊国平，李亚琴，李林富. 2005. 浅析我国的食品安全形势. 中国卫生监督杂志，12（6）：432-434.
徐建国. 2013. 从 SARS 到人感染 H7N9 禽流感——行为生态型传染病. 中华流行病学杂志，5（34）：417-418.
徐景和. 2012. 关于食品安全的若干思考. http://news.xinhuanet.com/fortune/2012-07/04/c_123369703.htm[2012-7-4]
徐丽娟. 2004. 基于第三方的企业安全生产管理（模式）研究. 中国安全科学学报，14（1）：42-44.
徐志凯，戚中田，胡福泉，等. 2010. 重要病原微生物研究进展与展望. 解放军医学杂志，35（9）：1061-1065.
颜文洪，胡玉佳. 2003. 转基因生物产业化与环境策略应对分析. 自然生态保护，（9）：29-32.
颜旸. 2012. 转基因之争的本质与来龙去脉-也谈转基因生物制品的安全问题. 科技导报，30（4）：15-17.
杨杰彬，王晶. 1999. 食品安全. 北京：中国轻工业出版社.
杨京平，卢剑波. 2002. 生态安全的系统分析. 北京：化学工业出版社.

杨晴川. 2002. 转基因生物安全问题引发更多关注. 环境导报，（1）：38.

姚洪越. 2008. 论全球化时代下的中国的军事安全. http：//www.xslx.com/htm/gjzl/jsgc/2004-11-09-17700.htm[2008-11-23].

姚一建，魏铁铮. 2001. 微生物入侵种和防范生物武器研究——国家生物安全的重要措施. 中国科学院微生物研究所.

叶平. 2009. 关于食品安全信息与风险监测评估的探讨. 中国质量技术监督，（5）：55-57.

袁冬梅. 2007. 宋代江南地区疾疫成因分析. 重庆工商大学学报，24（4）：139-144.

袁杰. 2011. 传染病预防控制工作的影响因素与对策. 社区医学杂志，9（21）：13-14.

翟清华，景琳，郑小华. 2009. 国外先进经验对我国传染病防控的启示. 中国卫生事业管理，2：138，142.

张澄华. 2010. 我国转基因生物安全的法律控制. 长沙：湖南大学硕士学位论文.

张国雄. 2004. 转基因生物产品及其安全性综述. 鄂州大学学报，11（4）：74-75.

张红波. 2004. 我国食品安全现状分析及其对策. 中国安全科学学报，14（1）：15-17.

张谨. 2004. 生物安全问题及我们的对策. 社会科学，（9）：64-69.

张玲霞，王永怡. 2012. 聚焦当今传染病. 传染病信息，25（1）：1-6.

张庆铃，王卫明. 2010. 养殖场生物安全之我见. 山西饲料，（4）：48-48.

张胜帮，李大春，卢立修，等. 2003. 食品风险分析及其防范措施. 食品科学，（8）：162-164.

张涛. 2005. 食品安全法律规制研究. 重庆：西南政法大学博士学位论文.

张忠臣. 2006. 论国际生物安全背景下中国的对策. 青岛：青岛大学硕士学位论文.

张忠心. 2011. 病原微生物实验室生物安全管理体系的建立与思考. 安徽预防医学杂志，17（3）：207-208.

赵吉春. 2014. 当前传染病疾病控制的难点分析及对策. 临床合理用药，7（2A）：130-131.

郑华，牛晓丽，张晓田. 2005. 应注意防范的二种检疫性有害生物. 中国森林病虫，24（4）：41-44.

郑涛，黄培堂，沈倍奋. 2012a. 当前国际生物安全形势与展望. 军事医学，36（10）：721-724.

郑涛，黄培堂. 2012. 生物安全的问题及思考. 军事医学，36（10）：725-727.

郑涛，沈倍奋，黄培堂. 2012b. 我国生物安全能力可持续发展的重点. 军事医学，36（10）：728-731.

中国疾病预防控制中心. 2012 年中国卫生统计提要.http：//www.chinacdc.cn/tjsj/gjwstjsj/201206/t20120608_63463.htm[2012-6-8].

中国疾病预防控制中心. 2013. 卫生部办公厅关于 2012 年全国食物中毒事件情况的通报. http：//www.chinacdc.cn/tjsj/tfggwssj_1696/201303/t20130307_78236.htm[2013-3-7].

钟福生. 2005. 论生物安全与我国生物安全的措施. 湖南环境生物职业技术学院学报，11（2）：123-124.

周定成. 2011. 传染病防治体系存在的问题及应对策略分析. 中国医药指南，9（36）：285.

周应恒，霍丽月. 2003. 食品质量安全问题的经济学思考. 南京农业大学学报，26（3）：91-95.

周媛媛. 2004. 非传统安全视角下的生物安全. 现代国际关系，（4）：17-36.

朱守一. 1999. 国外生物安全政策与法规. 生物安全与防止污染. 北京：化学工业出版社.

祝列克. 2002. 要重视和防范外来有害生物的入侵危害. 中国森林病虫，21（6）：36-39.

祝列克. 2005. 强化政府职能提高科技含量. 坚决遏制外来林业有害生物的危害. 中国森林病虫，24（1）：27-30.

Berg P，Baltimore D，Brenner S，et al. 1975. Asilomar conference on recombinant DNA molecules. Science，188（4192）：991-994.

Cello J，Paul A V，Wimmer E. 2002. Chemical synthesis of poliovirus cDNA：generation of infectious virus in the absence of natural template. Science，297（5583）：1016-1018.

Daszak P，Cunningham A A. 2000. Emerging infectious diseases of wildlife——threats to biodiversity and human health. Science，287（5452）：443-449.

David D，Hersam A. 2013. Connecticut is first state to pass GMO labeling law. http：//www.thewestonforum.com/11414/[2013-6-12].

DOD. 2006. Quadrennial Defense Review Report. http：//www.defense.gov/home/features/2014/0314_sdr/qdr/docs/Report20060203.pdf[2006-2-6].

FDA. 1938. Federal Food，Drug and Cosmetic Act. http：//www.fda.gov/RegulatoryInformation/Legislation/FederalFoodDrugandCosmeticActFDCAct/default.htm[2003-6-12].

Francois X W，Sophie B，Francoise G，et al. 2006. Ciprofloxacin-resistant Salmonella Kentucky in iravelers. Emerging Infectious Diseases，12（10）：1611-1612.

Foster P. 2012. 历史的伤疤：美国的食品安全事故. http://www.observe-china.com/article/459[2012-6-10].

Gaudioso J，Salerno R M. 2004. Biosecurity and research：minimizing adverse impacts. Science，304（30）：687.

Gibson D G，Glass J I，Lartigue C，et al. 2010. Creation of a bacterial cell controlled by a chemically synthesized genome. Science，329（5987）：52-56.

Grunert K G. 2005. Food quality and safety consumer perception and demand. European Review of Agricultural Economics，32（3）：369-391.

Henson S，Caswell J. 1999. Food safety regulation：an overview of contemporary issues. Food Policy，24（6）：589-603.

Hoornstra E，Northolt M D，Nortermans S，et al. 2001. The use of quantitative risk assessment in HACCP. Food Control，（12）：229-234.

IOM. 1992. Emerging Infections：Microbial Threats to Health in the United States. Washington：National Academy Press.

IOM. 1997. American's Vital Interest in Global Health. Washington：National Academy Press.

John B T，Robert P K. 2001. Infectious Disease and National Security. Strategic Review，13.

John T C. 1993. Modeling the macroeconomic effects of AIDS：with an application to Tanzania. World Bank Economic Review，7（2）：173-189.

Kuiper H A，Kleter G A，Noteborn H P，et al. 2001. Assessment of the food safety issues related to genetically modified foods. The Plant Journal，27（6）：503-528.

Le Hello S，Hendriksen R S，Doublet B，et al. 2011. International spread of an epidemic population of Salmonella enterica serotype Kentucky ST198 resistant to ciprofloxacin. Journal of Infectious Diseases，204（5）：675-684.

Morens D M，Folkers G K，Fauci A S. 2004. The challenge of emerging and re-emerging infectious diseases. Nature，430（8）：242-249.

NIH. 1976. NIH guidelines for research involving recombinant DNA molecules. Federal Register，51（88）：16958.

OECD. 2011. Future Global Shocks. http：//www.oecd-ilibrary.org/governance/future-global-shocks_9789264114586-en[2011-8-4].

Petro J B，Plasse T R，McNulty J A. 2003. Biotechnology impact on biological warfare and biodefence. Biosecur Bioterror，1（3）：161-168.

Pimente D. 2005. Environmental consequences and economic costs of alien species. Invasive Plants：Ecological and Agricultural Aspects，269-276.

Séralini G E，Clair E，Mesnage R，et al. 2012. Long term toxicity of aroundup herbicide and a roundup-tolerant genetically modifiedmaize. Food Chem Toxicol，50（11）：4221-4231.

Shelton A M，Zhao J Z，Roush R T. 2002. Economic，ecological，food safety，and social consequences of the deployment of Bt transgenic plants. Annual Review of Entomology，47：845-881.

Tompkin R B. 2001. Interactions between government and industry food safety activities. Food Control，（12）：203-207.

United Nations. 2004. United Nations Secretary-General's High-Level Panel on Threats，Challenges and Change，A More Secure Word：Our Shared Responsibility. New York：United Nations.

United States Congress. 2001. USA Patriot Act. http：//www.usapatriotact.com/usapatriotact.htm [2001-10-24].

Unnevehr L J，Jensen H H. 1999. The economic implications of using HACCP as a food safety regulatory standard. Food Policy，24（6）：625-635.

White House. 2010. National Security Strategy Report. http://159.226.251.229/videoplayer/national_security_strategy.pdf?ich_u_r_i=662d70117500a2e5d5e824254983c79b&ich_s_t_a_r_t=0&ich_e_n_d=0&ich_k_e_y=1445088911750263582461&ich_t_y_p_e=1&ich_d_i_s_k_i_d=4&ich_u_n_i_t=1 [2010-5-7].

WHO. 2012. Global Tuberculosis Report 2012. http：//www.who.int/tb/publications/global_report/gtbr12_main.pdf[2012-6-7]

WHO. 2013. World Health Statistics 2013. http://apps.who.int/iris/bitstream/10665/81965/1/9789241564588_eng. pdf?ua=1[2013-5-3].

Wilcock A，Pun M，Khanona J，et al. 2004. Consumer attitudes，knowledge and behavior：a review of food safety issues. Trends in Food Science&Technology，15：56-66.

附　录

附录 1　主要法律法规

近年来，国家质量监督检验检疫总局、卫生部、国家食品药品监督管理局等部门都发布了与生物安全相关的法律法规，形式包括通知、公告、函、管理办法等。附表 1 列出的是 2011 年和 2012 年国家有关部门发布的与生物安全相关的法律法规。

附表 1　近两年发布的与生物安全相关的法律法规

法律法规	发布部门	发布日期
关于防止巴西疯牛病传入我国的公告	国家质量监督检验检疫总局、农业部	2012.12.19
关于防止苏丹黄热病传入我国的公告	国家质量监督检验检疫总局	2012.11.28
关于防止葡萄牙登革热传入我国的公告	国家质量监督检验检疫总局	2012.10.25
关于防止丹麦、瑞士施马伦贝格病传入我国的公告	国家质量监督检验检疫总局、农业部	2012.10.9
关于防止乌克兰非洲猪瘟传入我国的公告	国家质量监督检验检疫总局、农业部	2012.10.9
关于贯彻落实《国务院关于加强食品安全工作的决定》的意见	国家质量监督检验检疫总局	2012.9.28
关于防止刚果民主共和国霍乱传入我国的公告	国家质量监督检验检疫总局	2012.8.15
出入境人员携带物检疫管理办法	国家质量监督检验检疫总局	2012.8.2
关于防止墨西哥高致病性禽流感传入我国的公告	国家质量监督检验检疫总局、农业部	2012.7.18
关于防止埃及、印度尼西亚和柬埔寨等国人感染高致病性禽流感传入我国的公告	国家质量监督检验检疫总局	2012.6.8

续表

法律法规	发布部门	发布日期
关于加强进口菲律宾水果检验检疫有关问题的通知	国家质量监督检验检疫总局	2012.5.2
关于进口阿根廷玉米植物检验检疫要求的公告	国家质量监督检验检疫总局	2012.4.20
关于进口老挝玉米植物检验检疫要求的公告	国家质量监督检验检疫总局	2012.4.20
关于防止荷兰低致病性禽流感传入我国的公告	国家质量监督检验检疫总局、农业部	2012.4.18
关于防止施马伦贝格病传入我国的公告	国家质量监督检验检疫总局、农业部	2012.4.17
关于防止贝宁、布基纳法索等非洲5国流行性脑膜炎传入我国的公告	国家质量监督检验检疫总局	2012.4.11
关于防止尼日利亚拉沙热传入我国的公告	国家质量监督检验检疫总局	2012.4.5
关于防止埃及、印度尼西亚、孟加拉国和越南等国人感染高致病性禽流感传入我国的公告	国家质量监督检验检疫总局	2012.3.23
关于防止意大利新城疫传入我国的公告	国家质量监督检验检疫总局、农业部	2012.3.20
关于防止越南人感染高致病性禽流感传入我国的公告	国家质量监督检验检疫总局	2012.2.3
关于防止俄罗斯绵羊痘和山羊痘传入我国的公告	国家质量监督检验检疫总局、农业部	2012.2.2
关于防止柬埔寨人感染高致病性禽流感传入我国的公告	国家质量监督检验检疫总局	2012.1.31
关于防止印度尼西亚人感染高致病性禽流感传入我国的公告	国家质量监督检验检疫总局	2012.1.17
关于进一步做好复配食品添加剂监管工作的通知	国家质量监督检验检疫总局	2011.12.31
关于防止塞内加尔黄热病传入我国的公告	国家质量监督检验检疫总局	2011.12.26
关于防止埃及人感染高致病性禽流感传入我国的公告	国家质量监督检验检疫总局	2011.12.8
关于防止伊朗高致病性禽流感传入我国的公告	国家质量监督检验检疫总局	2011.11.7
关于食品添加剂对羟基苯甲酸丙酯等33种产品监管工作的公告	国家质量监督检验检疫总局	2011.11.4
关于防止印度尼西亚人感染高致病性禽流感传入我国的公告	国家质量监督检验检疫总局	2011.10.19
关于防止非洲、欧洲和美洲麻疹传入我国的公告	国家质量监督检验检疫总局	2011.10.13
关于做好复配食品添加剂生产监管工作的通知	国家质量监督检验检疫总局	2011.9.14

续表

法律法规	发布部门	发布日期
进出口食品安全管理办法	国家质量监督检验检疫总局	2011.9.13
关于防止柬埔寨和埃及人感染高致病性禽流感传入我国的公告	国家质量监督检验检疫总局	2011.9.9
关于防止刚果霍乱传入我国的公告	国家质量监督检验检疫总局	2011.7.28
关于防止巴基斯坦脊髓灰质炎传入我国的公告	国家质量监督检验检疫总局	2011.7.25
关于防止美国明尼苏达州低致病性禽流感传入我国的公告	国家质量监督检验检疫总局	2011.7.23
关于防止荷兰低致病性禽流感传入我国的公告	国家质量监督检验检疫总局	2011.7.11
关于进一步加强食品添加剂标识标注监管工作的通知	国家质量监督检验检疫总局	2011.6.27
关于防止印度尼西亚和柬埔寨人感染高致病性禽流感传入我国的公告	国家质量监督检验检疫总局	2011.6.15
关于防止乍得脊髓灰质炎传入我国的公告	国家质量监督检验检疫总局	2011.6.15
关于防止德国出血性大肠杆菌传入我国的公告	国家质量监督检验检疫总局	2011.6.1
关于防止科特迪瓦脊髓灰质炎传入我国的公告	国家质量监督检验检疫总局	2011.5.11
关于防止麻疹传入我国的公告	国家质量监督检验检疫总局	2011.4.26
关于公布《进出口食品添加剂检验检疫监督管理工作规范》的公告	国家质量监督检验检疫总局	2011.4.18
关于通报进一步加强从日本进口食品农产品检验检疫监管措施的函	国家质量监督检验检疫总局	2011.4.8
口岸艾滋病预防控制管理办法	国家质量监督检验检疫总局	2011.4.8
关于防止孟加拉国人感染高致病性禽流感传入我国的公告	国家质量监督检验检疫总局	2011.3.25
关于防止塞拉利昂黄热病传入我国的公告	国家质量监督检验检疫总局	2011.3.18
关于防止乍得流行性脑膜炎疫情传入我国的公告	国家质量监督检验检疫总局	2011.3.15
关于食品添加剂稀释过氧化苯甲酰和过氧化钙监管工作的公告	国家质量监督检验检疫总局	2011.3.9
关于做好今冬明春突发急性呼吸道传染病防控工作的通知	卫生部	2012.12.13
性病防治管理办法	卫生部	2012.11.23

续表

法律法规	发布部门	发布日期
关于加强艾滋病患者和病毒感染者医疗服务工作的通知	卫生部	2012.11.23
关于加强肠道传染病防控工作的通知	卫生部	2012.11.2
贯彻落实国务院关于加强食品安全工作的决定的通知	卫生部	2012.9.4
关于加强抗菌药物临床应用和细菌耐药监测工作的通知	卫生部	2012.6.1
关于禁止餐饮服务单位采购、贮存、使用食品添加剂亚硝酸盐的公告	卫生部、国家食品药品监督管理局	2012.5.28
关于印发全国消除麻风病危害规划实施方案（2012—2020 年）的通知	卫生部	2012.5.18
关于进一步加强布鲁氏菌病防治工作的通知	卫生部、农业部	2012.5.8
关于进一步加强托幼机构和小学手足口病防控工作的通知	卫生部、教育部	2012.4.28
关于立即暂停使用媒体曝光的 13 个铬超标产品的通知	卫生部	2012.4.19
关于做好手足口病等重点传染病防治工作的通知	卫生部	2012.3.22
关于增补结核感染 T 细胞检测（免疫斑点法）和 EB 病毒 Rta 蛋白抗体 IgG 检测两项临床检验项目的通知	卫生部	2012.1.11
关于加强脊髓灰质炎和麻疹防控工作的通知	卫生部	2012.1.11
关于进一步加强手足口病防治工作的通知	卫生部	2011.12.8
关于印发《食品安全事故流行病学调查工作规范》的通知	卫生部	2011.11.24
关于印发《全国消除麻风病危害规划（2011—2020 年）》的通知	卫生部	2011.9.23
关于印发 2011 年国家食品安全风险监测督查工作方案的通知	卫生部	2011.9.5
关于预防和控制食物中毒发生的预警公告	卫生部	2011.9.2
关于发布食品安全国家标准《复配食品添加剂通则》的公告	卫生部	2011.7.5
关于印发《肠出血性大肠杆菌 O104：H4 感染诊疗指导原则（试行）》的通知	卫生部	2011.6.24
关于加强现制现售饮用水卫生监督管理的通知	卫生部	2011.6.17
关于进一步加强肠道传染病防控工作的通知	卫生部	2012.6.16

续表

法律法规	发布部门	发布日期
关于印发《人间传染的病原微生物菌（毒）种保藏机构指定工作细则》的通知	卫生部	2011.6.12
关于做好输入性肠出血性大肠杆菌感染防控工作的通知	卫生部	2011.5.30
关于印发《卫生部突发中毒事件卫生应急预案》的通知	卫生部	2011.5.12
关于进一步做好手足口病防治工作的通知	卫生部	2010.5.3
关于做好严厉打击食品非法添加行为切实加强食品添加剂监管工作的通知	卫生部	2011.4.25
指定食品添加剂产品标准的有关要求的公告	卫生部	2011.4.19
关于印发《三级综合医院评审标准（2011 年版）》的通知	卫生部	2011.4.18
关于加强学校传染病防控监督检查工作的通知	卫生部	2011.3.8
关于印发《食品安全地方标准管理办法》的通知	卫生部	2011.3.2
关于印发《预防艾滋病、梅毒和乙肝母婴传播工作实施方案》的通知	卫生部	2011.2.12
关于切实加强食品调味料和食品添加剂监督管理的紧急通知	卫生部	2011.1.20
关于印发《三级综合医院医疗质量管理与控制指标（2011 年版）》的通知	卫生部	2011.1.14
关于规范食品添加剂标准管理的公告	卫生部、国家质量监督检验检疫总局	2011.2.28
关于加强食物中毒预防控制和应急处置工作的通知	卫生部、国家食品药品监督管理局	2011.9.8
关于加强人类遗传资源保护管理工作的通知	科技部、卫生部、国家人口和计划生育委员会	2012.6.2
关于三聚氰胺在食品中的限量值的公告	卫生部、工业和信息化部、农业部、国家工商行政管理总局、国家质量监督检验检疫总局	2011.4.6
关于印发《全国鼠疫防治“十二五”规划（2011～2015年）》的通知	卫生部、发展和改革委员会、财政部	2011.9.7
关于贯彻落实国务院决策部署切实加强餐饮服务食品安全监管工作的通知	国家食品药品监督管理局	2012.8.7
关于加强餐饮服务环节禁用亚硝酸盐监管工作的通知	国家食品药品监督管理局	2012.7.12
关于做好农村义务教育学生营养改善计划餐饮服务食品安全监管工作的指导意见	国家食品药品监督管理局	2012.6.21

续表

法律法规	发布部门	发布日期
关于加强和创新餐饮服务食品安全社会监督工作的指导意见	国家食品药品监督管理局	2012.6.14
关于进一步加强农村餐饮食品安全监管工作的指导意见	国家食品药品监督管理局	2012.6.7
关于禁止餐饮服务单位采购、贮存、使用食品添加剂亚硝酸盐的公告	卫生部、国家食品药品监督管理局	2012.5.28
关于进一步做好铬超标胶囊剂药品监督召回和销毁工作的通知	国家食品药品监督管理局	2012.5.25
关于督促做好企业药用明胶和药用胶囊来源公示的通知	国家食品药品监督管理局	2012.5.10
关于对暂时封存的涉嫌铬超标胶囊剂药品进行检验的通知	国家食品药品监督管理局	2012.4.28
关于进一步加强结核病血液检测试剂监管有关事宜的通知	国家食品药品监督管理局	2012.4.16
关于迅速开展中小学食堂食品安全检查的紧急通知	国家食品药品监督管理局、教育部	2012.4.13
关于做好2012年旅游景区餐饮服务食品安全治理工作的通知	国家食品药品监督管理局、国家旅游局	2012.3.31
关于进一步加强餐饮连锁企业食品安全工作的通知	国家食品药品监督管理局	2012.3.24
关于发布保健食品中可能非法添加的物质名单（第一批）的通知	国家食品药品监督管理局	2012.3.16
关于印发2012年餐饮服务食品安全重点工作安排的通知	国家食品药品监督管理局	2012.3.13
关于开展餐饮服务食品安全重点领域课题研究的通知	国家食品药品监督管理局	2012.2.14
关于开展春季学校食堂食品安全专项检查的通知	国家食品药品监督管理局	2012.2.10
关于开展打击利用互联网非法收售药品行为专项行动的通知	国家食品药品监督管理局等部门	2012.1.10
关于加强中秋国庆两节期间餐饮服务食品安全监管工作的通知	国家食品药品监督管理局	2011.9.8
关于印发餐饮服务食品安全操作规范的通知	国家食品药品监督管理局	2011.8.22
关于印发餐饮服务食品检验机构管理规范的通知	国家食品药品监督管理局	2011.8.8
关于加强餐饮服务单位附设甜品站食品安全监管工作的通知	国家食品药品监督管理局	2011.4.18
关于印发餐饮服务食品安全快速检测方法认定管理办法的通知	国家食品药品监督管理局	2011.6.30
关于印发餐饮服务环节“瘦肉精”专项整治实施方案的通知	国家食品药品监督管理局	2011.5.25

续表

法律法规	发布部门	发布日期
关于印发重大活动餐饮服务食品安全监督管理规范的通知	国家食品药品监督管理局	2011.2.15
关于开展严厉打击食品非法添加和滥用食品添加剂专项工作的紧急通知	国家食品药品监督管理局	2011.4.27
关于进一步加强学校食堂食品安全工作的通知	国家食品药品监督管理局办公室、教育部办公厅	2011.8.11
关于迅速开展学校食堂食品安全整治严防食物中毒事件发生的紧急通知	国家食品药品监督管理局、教育部办公厅	2011.10.21
关于秋季开学以来学校食品安全和肠道传染病流行事件的通报	教育部	2012.10.26
关于进一步加强托幼机构和小学手足口病防控工作的通知	卫生部、教育部	2012.4.28
关于迅速开展中小学食堂食品安全检查的紧急通知	国家食品药品监督管理局、教育部	2012.4.13
关于 2012 年学校突发公共卫生事件防控工作第二次预警通知	教育部	2012.4.6
关于做好近期学校常见传染病防控工作的通知	教育部	2012.3.20
关于 2012 年学校突发公共卫生事件防控工作第一次预警通知	教育部	2012.2.8
关于 2011 年学校突发公共卫生事件防控工作第五次预警通知	教育部	2011.12.15
关于近期学校食物中毒和肠道传染病流行事件的通报	教育部	2011.10.13
关于 2011 年学校突发公共卫生事件防控工作第四次预警通知	教育部	2011.6.24
关于 2011 年学校突发公共卫生事件防控工作第三次预警通知	教育部	2011.6.15
关于 2011 年学校突发公共卫生事件防控工作的第二次预警通知	教育部	2011.4.27
关于 2011 年学校突发公共卫生事件防控工作第一次预警通知	教育部	2011.2.11
关于加强学校食品安全管理工作的紧急通知	教育部	2011.9.9
关于进一步做好艾滋病预防工作的通知	国家人口和计划生育委员会	2011.11.9
关于加强餐饮食品安全工作的通知	商务部	2011.8.23
关于发布国家标准《传染病医院建筑施工及验收规范》的公告	住房和城乡建设部	2011.7.26
关于贯彻落实《“瘦肉精”专项整治方案》的通知	工业和信息化部	2011.5.17

续表

法律法规	发布部门	发布日期
关于严厉打击食品非法添加行为严格规范食品添加剂生产经营使用的公告	国务院食品安全委员会	2011.4.22
关于严厉打击食品非法添加行为切实加强食品添加剂监管的通知	国务院办公厅	2011.4.20
关于印发《湖泊生态环境保护试点管理办法》的通知	环境保护部、财政部	2011.6.30
发布进一步禁限用高毒农药管理措施的公告	农业部、工业和信息化部、环境保护部、国家工商行政管理总局、国家质量监督检验检疫总局	2011.6.15

2011 年和 2012 年，国家质量监督检验检疫总局单独发布的与生物安全相关法律法规一共 42 份，其中 3 份通知，4 份管理办法，1 份意见，1 份函和 33 份公告；卫生部单独发布的与生物安全相关法律法规一共 32 份，其中 28 份通知，3 份公告，1 份办法；国家质量监督检验检疫总局和农业部共同发布 8 份与生物安全相关的公告；卫生部和国家质量监督检验检疫总局共同发布 2 份与生物安全相关的公告；卫生部和国家食品药品监督管理局共同发布与生物安全相关的 2 份公告以及 1 份通知等法律法规。

附录 2　重大项目和计划

一、国家重点基础研究发展计划（“973”计划）

1997 年 6 月 4 日，国家科技领导小组第三次会议决定要制定和实施《国家重点基础研究发展规划》，加强国家战略目标导向的基础研究工作，随后由科技部组织实施了国家重点基础研究发展计划，即“973”计划。

“973”计划是以国家重大需求为导向，对我国未来发展和科学技术进步具有战略性、前瞻性、全局性和带动性的基础研究发展计划，主要支持面向国家重大战略需求的基础研究重点领域[①]。

2011 年和 2012 年，“973”计划中与生物安全相关的领域主要有“农业领域”“人口与健康领域”“材料领域”和“综合交叉领域”，具体项目见附表 2。实施期限一般为 5 年。

① 广州生物医药公共服务平台. http：//www.gzbio.net/old/news_content.php?id=1956&menuID=[2011-1-31]

附表 2 生物安全相关"973"计划部分项目清单[①]

项目编号	项目名称	项目首席科学家	项目第一承担单位	项目依托部门
2011CB100100	主要粮食作用骨干亲本遗传效应和利用的基础研究	李立会	中国农业科学院作物科学研究所	农业部
2011CB100200	水稻高产、优质等重要性状的分子机制和设计育种研究	薛勇彪	中国科学院遗传与发育生物学研究所	中国科学院
2011CB100300	作物养分高效利用的信号转导和分子调控网络	凌宏清	中国科学院遗传与发育生物学研究所	中国科学院
2011CB100400	作物多样性对病虫害生态调控和土壤地力的影响	朱有勇	云南农业大学	云南省科学技术厅
2011CB100500	粮食生产区农田地力提升机理与定向培育对策	张佳宝	中国科学院南京土壤研究所	中国科学院 农业部
2011CB100600	重要园艺作物果实品质形成机理与调控	邓秀新	华中农业大学	教育部 湖北省科学技术厅
2011CB100700	植物免疫机制与作物抗病分子设计的重大理论基础	何祖华	中国科学院上海生命科学技术院	中国科学院 农业部
2011CB100800	牛奶重要营养品质形成与调控机理研究	王加启	中国农业科学院北畜牧兽医研究所	农业部
2011CB504300	病毒致癌机制与干预的基础研究	曾益新	中山大学	教育部
2011CB504700	重要病毒跨种间感染与传播致病的分子机制研究	高福	中国科学院微生物研究所	中国科学院
2011CB504800	病毒潜伏感染的分子机制	刘奋勇	武汉大学	教育部 湖北省科学技术厅
2011CB504900	重要病原体变异规律与致病机制研究	金奇	中国医学科学院病原生物学研究所	卫生部
2011CB606200	生物医用材料组织诱导作用的分子机制与设计原理	顾忠伟	四川大学	教育部 四川省科学技术厅
2011CB109300	油料作物优异亲本形成的遗传基础和优良基因资源合理组配与利用	张天真	南京农业大学	教育部
2012CB113900	主要蔬菜重要品质性状形成的遗传机理与分子改良	黄三文	中国农业科学院蔬菜花卉研究所	农业部
2012CB114400	海水养殖动物主要病毒性疫病爆发机理与免疫防治的基础研究	宋林生	中国科学院海洋研究所	山东省科学技术厅中国科学院
2012CB518700	重要病原菌与宿主相互作用分子机制的研究	戈宝学	同济大学	教育部 上海市科学技术委员会
2012CB518800	动物重要病原菌功能基因组与分子致病机理研究	周锐	华中农业大学	教育部 湖北省科学技术厅
2012CB518900	病毒与细胞相互作用导致炎症的基础研究	吴建国	武汉大学	教育部
2012CB519000	重要病毒持续性感染形成和维持的分子机制研究	袁正宏	复旦大学	教育部 上海市科学技术委员会

① 中国教育和科研计算机网. http://www.nmp.gov.cn/zxjs/[2011-8-29]

二、国家高技术研究发展计划（“863”计划）

1986年3月，面对世界高技术蓬勃发展、国际竞争日趋激烈的严峻挑战，邓小平同志在王大珩、王淦昌、杨嘉墀和陈芳允四位科学家提出的《关于跟踪研究外国战略性高技术发展的建议》上，做出“此事宜速作决断，不可拖延”的重要批示。在充分论证的基础上，党中央、国务院果断决策，于1986年11月启动实施了高技术研究发展计划，简称“863”计划。

根据中共中央《高技术研究发展计划（“863”计划）纲要》精神，“863”计划从世界高技术发展的趋势和中国的需要与实际可能出发，坚持“有限目标，突出重点”的方针，选择了生物技术、航天技术、信息技术、激光技术、自动化技术、能源技术和新材料 7 个高技术领域作为我国高技术研究发展的重点（1996年增加了海洋技术领域）[①]。

2011年和2012年，国家“863”计划中与生物安全相关的项目主要在“生物和医药技术领域”和“生物技术领域”[②]。具体项目见附表3。实施期限为2010～2015年。

附表3　2011年生物安全相关“863”计划项目清单

课题编号	课题名称	承担单位	课题组长
2011AA02A101	开放式全自动管式化学发光免疫检测系统的研制	厦门大学	张军
2011AA02A102	CS-9200全自动生化分析检测流水线及配套试剂质控品研制	长春迪瑞医疗科技股份有限公司	牛海军
2011AA02A103	新型临床即时检测分析（POCT）仪器试剂一体化检测系统的研制	广州万孚生物技术有限公司	李文美
2011AA02A104	基于免疫学方法的自动化专用检测分析仪器研制	北京航空航天大学	李德玉
2011AA02A105	新一代高性能五分类血细胞分析系统研制	深圳迈瑞生物医疗电子股份有限公司	William Weigong Li
2011AA02A106	医用新型流式细胞仪研制	苏州生物医学工程技术研究所	武晓东
2011AA02A107	基于荧光检测技术的自动化临床微生物检测分析仪器研制	中国医学科学院北京协和医院	徐英春
2011AA02A108	新型免疫检测技术的研究	重庆医科大学	廖飞
2011AA02A109	新型核酸检测技术的开发及其配套试剂的研制	中山大学达安基因股份有限公司	程钢

① 国家高技术研究发展计划（863计划）. http：//www.863.gov.cn/1/1/index.htm[2013-7-7]

② 中华人民共和国科学技术部通知通告. http：//www.most.gov.cn/tztg/index_28.htm[2013-10-3]

续表

课题编号	课题名称	承担单位	课题组长
2011AA02A113	代谢性疾病、感染性疾病、内分泌性疾病等其他常见疾病体外诊断试剂的研制	北京万泰生物药业股份有限公司	李益民
2011AA02A114	诊断试剂关键性原辅材料的研制	中国科学院生物物理研究所	郑春杨
2011AA02A115	新型体外诊断试剂质量评价体系和国家参考物质研究	中国食品药品检定研究院	白东亭
2011AA02A116	体外诊断产品临床应用质量控制标准与标准物质的研究	卫生部北京医院	李金明
2011AA02A119	自动化临床微生物分析检测仪器的研制	上海交通大学医学院	郭晓奎
2011AA02A120	新型免疫检测技术及高灵敏乳腺珠蛋白等多种免疫检测试剂的研制	中国人民解放军军事医学科学院基础医学研究所	张贺秋
2011AA02A121	核酸快速提取、等温扩增、多重靶标检测、高通量 SNP 分型等关键技术的研究与应用	中国人民解放军第三军医大学	府伟灵
2011AA020103	干细胞促进围手术期肝脏再生修复及移植免疫耐受的应用研究	中国人民解放军总医院	董家鸿
2011AA020104	干细胞和生物人工肝治疗终末期肝病的转化研究	浙江大学医学院附属第一医院	盛吉芳
2011AA020108	干细胞多能性标记物发掘及其关键技术研发	中国科学院动物研究所	周琪
2011AA020109	临床级干细胞分离培养、扩增诱导和保存运输等产业化关键技术研发	中国人民解放军军事医学科学院	裴雪涛
2011AA020111	晚期肝脏疾病的干细胞再生修复及其临床应用	中国人民解放军第四军医大学	韩英
2011AA020114	干细胞应用于恶性血液病放化疗后造血损伤再生修复的研究及临床评价	中国人民解放军军事医学科学院附属医院	陈虎
2011AA020116	多能干细胞的多能性及三胚层诱导分化组织干细胞标志物的研发	南开大学	杨荣存
2011AA020117	原始间充质干细胞新药的研究开发	浙江大学	黄河
2011AA020118	多种干细胞分子标记物的筛选鉴定及干细胞质控技术研究	中国医学科学院血液病医院（血液学研究所）	胡晓
2011AA020119	干细胞临床应用及产业化关键工艺技术开发	江苏领航干细胞再生医学工程有限公司	孟建生

三、国家科技重大专项

国家科技重大专项是为了实现国家目标，通过核心技术突破和资源集成，在一定时限内完成的重大战略产品、关键共性技术和重大工程。

《国家中长期科学和技术发展规划纲要（2006—2020 年）》确定了核心电子器

件、高端通用芯片及基础软件，极大规模集成电路制造技术及成套工艺，新一代宽带无线移动通信，高档数控机床与基础制造技术，大型油气田及煤层气开发，大型先进压水堆及高温气冷堆核电站，水体污染控制与治理，转基因生物新品种培育，重大新药创制，艾滋病和病毒性肝炎等重大传染病防治，大型飞机，高分辨率对地观测系统，载人航天与探月工程等 16 个重大专项，涉及信息、生物等战略产业领域，能源资源环境和人民健康等重大紧迫问题，以及军民两用技术和国防技术[①]。

其中，与生物安全相关的重大专项有“转基因生物新品种培育”“重大新药创制”与“艾滋病和病毒性肝炎等重大传染病防治”。

1. 转基因生物新品种培育专项

转基因生物新品种培育重大专项的目标，是要获得一批具有重要应用价值和自主知识产权的基因，培育一批抗病虫、抗逆、优质、高产、高效的重大转基因生物新品种，提高农业转基因生物研究和产业化整体水平，为我国农业可持续发展提供强有力的科技支撑。实施转基因生物新品种培育重大专项，对于增强农业科技自主创新能力，提升我国生物育种水平，促进农业增效和农民增收，提高我国农业国际竞争力，具有重大战略意义。

转基因生物新品种培育科技重大专项于 2008 年 7 月 9 日经国务院常务会议审议并原则通过。转基因生物新品种培育科技重大专项是《国家中长期科学和技术发展规划纲要（2006—2020 年）》确定的未来 15 年力争取得突破的 16 个重大科技专项之一。

“十二五”期间，转基因专项针对保障食物安全和发展生物育种产业的战略需要，围绕主要农作物和家畜生产，突破基因克隆与功能验证、规模化转基因、生物安全等关键技术，完善转基因生物培育和安全评价体系，获得一批具有重要应用价值和自主知识产权的功能基因，培育一批抗病虫、抗逆、优质、高产、高效的重大转基因新品种，实现新型转基因棉花、优质玉米等新品种产业化，整体提升我国生物育种水平，增强农业科技自主创新能力，促进农业增效农民增收[②]。

2. 重大新药创制专项

为全面落实《国家中长期科学和技术发展纲要（2006—2020 年）》和国务院

① 国家科技重大专项. http://www.nmp.gov.cn/zxjs/[2013-7-25]

② 转基因生物新品种培育专项. http://www.nmp.gov.cn/zxjs/200901/t20090113_2113.htm[2013-7-25]

批准的“重大新药创制”科技重大专项的实施方案，贯彻执行党中央、国务院关于发挥科技重大专项在战略性新兴产业培育、促进经济发展方式转变、深化医药卫生体制改革中支撑作用的指示精神，根据该专项领导小组的具体部署和要求，专项牵头组织实施部门组织总体专家组会同专项实施管理办公室制定了专项“十二五”实施计划（2011～2015 年）①。

该专项“十二五”计划任务框架不变，与“十一五”计划安排相同，其实施内容根据国家有关要求及形势变化有所调整。专项“十二五”计划仍设置“创新药物研究开发”“药物大品种技术改造”“创新药物研究开发技术平台建设”“企业创新药物孵化基地建设”和“新药研究开发关键技术研究”5 个项目，每个项目下设若干专题，专题下设课题。在“十二五”计划期间，专项将分批部署相关任务。2011 年主要启动部分新增课题②。

3. 艾滋病和病毒性肝炎等重大传染病防治专项

为全面落实《国家中长期科学和技术发展规划纲要（2006—2020 年）》和国务院批准的“艾滋病和病毒性肝炎等重大传染病防治”科技重大专项实施方案，贯彻落实党中央、国务院关于发挥科技重大专项在保障民生，培育战略性新兴产业，促进经济发展方式转变，深化医药卫生体制改革中的支撑作用的重要指示精神，根据该专项领导小组的具体部署和要求，专项牵头组织实施部门组织总体专家组会同专项实施管理办公室，根据专项实施方案和我国传染病防治工作的需要，制定了专项“十二五”实施计划（2011～2015 年）③。

该专项“十二五”计划与“十一五”计划的主要任务框架保持不变，设置“新发突发传染病应急与综合防控能力建设”“艾滋病”“病毒性肝炎”“结核病”“中医药防治传染病”5 个项目。项目下设若干专题（或技术平台），专题（或技术平台）下设课题。在“十二五”计划期间，专项将分批部署任务。2011 年主要安排新发突发传染病应急处置急需的少量新增课题④（附表 4）。

---

① 重大新药创制专项.http：//www.nmp.gov.cn/zxjs/200901/t20090113_2112.htm[2013-7-25]

② 国家科技计划项目申报中心.http：//program.most.gov.cn/htmledit/C2D903B8-84D4-4A3B-39A6-057C7C0BCEF3.html[2010-5-11]

③ 艾滋病和病毒性肝炎等重大传染病防治专项. http：//www.nmp.gov.cn/zxjs/200901/t20090113_2111.htm[2013-7-25]

④ 国家科技计划项目申报中心. http：//program.most.gov.cn/htmledit/FDB128D2-0257-542A-F087-EBBB1E8F4C94.html[2010-5-25]

附表 4 “艾滋病和病毒性肝炎等重大传染病防治”科技重大专项“十一五”计划第一批课题任务

项目	编号	项目（课题）名称	牵头单位
艾滋病项目	2008ZX10001-001	艾滋病病人的疾病进展相关因素研究	中国医科大学
	2008ZX10001-002	艾滋病致病及免疫保护机理研究	中国科学院武汉病毒研究所
	2008ZX10001-003	我国艾滋病流行规律、疫情评估和预测方法研究	中国疾病预防控制中心性病艾滋病预防控制中心
	2008ZX10001-004	我国艾滋病病毒基因变异规律和耐药监测技术研究	中国人民解放军军事医学科学院微生物流行病研究所
	2008ZX10001-005	防治性病对预防艾滋病的作用研究	中国医学科学院皮肤病研究所
	2008ZX10001-006	成人艾滋病患者抗病毒治疗和免疫重建	中国医学科学院北京协和医院
	2008ZX10001-007	儿童艾滋病患者抗病毒治疗研究	中国疾病预防控制中心性病艾滋病预防控制中心
	2008ZX10001-008	艾滋病合并 HCV 和 TB 的抗病毒治疗研究	广州市第八人民医院
	2008ZX10001-009	中国艾滋病患者的免疫治疗	中国疾病预防控制中心病毒病预防控制所
	2008ZX10001-010	创新性复制非复制载体艾滋病疫苗研究	中国疾病预防控制中心性病艾滋病预防控制中心
	2008ZX10001-011	创新性艾滋病黏膜疫苗的研究	中国医学科学院病原生物学研究所
	2008ZX10001-012	创新性艾滋病疫苗的前期研究	吉林大学
	2008ZX10001-013	艾滋病诊断和预防技术研究与产品研制	上海科华生物工程股份公司
	2008ZX10001-014	新型艾滋病诊断技术及试剂的研究	中国科学院生物物理研究所
	2008ZX10001-015	艾滋病生物预防技术研究与产品研制	南京大学
	2008ZX10001-016	重点人群减少艾滋病感染预防技术研究	中国疾病预防控制中心性病艾滋病预防控制中心
病毒性肝炎项目	2008ZX10002-001	我国乙型病毒性肝炎免疫预防策略研究	中国疾病预防控制中心
	2008ZX10002-002	新型乙型病毒性肝炎预防性疫苗的研究	北京生物制品研究所
	2008ZX10002-003	新型乙型病毒性肝炎治疗性疫苗的研究	复旦大学
	2008ZX10002-004	慢性乙型肝炎临床治疗方案的优化及影响疗效的因素	南方医科大学南方医院
	2008ZX10002-005	重型乙型病毒性肝炎临床治疗的新方案、新方法研究	浙江大学
	2008ZX10002-006	慢性乙型肝炎临床转归及相关影响因素的研究	重庆医科大学
	2008ZX10002-007	影响乙型病毒性肝炎重症化转归的机制研究	浙江大学

续表

项目	编号	项目（课题）名称	牵头单位
病毒性肝炎项目	2008ZX10002-008	基于免疫学的抗乙肝病毒免疫治疗研究	中国科学技术大学
	2008ZX10002-009	抗乙肝病毒的新靶标研究	武汉大学
	2008ZX10002-010	基于病毒学的抗乙肝病毒免疫治疗研究	复旦大学
	2008ZX10002-011	乙型病毒性肝炎病毒感染模型	华中科技大学
	2008ZX10002-012	乙型和丙型病毒性肝炎诊断及临床监测的研究	北京大学
	2008ZX10002-013	丙型病毒性肝炎的临床转归及难治性丙型病毒性肝炎机制和治疗方案优化的研究	北京大学人民医院
	2008ZX10002-014	难治性丙型肝炎生物学特性及其创新治疗方案的前期研究	中国科学院上海生命科学研究院巴斯德研究所
	2008ZX10002-015	经肝炎向肝癌发展病程中的流行病学研究	中国医学科学院肿瘤医院
	2008ZX10002-016	肝炎进展为肝癌的风险预测和早期诊断研究	中国人民解放军军事医学科学院放射与辐射医学研究所
	2008ZX10002-017	肝炎进展为肝癌的早期诊断标志物筛选与诊断试剂研制	中国人民解放军第二军医大学东方肝胆外科医院
	2008ZX10002-018	病毒性肝炎相关肝癌样本库及其相关信息共享数据库的建设与维护	中国人民解放军第二军医大学东方肝胆外科医院
	2008ZX10002-019	病毒性肝炎相关肝癌代谢紊乱的机制和用药指导研究	中国科学院大连化学物理研究所
	2008ZX10002-020	病毒性肝炎相关肝癌发生发展的分子网络调控机制与干预位点研究	复旦大学
	2008ZX10002-021	病毒性肝炎相关肝癌转移复发的分子标志预测与干预新策略研究	复旦大学
	2008ZX10002-022	病毒性肝炎相关肝癌干细胞等治疗新思路、新技术的研究及应用	上海市肿瘤研究所
	2008ZX10002-023	病毒性肝炎相关肝癌生物治疗临床新方案、新产品的研究和应用	中国人民解放军第二军医大学
	2008ZX10002-024	病毒性肝炎相关肝癌抗体靶向治疗的临床评估和新方法研究和应用	中国人民解放军第四军医大学
	2008ZX10002-025	病毒性肝炎相关肝癌综合治疗规范化和新策略的系统性研究	中国人民解放军第二军医大学东方肝胆外科医院
	2008ZX10002-026	肝癌抗复发转移治疗临床新体系的研究和应用	浙江大学
结核病项目	2008ZX10003-001	结核病诊断技术及产品的研究	中国人民解放军总医院第二附属医院
	2008ZX10003-002	结核病组合诊断及设备的研究	博奥生物有限公司暨生物芯片北京国家工程研究中心
	2008ZX10003-003	结核病药敏及快速诊断技术和产品的研究	复旦大学

续表

项目	编号	项目（课题）名称	牵头单位
结核病项目	2008ZX10003-004	耐药结核病及免疫学诊断技术和产品的研究	厦门大学
	2008ZX10003-005	结核病诊断分子标识研究	中国医学科学院病原生物学研究所
	2008ZX10003-006	结核病靶标研究	中国医学科学院医药生物技术研究所
	2008ZX10003-007	结核病发病模式研究	中国疾病预防控制中心结核病预防控制中心
	2008ZX10003-008	结核病预警模式研究	中国疾病预防控制中心
	2008ZX10003-009	结核病流行规律研究	北京市结核病胸部肿瘤研究所
	2008ZX10003-010	结核病传播模式研究	复旦大学
	2008ZX10003-011	结核分枝杆菌感染的免疫机制研究	复旦大学
	2008ZX10003-012	结核病免疫保护机制研究	中国医学科学院病原生物学研究所
	2008ZX10302-013	结核病疫苗研究	四川大学
	2008ZX10003-014	耐多药结核病综合治疗研究	北京市结核病胸部肿瘤研究所
	2008ZX10003-015	复发性结核病治疗的研究	同济大学附属上海市肺科医院
	2008ZX10003-016	结核病治疗新方法的研究	中国人民解放军总医院第二附属医院
新发突发传染病应急与综合防控能力建设项目	2008ZX10004-001	未知病原体筛查体系和罕见病原体检测技术研究	中国疾病预防控制中心病毒病预防控制所
	2008ZX10004-002	传染病病原体诊断和组合检测技术研究	中国疾病预防控制中心传染病预防控制所
	2008ZX10004-003	传染病病原体快速检测新技术和罕见感染性热症快速诊断试剂研制	军事医学科学院微生物流行病研究所
	2008ZX10004-004	现场及多重、快速、高灵敏传染病检测新技术研发	中国科学院武汉病毒所
	2008ZX10004-005	传染病诊断新型技术研究	中国科学院生物物理研究所
	2008ZX10004-006	伤寒、痢疾等病原体诊断试剂盒研制	深圳市疾病预防控制中心
	2008ZX10004-007	传染病诊断试剂产品化	中山大学达安基因股份有限公司
	2008ZX10004-008	病原体网络化监测技术研究	中国疾病预防控制中心传染病预防控制所
	2008ZX10004-009	病原体变异分析技术研究	军事医学科学院微生物流行病研究所
	2008ZX10004-010	重要病媒生物监测和传播相关病原体检测技术研究	军事医学科学院微生物流行病研究所
	2008ZX10004-011	重要寄生虫病检测和监测技术研究	中国疾病预防控制中心寄生虫病预防控制所
	2008ZX10004-012	传染病多维信息集成分析与传播风险预测技术研究	军事医学科学院微生物流行病研究所

续表

项目	编号	项目（课题）名称	牵头单位
新发突发传染病应急与综合防控能力建设项目	2008ZX10004-013	传染病预测预警全息模型的建立与应用	中国疾病预防控制中心病毒病预防控制所
	2008ZX10004-014	传染病新型疫苗研制	中国医学科学院医学生物学研究所
	2008ZX10004-015	重大传染病疫苗应急快速制备技术和重大传染病保护性抗原筛选	北京微谷生物医药有限公司
中医药防治重大传染病项目	2008ZX10005-001	艾滋病中医证候学研究	中国中医科学院
	2008ZX10005-002	无症状 HIV 感染者中医药早期干预研究	河南省中医药研究院
	2008ZX10005-003	艾滋病机会性感染及减少 HAART 毒副作用的中医药治疗方案/方法研究	北京地坛医院
	2008ZX10005-004	中医药对 HAART 后免疫重建功能的影响研究	中国中医科学院广安门医院
	2008ZX10005-005	抗 HIV 中药复方优化及中医动物模型研究	广州中医药大学
	2008ZX10005-006	慢性乙型肝炎证候规律及中西医结合治疗方案研究	北京中医药大学
	2008ZX10005-007	慢性重型肝炎证候规律及中西医结合治疗方案研究	中国人民解放军第 302 医院
	2008ZX10005-008	慢性乙肝病毒携带者的证候规律及中医药治疗方案研究	广州中医药大学深圳附属医院（深圳市中医院）
	2008ZX10005-009	慢性丙型肝炎证候规律及中西医结合治疗方案研究	上海中医药大学附属曙光医院
	2008ZX10005-010	肺结核证候规律及中西医结合治疗方案研究	吉林省中医药科学院
	2008ZX10005-011	耐药肺结核中医药治疗方案研究	上海中医药大学附属龙华医院
	2008ZX10005-012	中医药治疗艾滋病疗效评价标准研究	中国中医科学院中医临床基础医学研究所
	2008ZX10005-013	重大传染病中医药应急救治能力建设	中国中医科学院中医基础理论研究所

四、国家重大科学研究计划

国家重大科学研究计划是《国家中长期科学和技术发展规划纲要（2006—2020 年）》部署的、引领未来发展、对科学和技术发展有很强带动作用的基础研究发展计划。

围绕贯彻落实《国家中长期科学和技术发展规划纲要（2006—2020年）》任务，科技部2011年继续部署国家重大科学研究计划项目。国家重大科学研究计划2011年继续坚持前瞻性部署，在“蛋白质研究”“量子调控研究”“纳米科学研究”“发育与生殖研究”“全球变化研究”和“干细胞研究”等6个计划中立项64个项目，投入总经费15.6亿元[①]。其中，与生物安全相关的主要有“纳米科学研究”“蛋白质研究”和“干细胞研究”。[②]

1. 纳米研究领域科技计划

纳米科学研究国家重大科学研究计划主要包括7个研究方向：

（1）纳米材料的基础科学问题；

（2）纳米材料的宏量可控制备和应用；

（3）纳米材料的新型表征方法与技术；

（4）重大疾病检测技术与生物医用纳米材料；

（5）新型纳米药物；

（6）环境纳米材料与技术；

（7）培育和发展战略性新兴产业的纳米材料与器件。

2. 蛋白质研究国家重大科学研究计划

蛋白质研究国家重大科学研究计划主要包括2个研究方向：

（1）天然免疫应答过程中重要蛋白质结构与功能；

（2）病原体与宿主细胞相互作用的分子机制研究。

3. 干细胞研究国家重大科学研究计划

干细胞研究国家重大科学研究计划主要包括6个研究方向：

（1）多能干细胞定向分化为特定的组织细胞类型；

（2）细胞类型转换及其机制研究；

（3）细胞周期调控与干细胞干性维持；

（4）体内干细胞自我更新与分化；

（5）建立内胚层干细胞的生物识别标记；

（6）干细胞治疗的基础和转化机制。

---

① 强化科学目标导向为“十二五”国民经济和社会发展提供坚实科学基础——973计划和国家重大科学研究计划2011年项目实施会在京召开. http：//www.most.gov.cn/kjbgz/201104/t20110429_86339.htm[2011-5-3]

② 关于发布国家重大科学研究计划 2011 年度项目申报指南的通知. http：//www.gzbio.net/old/news_content.php?id=2045&menuID=[2011-3-7]

五、国家科技支撑计划

国家科技支撑计划是为贯彻落实《国家中长期科学和技术发展规划纲要（2006—2020 年）》，主要面向国民经济和社会发展需求，重点解决经济社会发展中的重大科技问题，集成全国优势科技资源进行统筹部署，为国民经济和社会发展提供有效支撑，在原国家科技攻关计划的基础上，设立国家科技支撑计划。

国家支撑计划重点支持能源、资源、环境、农业、材料、制造业、交通运输、信息产业与现代服务业、人口与健康、城镇化与城市发展、公共安全及其他社会事业等领域的研发与应用示范。2011 年支撑计划项目中与生物安全相关的项目主要有“重大疾病动物模型和实验动物资源的标准化及评价体系的建立”“互联网药品市场监测及公共服务关键技术研究开发与应用示范”“人兽共患病感染动物模型技术研究及我国特有野生动物实验动物化”“产品质量安全检测技术与仪器设备研发”“食品质量安全控制关键技术研究与示范”“农产品产前质量安全控制及应急技术标准研究”“动物疫苗关键生产技术研究与开发”[①]。

1. 重大疾病动物模型和实验动物资源的标准化及评价体系的建立

为贯彻落实《国家中长期科学和技术发展规划纲要（2006—2020 年）》，在广泛征求各有关部门（单位）、地方对人类重大疾病动物模型和实验动物资源的标准化及评价体系的需求以及项目建议的基础上，科技部决定启动国家科技支撑计划项目“重大疾病动物模型和实验动物资源的标准化及评价体系的建立”。该项目旨在通过建立重大疾病动物模型和实验动物资源的标准化及评价体系，促进实验动物标准化进程，为我国科技自主创新、重大疾病防控和人类健康提供强有力的支撑。

课题 1：实验动物新品种的种群建立与质量标准化研究

课题 2：重大疾病动物模型制作与评价体系研究

课题 3：实验动物质量保证条件和认可评价关键技术研究与示范

本项目实施期限为 5 年。

2. 互联网药品市场监测及公共服务关键技术研究开发与应用示范

为贯彻《国家中长期科学和技术发展规划纲要（2006—2020 年）》和《中华人民共和国国家国民经济和社会发展第十二个五年规划纲要》精神，优先支持现代服务业信息支撑技术及大型应用软件研究与推广，科技部决定启动“十一五”国家科技支撑

① 中华人民共和国科学技术部科技计划项目申报. http：//www.most.gov.cn/kjjh/[2013-10-8]

计划“互联网药品市场监测及公共服务关键技术研究开发与应用示范”重点项目。

该项目将面向我国互联网药品市场发展过程中面临的互联网药品市场管理方式与手段落后、公共服务不到位等突出问题，研究开发互联网药品信息管理与发布技术、互联网药品信息及广告信息智能化全程在线监测技术、互联网药品安全交易技术等共性关键技术，制定与开发相关技术规范与系统，有效保障互联网药品的质量和服务，杜绝网络交易的欺诈和犯罪行为，维护百姓用药安全，促进我国互联网药品市场健康快速发展。

该项目设置 4 个课题，其中课题 1 为定向委托，课题 2、课题 3、课题 4 为公开申报。

课题 1：互联网药品市场主体管理技术与平台研究开发

课题 2：互联网药品信息管理及智能监测技术与系统研究开发

课题 3：互联网药品安全交易技术与系统研究开发

课题 4：互联网药品信息监测及公共服务平台集成和运营维护研究开发与应用示范

该项目实施年限为 2.5 年（2009 年 7 月～2011 年 12 月）。

3. 人兽共患病感染动物模型技术研究及我国特有野生动物实验动物化

为贯彻落实《国家中长期科学和技术发展规划纲要（2006—2020 年）》和《国民经济和社会发展第十一个五年规划纲要》，在广泛征求各有关部门（单位）、地方对人兽共患病感染动物模型的需求以及项目建议的基础上，科技部决定启动“十一五”国家科技支撑计划重点项目“人兽共患病感染动物模型技术研究及我国特有野生动物实验动物化”。该项目旨在通过开展野生动物实验动物化和人兽共患病感染动物模型的研究，探索野生动物源性人兽共患传染病的致病机理、发生发展规律、防治措施，为我国科技自主创新、疾病防控和人类健康提供强有力的支撑。

课题 1：重要人兽共患病野生动物野生和室内种群实验室感染模型的建立及差异性研究

课题 2：野生动物人工种群的生物净化及相关疾病动物模型的建立与评价

该项目实施期限为 2 年（2009～2011 年）。

4. 产品质量安全检测技术与仪器设备研发

为贯彻落实《国家中长期科学和技术发展规划纲要（2006—2020 年）》《国民经济和社会发展第十一个五年规划纲要》和《国务院关于加强产品质量和食品安全工作的通知》，解决我国产品质量安全检验检测工作中存在的“检不了、检不出、检不准、检得慢”等突出问题，提升产品质量安全检验检测工作的基础支撑能力，科学技术部决定启动“十一五”国家科技支撑计划重点项目“产品质量安全检测技术与仪器设备研发”，并委托国家质量监督检验检疫总局为该项目的组织部门。

课题：食品安全现场快速检测急需的设备研制

主要研究内容包括：

（1）强致癌污染物超痕量分析专用的前处理设备研发；

（2）气相色谱大体积进样器研发；

（3）便携式拉曼光谱仪研发；

（4）食品包装材料阻隔性能测试装置的研制；

（5）食品油掺假现场快速检测仪研发；

（6）饮用水中溴酸盐快速定量检测仪研发。

课题实施年限为 2 年（2009～2011 年）。

5. 食品质量安全控制关键技术研究与示范

为贯彻《国家中长期科学和技术发展规划纲要（2006—2020 年）》精神，全面提升我国食品质量安全控制技术创新能力及科技水平，科技部决定启动“十一五”国家科技支撑计划“食品质量安全控制关键技术研究与示范”重点项目。该项目旨在通过食品质量安全控制关键技术的研究与示范，建立一批能够带动安全水平全面提高的示范基地和产学研紧密结合的食品安全科技创新平台，为全面提高我国食品质量安全的过程监测水平与控制能力和我国食品的国际竞争力提供技术支撑。

从食品质量安全控制共性关键技术研究与产业化开发研究与示范两个层面设立 9 个课题。具体包括共性关键技术研究与产业化示范。

1）共性关键技术研究

课题 1：食品主要致病微生物控制技术研究与开发

课题 2：食品主要化学性有害物控制技术研究与开发

课题 3：食品安全快速检测技术研究与新产品开发

课题 4：食品包装材料主要有害物质控制技术研究

2）产业化示范

课题 5：传统发酵食品质量安全控制技术研究与产业化示范

课题 6：乳制品质量安全控制技术研究与产业化示范

课题 7：即食食品质量安全控制技术研究与产业化示范

课题 8：食用油质量安全控制技术研究与产业化示范

课题 9：食品冷链流通质量安全控制与溯源技术研究及产业化示范

该项目实施年限为 3 年（2009 年 1 月～2011 年 12 月）。

6. 农产品产前质量安全控制及应急技术标准研究

针对我国农产品产前质量安全控制方面存在的标准缺、标准不科学等关键问题，从落实我国《农产品质量安全法》的迫切需求出发，按照“源头控制为主”和“基于风险评估”的国际通行的食品安全科学管理的理念和要求，重点开展产地环境安全性评价技术、农产品中关键有毒有害物质残留限量及重要农产品主要争议性重金属限量值的再评价等研究，提出一批当前我国农产品质量安全监管及应对国外技术壁垒所急需的农产品产地质量安全评价、农产品中农兽药残留和重金属等有害物质最大允许限量建议值及有关技术研究报告，为制定相关的农产品质量安全标准、强化农产品质量安全监管提供强有力科技支撑。

该项目重点开展农产品种植、养殖产地环境安全评价与分类技术标准研究，开展主要替代农药、自创兽药、常用植物生长调节剂在主要农产品中最大残留允许限量研究，开展重点农产品主要争议性重金属限量值的再评价，开展保障重要农产品质量安全的技术规程和检测方法标准研究，根据研究内容设置 7 个课题。

课题 1：蔬菜产地环境安全性评价及分类指标体系研究

课题 2：海水滩涂贝类养殖环境特征污染物甄别及安全性评价标准研究

课题 3：主要替代农药残留限量标准研究

课题 4：高风险植物生长调节剂残留限量与安全使用技术标准研究

课题 5：我国自主创制兽药残留限量标准研究

课题 6：重要农产品主要争议性重金属限量指标的再评价

课题 7：畜禽产品产前重要潜在危害添加物的识别与配套检测标准研究

实施年限为 3 年（2009 年 1 月～2011 年 12 月）。

7. 动物疫苗关键生产技术研究与开发

为贯彻《国家中长期科学和技术发展规划纲要（2006—2020 年）》精神，全面提升我国动物疫苗科技创新能力及生产水平，科技部决定启动“十一五”国家科技支撑计划“动物疫苗关键生产技术研究与开发”重点项目。该项目针对我国动物疫苗产业关键生产技术薄弱环节，结合重大动物疫病及人畜共患病防疫的迫切需求，开展动物疫苗关键生产技术联合攻关，为全面提高我国动物疫苗生产水平和国际竞争力提供技术支撑。

开展动物疫苗关键生产技术研究，内容涉及动物疫苗抗原大规模培养技术、动物疫苗安全性与免疫性提高相关技术研究、冻干疫苗耐热保护技术和动物疫苗抗原纯化技术。本项目共设置以下5个课题。

课题1：提高动物疫苗安全性和免疫性关键技术研究与开发

课题2：动物疫苗耐热保护剂及冻干技术研究与开发

课题3：细菌性疫苗高密度培养技术研究与示范

课题4：病毒性疫苗规模化生产关键技术研究与示范

课题5：动物疫苗抗原大规模浓缩纯化技术研究与示范

本项目实施年限为3年（2009年1月～2011年12月）。

附录3 主要研究机构和平台

一、研究机构

1. 中国科学院

作为国家在科学技术方面的最高学术机构和全国自然科学与高新技术的综合研究与发展中心，中国科学院为我国科技进步、经济社会发展和国家安全做出了不可替代的贡献。全院共设有12个分院、100家直属研究机构、100多个国家级重点实验室和工程中心，以及近千个野外观测台站网络，全院科研人员达5万余人①。中国科学院下属生物安全相关研究机构见附表5。

附表5 中国科学院下属生物安全相关研究机构

生物安全相关院所	地点	生物安全相关的主要研究领域
中国科学院动物研究所	北京	动物疾病预警与防控
国家纳米科学中心	北京	纳米结构的生物学效应和安全性研究
中国科学院微生物研究所	北京	分子病毒学、新发传染病等领域
中国科学院上海生命科学研究院	上海	防治重要疾病的新药研究开发、病毒学与免疫学研究
中国科学院广州生物医药与健康研究院	广州	生物医药和健康领域
中国科学院武汉病毒研究所	湖北武汉	病毒性疾病的检测及防疫技术
中国科学院昆明动物研究所	云南昆明	创制重大疾病灵长类动物模型和新型实验动物、推动疾病机理研究和新药研发
中国科学院上海药物研究所	上海	对严重影响公共卫生和社会安全的感染性及突发性疾病等开展新药研发

① 中国科学院. http：//www.cas.cn/jzzky/jbjs/[2013-11-2]

2. 军事医学科学院

军事医学科学院是中国人民解放军的最高医学研机构，1951 年 8 月创建于上海，1958 年迁至北京。2003 年，遵照中央军委决定承建解放军疾病预防控制中心。

军事医学科学院下设卫生勤务与医学情报研究所、放射与辐射医学研究所、基础医学研究所、卫生学环境医学研究所、微生物流行病研究所、毒物药物研究所、卫生装备研究所、生物工程等研究所、野战输血研究所、军事兽医研究所等 11 个研究机构和 307 医院、解放军医学图书馆、实验仪器厂、实验动物中心、研究生队等附属机构，驻地分布于北京、天津、吉林、黑龙江四省（直辖市）。

军事医学科学院主要承担军事医学、基础医学、生物技术、卫生装备和药物研究任务，肩负军事斗争卫勤准备、反恐防恐卫勤准备和疾病防控卫勤准备使命①。军事医学科学院下属生物安全相关机构见附表 6。

附表 6　军事医学科学院下属生物安全相关研究机构

生物安全相关院所	地点	生物安全相关的主要研究领域
微生物流行病研究所	北京	微生物快速检验和诊断、传染病病原学和流行病学、消毒学、媒介生物学及其防治、疟疾防治药物研究等领域
蛋白质工程实验室	北京	生物医药
生物化学实验室	北京	生物医药
国家生物防护装备工程技术研究中心	天津	生物医药

3. 中国医学科学院

中国医学科学院成立于 1956 年，是我国唯一的国家级医学科学学术中心和综合性医学科学研究机构。北京协和医学院由美国洛克菲勒基金会于 1917 年创办，是我国最早设有八年制临床医学专业和护理本科教育的重点医学院校。中国医学科学院与北京协和医学院实行院校合一的管理体制。院校设有 18 个研究所（以及 5 个分所）、7 所临床医院（含与北京市共建的天坛医院）、5 所学院、1 个研究生院和 5 所分院。

院校医学科研包括基础医学、临床医学、预防医学、药物以及与医药学有关的生物、物理、化学等相关学科，覆盖了医学科学各领域。拥有 6 个国家级重点实验室、10 个部门开放实验室、2 个国家级工业试验基地、17 个国家级中心、6

① 军事医学科学院. http://www.bmi.ac.cn/channels/13.html[2013-11-2]

个博士后科研流动站，以及 11 个世界卫生组织合作中心[①]。中国医学科学院下属生物安全相关研究机构见附表 7。

附表 7 中国医学科学院下属生物安全相关研究机构

生物安全相关院所	地点	生物安全相关的主要研究领域
中国医学科学院药物研究所	北京	抗肝炎药
实验动物研究所	北京	人类疾病动物模型、病原实验研究
中国医学科学院医学生物学研究所	昆明	医学病毒学、免疫学、分子流行病学及灵长类动物为主的实验动物及动物实验技术的基础和应用研究
中国医学科学院医药生物技术研究所	北京	新药创制、传染病防控
中国医学科学院生物医学工程研究所	天津	生物医学材料研究
中国医学科学院病原生物学研究所	北京	传染病诊断、预防和治疗技术与产品的研发

4. 中国农业科学院

中国农业科学院创立于 1957 年 3 月 1 日，是国家级农业科研机构，担负着全国农业重大基础与应用基础、应用研究和高新技术产业开发研究的任务，在解决农业及农村经济建设中基础性、方向性、全局性、关键性重大科技问题，以及科技兴农、培养高层次科研人才、发展农业科技出版事业、开展国内外农业科技交流与合作等方面发挥着重要的作用。

全院拥有 39 个研究所（中心），1 个研究生院，1 个中国农业科学技术出版社。在 39 个研究所中，从事种植业研究的有 16 个，养殖业 10 个，经济、环境资源 8 个，农业工程和高新技术 5 个。有 24 个研究所分布在全国 16 个省（自治区、直辖市）。全院建有 2 个国家重大科学工程，5 个国家重点实验室，32 个农业部重点开放实验室，52 个中国农业科学院重点开放实验室；15 个国家农作物、畜禽改良中心，1 个分中心；5 个国家重点野外科学观测试验站，24 个农业部野外台站；5 个国家工程技术研究中心，5 个国家工程实验室和工程研究中心；3 个国家质检中心，37 个部级质检中心；1 座国家农作物种质资源长期库，10 座中期库，12 座国家农作物圃；1 座馆藏文献 210 万余册，33 万余种的国家农业图书馆，建有数据量 80G 以上的大型农业科学数据库[②]。中国农业科学院下属生物安全相关研究机构见附表 8。

① 中国医学科学院. http：//www.cams.ac.cn/portal/media-type/html/user/anon/page/default.psml/js_pane/P-12776008061-10005[2013-11-2]

② 中国农业科学院. http：//baike.baidu.com/view/29296.html[2013-11-2]

附表 8　中国农业科学院下属生物安全相关研究机构

生物安全相关院所	地点	生物安全相关的主要研究领域
中国农业科学院作物科学研究所	北京	农作物基因资源与基因改良
中国农业科学院植物保护研究所	北京	应用基因工程技术创造抗黄矮病毒转基因小麦新种质、转基因抗虫棉对棉铃虫种群调控机制
中国农业科学院饲料研究所	北京	饲料与食品安全
中国农业科学院农产品加工研究所	北京	食品质量与安全
中国农业科学院生物技术研究所	北京	转基因生物及其产品成分检测、转基因植物及微生物环境安全评价检测
中国农业科学院农业经济与发展研究所	北京	食物安全政策
中国农业科学院农业资源与农业区划研究所	北京	农业微生物资源保藏与利用
中国农业科学院农业质量标准与检测技术研究所	北京	残留检测研究、农产品质量安全研究、饲料质量安全研究
中国农业科学院农业部食物与营养发展研究所	北京	食物质量安全保障体系
中国农业科学院棉花研究所	河南安阳	转基因棉花
中国农业科学院油料作物研究所	湖北武汉	转基因安全性评价

二、研究平台

1. 国家实验室

国家实验室依托基础好、实力强、水平高的研究型大学和科研院所，在现有国家重点实验室和其他相关实验室的基础上高起点建设，以国家现代化建设和社会发展的重大需求为导向，开展基础研究、竞争前高技术研究和社会公益研究，积极承担国家重大科研任务，产生具有原始创新和自主知识产权的重大科研成果，为经济建设、社会发展和国家安全提供科技支撑，对相关行业的技术进步做出突出贡献。

重大疾病研究国家实验室依托于中国医学科学院（北京协和医学院）。2006 年 12 月 5 日，科技部召开会议启动了第二批国家实验室建设工作，中国医学科学院牵头组建的重大疾病研究国家实验室成为人口与健康领域唯一的国家实验室。2006 年 12 月 13 日，科技部领导就国家实验室建设问题到中国医学科学院和北京协和医学院进行调研，充分肯定了其关于重大疾病研究国家实验室建设的工作思路。

2. 国家重点实验室

为支持基础研究和应用基础研究，1984 年国家计划委员会组织实施了国家重点实验室建设计划，主要任务是在教育部、中国科学院等部门的有关大学和研究所中，依托原有基础建设一批国家重点实验室。国家重点实验室的发展分为三个阶段：起步阶段、发展阶段和提高阶段，目前处于提高阶段。

（1）起步阶段（1984～1997 年）：建成 155 个国家重点实验室，探索管理体制和运行机制。

（2）发展阶段（1998～2007 年）：规范和改进国家重点实验室的管理，探索新的实验室建设类型。

（3）提高阶段（2008 年至今）：专项经费的设立标志着国家重点实验室进入了新的发展阶段。①

生物安全相关国家重点实验室名单见附表 9。

附表 9　生物安全相关国家重点实验室名单

单位	实验室代码	实验室名称	主管部门	领域	其他组建单位
北京大学	1985DA105094	天然药物及仿生药物国家重点实验室	教育部	生命	无
	2003DA105024	微米/纳米加工技术国家重点实验室	教育部	信息	无
中国农业大学	1987DA105104	农业生物技术国家重点实验室	教育部	生命	无
中国科学院动物研究所	1991DA173754	农业虫害鼠害综合治理研究国家重点实验室	中国科学院	生命	无
中国科学院生物物理研究所	1988DA173084	生物大分子国家重点实验室	中国科学院	生命	无
中国科学院微生物研究所	1991DA173774	微生物资源前期开发国家重点实验室	中国科学院	生命	无
中国疾病预防控制中心病毒学研究所	1987DA131114	病毒基因工程国家重点实验室	卫生部	生命	无
中国农业科学院植物保护研究所	1989DA125074	植物病虫害生物学国家重点实验室	农业部	生命	无
中国人民解放军军事医学科学院	2004DAV00214	病原微生物生物安全国家重点实验室	中国人民解放军总后勤部卫生部	生命	无

① 新中国档案：启动国家重点实验室计划. http：//www.gov.cn/test/2009-10/20/content_1443999.htm [2009-10-20]

续表

单位	实验室代码	实验室名称	主管部门	领域	其他组建单位
中国疾病预防控制中心传染病预防控制所	2004DA131224	传染病预防控制国家重点实验室	卫生部	生命	无
中国农业科学院哈尔滨兽医研究所	1986DA125094	兽医生物技术国家重点实验室	农业部	生命	无
复旦大学（5）	1984DA105014	遗传工程国家重点实验室	教育部	生命	无
中国科学院上海有机化学研究所	1989DA173051	生命有机化学国家重点实验室	中国科学院	化学	无
中国科学院上海药物研究所	1991DA173794	新药研究国家重点实验室	中国科学院	生命	无
中国人民解放军第二军医大学	2006DAV00084	医学免疫学国家重点实验室	中国人民解放军总后勤部卫生部	生命	无
	1991DA105404	医药生物技术国家重点实验室	教育部	生命	无
南京农业大学	2001DA105074	作物遗传与种质创新国家重点实验室	教育部	生命	无
	2003DA125074	水稻生物学国家重点实验室	农业部	生命	中国水稻研究所
中国水稻研究所	2003DA125074	水稻生物学国家重点实验室	农业部	生命	浙江大学
	1991DA105424	微生物技术国家重点实验室	教育部	生命	无
山东农业大学	2007DA740054	作物生物学国家重点实验室	教育部 农业部	农业	无
	2004DA105204	病毒学国家重点实验室	教育部	生命	中国科学院武汉病毒研究所
华中农业大学	1992DA105024	作物遗传改良国家重点实验室	教育部	生命	无
	2003DA105054	农业微生物学国家重点实验室	教育部	生命	无
		有害生物控制与资源利用国家重点实验室			
		新发传染性疾病国家重点实验室	香港大学	生命	无
	2004DA105044	生物治疗国家重点实验室	教育部	生命	无
中国农业科学院兰州兽医研究所	2006DA125164	家畜疫病病原生物学国家重点实验室	农业部	生命	无

已制订建设计划、即将或正在进行可行性论证但未获正式批准建设且无实验室代码的生物安全相关国家重点实验室名单见附表10。

附表 10 生物安全相关国家重点实验室名单（在建 1）

指南方向	实验室申报名称	所有组建单位	主管部门
传染病诊治	传染病诊治	浙江大学	教育部
呼吸系统疾病	呼吸疾病	广州医学院	广东省
食品科学与技术	食品科学与技术	江南大学、南昌大学	教育部
生态学	植被与环境变化	中国科学院植物研究所	中国科学院
蛋白质组学	蛋白质组学	中国人民解放军军事医学科学院	中国人民解放军总后勤部卫生部

其他情况下无实验室代码的生物安全相关国家重点实验室名单见附表 11。

附表 11 生物安全相关国家重点实验室名单（在建 2）

实验室名称	所有组建单位	主管部门	领域
中药国家重点实验室	香港理工大学深圳研究院	香港理工大学深圳研究院	生命
新发传染性疾病国家重点实验室	香港大学	香港大学	生命

1）天然药物及仿生药物国家重点实验室

天然药物及仿生药物国家重点实验室是由原国家计划委员会批准组建的首批国家重点实验室之一。1985 年 11 月筹建，1987 年 12 月通过验收并向国内外开放。

实验室针对肿瘤、心脑血管疾病、神经精神性疾病及病毒感染等重大疾病，以核酸、蛋白、糖类和微量元素等内源性物质为基础，以医学和生物学的进展为依托，围绕药物发现过程中的重要科学问题，开展与天然药物及仿生药物相关的基础研究和应用基础研究。实验室研究内容包括以下方面：

（1）生物药靶的发现和确认研究；

（2）以生物大分子（核酸、蛋白和糖类）为靶的药物发现研究；

（3）基于天然资源的先导化合物发现与中药复杂成分的物质基础研究；

（4）药物输送系统在生物体系中及治疗过程中作用规律的研究；

（5）新药创制研究。

在注重基础研究的同时，实验室面向国家重大战略需求，近年来进一步加强创新药物研究的能力建设，构建了包括计算机辅助药物设计平台、药物筛选平台和药物 ADME/T 评价平台等平台在内的创新药物研究相关的技术平台。目前，实验室已具备从分子水平到细胞、动物模型的比较完备的新药筛选的能力，建立了一定规模的天然产物和合成化合物的样品库，为综合性创新药物大平台的建设奠定了基础。实验室还不断添置先进的仪器设备，建成了拥有 17 台大型仪器的药学分析测试公共技术平台①。

2）微米/纳米加工技术国家重点实验室

微米/纳米加工技术国家级重点实验室自 2000 年批准建立以来，紧紧围绕非硅三维微加工技术，开展非硅材料的微米/纳米加工技术的基础与应用基础及其创新工艺技术设计开发研究，突破了一系列关键技术，开发了一系列具有自主知识产权的非硅微米/纳米加工先进工艺技术，建立了面向多用户开放使用的先进的非硅的微米/纳米加工开放工艺规范，研制了一批关键 MEMS 器件。同时以低维纳米材料制备为基础，开展与其相关的加工工艺和应用基础技术研究，在制备纳电子器件关键技术方面取得重要突破，发表了一批高水平的文章②。

3）农业生物技术国家重点实验室

农业生物技术国家重点实验室于 1987 年经国家计划委员会批准，1990 年通过国家验收正式运行并对外开放，依托中国农业大学建设，是一个以应用基础科学研究为主，并承担高层次人才培养任务的农业生物技术领域综合性国家级开放实验室。

实验室的主要任务是根据农业生物技术的学科特点和发展趋势，以解决制约农业和农村经济发展的重要问题和促进生物技术的科技进步为目标，积极承担国家重大科学研究任务，为重要农作物、农业微生物和家畜（禽）生物技术的进步提供技术储备，将实验室建设成为代表我国农业生物技术水平的研究基地、生物技术高层次人才的培养基地和国内外学术交流中心③。

4）农业虫害鼠害综合治理研究国家重点实验室

农业虫害鼠害综合治理研究国家重点实验室始建于 1991 年，1995 年 10 月通过验收正式成为国家重点实验室。

实验室紧紧围绕分子生态与生态基因组学、环境胁迫与适应、化学通信与动植物关系、害虫害鼠全球变化生态学和害虫害鼠控制的新技术和新方法 5 个方向开展研究工作，以解决我国重大害虫害鼠成灾与控制的关键科学问题

---

① 天然药物及仿生药物国家重点实验室. http：//sklnbd.bjmu.edu.cn/plus/list.php?tid=3[2013-8-22]

② 微米/纳米加工技术国家级重点实验室. http：//www.sjtu.edu.cn/info/1175/20613. htm[2013-8-22]

③ 农业生物技术国家重点实验室. http：//cbs.cau.edu.cn/agrocbi/Organise.aspx[2013-8-22]

为目标，整合基因组学、分子生物学、生理学、行为学和生态学等学科，发挥宏观与微观生物学相结合的优势与特色，揭示害虫害鼠分子进化、环境适应、化学通信机制与爆发成灾规律；研发无公害、绿色、低碳控制技术，提出全球变化环境下害虫害鼠的生态管理对策，全面提升我国害虫害鼠研究的国际竞争力和自主创新力，使我实验室成为国际一流的农业虫害鼠害综合治理研究机构①。

5）生物大分子国家重点实验室

生物大分子国家重点实验室依托于中科院生物物理研究所，1989 年经国家计划委员会和中国科学院批准成立，1991 年 1 月通过验收并正式对外开放运行②。实验室主要研究方向包括：①蛋白质三维结构与功能研究；②蛋白质功能与折叠原理研究；③生物膜和膜蛋白功能结构研究；④计算与系统生物学；⑤感染与免疫的分子基础；⑥蛋白质药物与多肽药物主要研究方向。

6）微生物资源前期开发国家重点实验室

中国科学院微生物研究所是隶属中国科学院的科研事业单位，目前已发展成为我国微生物学研究领域中学科齐全、水平最高的国家级研究机构。微生物所微生物资源前期开发国家重点实验室马延和课题组主要致力于极端环境的微生物区系生态与生物多样性、极端微生物的生理适应机制的研究，以及极端微生物特殊功能与产物的开发和利用。围绕以上研究领域，课题组目前正承担国家转基因重大专项、“973”计划、“863”计划、中国科学院知识创新工程重要方向项目等课题，并与德国汉高（Henkel）公司等大型跨国企业开展国际合作。课题组负责人马延和研究员现为国家生物产业发展咨询专家委员会副秘书长、“863”计划生物医药领域专家组专家、“973”计划项目首席科学家，中国科学院知识创新工程重大项目负责人。

7）病毒基因工程国家重点实验室

病毒基因工程国家重点实验室始建于 1987 年，采取边建设、边开放的方针，于 1989 年通过验收并正式开放运行。该实验室的依托单位为中国预防医学科学院病毒学研究所。

实验室主要从事分子病毒学和病毒基因工程的应用基础研究。目前主要研究内容包括：①病毒相关新型细胞因子基因工程；②新型病毒疫苗与抗体工程；③我国重要病毒的结构与功能；④病毒等微生物的基因组工程；⑤新

---

① 农业虫害鼠害综合治理研究国家重点实验室. http：//www.ipm.ioz.cas.cn/gk/jj/[2013-8-22]

② 生物大分子国家重点实验室. http：//www.ibp.cas.cn/jgsz/yjxt/swdfzsys/[2013-8-22]

型病毒载体与病毒基因元件的研究；⑥病毒及其受体的单核苷酸多样性和病毒芯片[①]。

8）植物病虫害生物学国家重点实验室

植物病虫害生物学国家重点实验室（State Key Laboratory for Biology of Plant Diseases and Insect Pests），1988 年 12 月由国家计划委员会批准建设，1992 年 1 月通过国家验收并投入正式运行，对国内外全面开放。依托单位为中国农业科学院植物保护研究所。

实验室主要从事原生性植物重大病虫害、危险性外来入侵生物和重要农业转基因生物环境安全性研究，重点研究和解决农业有害生物的灾害形成机理，包括群体动力学、生态抵御机制以及分子遗传基础等，发展农业生物灾害监测预警与综合治理的新理论、新技术和新方法，实现农业有害生物的可持续控制[②]。

9）病原微生物生物安全国家重点实验室

2010 年 9 月 30 日，科技部组织专家对病原微生物生物安全国家重点实验室进行建设验收通过。该实验室依托中国人民解放军军事医学科学院，实验室由军事医学科学院微生物流行病研究所联合生物工程研究所共同组建而成[③]。

10）传染病预防控制国家重点实验室

传染病预防控制国家重点实验室（State Key Laboratory for Infectious Disease Prevention and Control）经科技部评估和考核，于 2005 年 3 月 22 日批准正式成立，进入建设时期。实验室研究属于预防医学学科，依托单位为中国疾病预防控制中心，主管部门为卫生部。2011 年 1 月 7 日通过科技部验收。

该实验室紧密围绕我国传染病预防控制工作的重大需求，以严重威胁我国人民生命健康的重要传染病为主要研究对象，从传染病预防控制现场工作存在的关键科学问题和技术难点入手，密切结合现场，开展应用基础研究，发展技术平台和网络化技术。利用基因组学、蛋白质组学、生物信息学等先进技术，开展病原体进化和变异、传染病应对技术和策略、重要传染病流行趋势和预测、新发传染病发生机理等方面的研究。

---

① 病毒基因工程国家重点实验室. http：//www.escience.gov.cn/lab/showlab.jsp?id=238[2013-5-13]

② 植物病虫害生物学国家重点实验室. http：//www.caas.net.cn/caasnew/ky/kjpt/zdsys/gjzdsys/51615.shtml [2013-8-15]

③ 病原微生物生物安全国家重点实验室顺利通过验收. http://www.gov.cn/gzdt/2010-10/22/content_1727950.htm[2010-10-22]

11）兽医生物技术国家重点实验室

兽医生物技术国家重点实验室位于哈尔滨，依托于中国农业科学院哈尔滨兽医研究所。该实验室于 1989 年 6 月 1 日通过验收，正式对国内外开放。

该实验室主要致力于研究畜禽传染病的分子生物学基础、致病及免疫机制，以及预防、诊断或治疗用细胞工程和基因工程制剂。主要研究内容：①马传染性贫血病强弱毒差异的分子生物学及分子免疫学基础；②鸡新城疫病毒的感染机理及与感染相关的糖蛋白基因的克隆与表达；③鸡新城疫病毒和传染性支气管炎病毒毒株的变异及分子流行病学；④以火鸡疱疹病毒作载体表达马立克氏病病毒 gB 基因和其他外源基因的研究；⑤传染性喉气管炎病毒，牛传染性鼻气管炎病毒和猪伪狂犬病毒基因缺失标记疫苗的研究；⑥禽痘病毒载体的构建及表达外源基因的研究；⑦禽流感病毒基因分型及分子诊断技术的研究；⑧鸡和牛白细胞介素-2 基因的克隆表达及作为免疫增强剂的研究；⑨畜禽 T 细胞表面标志的研究；⑩几种重要畜禽传染病单克隆抗体及 PCR 诊断试剂盒的研制①。

12）遗传工程国家重点实验室

遗传工程国家重点实验室是在著名遗传学家谈家桢院士创立的复旦大学遗传学研究所的基础上发展而成的研究实体，是我国第一批建立的国家重点实验室之一。实验室自 1984 年经国家计划委员会批准建立，1985 年开始运行，同时向国内外开放，1987 年通过国家验收。

该实验室主要科研方向为：①群体与数量遗传学；②人类与医学遗传学；③微生物遗传学；④植物遗传学；⑤基因工程②。

13）生命有机化学国家重点实验室

生命有机化学国家重点实验室是我国筹建的第一批国家重点实验室之一。1988 年论证建设计划，1989 年开始建设，1990 年经中国科学院批准边建设边开放，1991 年 12 月验收，1992 年正式开放运行。

实验室主要研究内容：①具有重要生物活性的复杂天然产物的研究，即针对具有抗癌、抗炎、抗菌以及神经活性的生物碱、环肽、甾体及糖类天然产物进行全合成、结构-活性关系及其与靶分子的作用机制研究。②重要生命过程的小分子调节剂的研究，即针对在细胞内外信号传导过程中的一些关键因子，如 G-蛋白偶联受体、蛋白激酶以及细胞凋亡过程和自吞噬过程，发展高活性、高选择性的小分子调节剂，并应用于了解生物大分子功能的研究。③有机小分子与生物大分子

① 兽医生物技术国家重点实验室. http：//www.escience.gov.cn/lab/showlab.jsp?id=224[2013-5-13]

② 复旦大学遗传工程国家重点实验室. http：//genetmed.fudan.edu.cn/website/jianjie_1.asp[2013-5-13]

相互作用的结构生物学研究，即利用单晶衍射、NMR 和计算模拟等技术，研究生物大分子及其与活性小分子的复合物的结构和构象，在原子水平探讨活性小分子如药物分子作用的内在机制。④生物合成和组合生物合成研究，即对具有重要生物活性的聚酮、聚肽及聚酮/聚肽杂合类天然产物，从克隆生物合成基因簇出发，在建立生物合成途径和阐明新型酶学机制的基础上，运用组合生物合成的策略获得结构类似物，以满足药物发现和发展过程中对于结构多样性的需求。⑤有机合成的方法学研究，即针对具有重要生理活性的复杂分子的合成，发展新的催化和转化方法，并将它们用于复杂生物活性分子的全合成，以及临床医药、农药等化学品的工业化生产①。

14）新药研究国家重点实验室

新药研究国家重点实验室于1988年通过由国家计划委员会组织的专家论证，开始筹建；1990 年 10 月经中国科学院批准对外开放，于 1995 年 6 月完成实验室建设并通过国家验收。

实验室的研究方向是创新药物。以我国特有的中草药及天然产物为主要研究对象，应用化学和生物学的最新理论和实验技术，研究发现可能开发成为新药的先导化合物，并开展药学领域的基础理论研究。实验室主要开展天然产物化学及中药现代化、计算机辅助药物分子设计、新药筛选及药理学、体外毒理学等四个方面的研究工作，充分发挥学科交叉的优势，形成创新药物前期研究的合理体系，并能充分依靠上海药物研究所的总体研究实力，把发现的先导化合物开发成新药②。

15）医学免疫学国家重点实验室

医学免疫学国家重点实验室是在中国人民解放军第二军医大学免疫学研究所的基础上建立起来的。2009 年 10 月 25 日，在科技部基础司的委托下，科技部基础研究管理中心组织专家对医学免疫学国家重点实验室进行建设验收。

实验室主要开展下述五个方面的研究：①免疫应答与免疫耐受的分子机制研究，争取对于免疫识别的结构基础有新的认识，提出免疫调控新观点，对于自主发现的数种新型免疫分子的结构、功能及其作用机制的研究取得重要进展；②免疫细胞的分化发育、功能调控及其相关机制研究，继续发现新的免疫细胞亚群，提出新的免疫细胞分化发育和凋亡的学术观点，对免疫相关疾病的发病机制提出新的认识；③感染免疫学研究，对于肝炎病毒与免疫紊乱机制提出新的学术观点，

① 生命有机化学国家重点实验室. http：//www.sioc-ccbg.ac.cn/tripos/?p=39[2013-5-13]

② 新药研究国家重点实验室. http：//www.escience.gov.cn/lab/showlab.jsp?id=249[2013-5-13]

研制新型乙型肝炎治疗性疫苗；④移植免疫学研究，深入研究移植免疫耐受的机制，研发 1～3 种通过免疫学原理抗移植排斥的有效方法，提出延长器官移植物存活的新途径；⑤免疫预防和免疫治疗及相关机制研究，对于肿瘤等的细胞免疫治疗和多肽药物免疫治疗研究方面，提出新的治疗方案，力争完成自主研制的树突状细胞疫苗治疗肿瘤患者的临床试验[①]。

16）医药生物技术国家重点实验室

医药生物技术国家重点实验室依托于南京大学，在生物化学系基础上建立起来，于 1990 年经国家计划委员会批准列入国家重点实验室建设计划，1995 年建成通过国家验收并正式对外开放。

实验室主要研究方向为：①重大疾病发生发展机制研究（血管相关疾病、免疫性疾病、代谢性疾病）；②生物技术创新药物的基础研究（心血管药物、免疫药物、抗肿瘤药物，以及精神和神经性疾病药物）；③生物技术制药的关键技术研究（基因工程高效表达技术、生物信息学、动物模型、药物传输和实时检测技术、天然药源产物的提取与分离技术）[②]。

17）作物遗传与种质创新国家重点实验室

作物遗传与种质创新国家重点实验室是以南京农业大学“作物遗传与特异种质创新教育部重点开放实验室”“国家大豆改良中心”，以及作物遗传育种和蔬菜学国家重点学科为依托建立的。实验室于 2001 年 9 月通过专家论证，同年 10 月经科技部批准建设，2003 年 8 月通过科技部组织的专家验收。2006 年 5 月通过科技部组织的专家组评估。

该实验室以水稻、小麦、棉花、大豆、蔬菜（小白菜、黄瓜）等作物为主要研究对象，开展“育种目标性状的基因与基因组分析”“种质资源的遗传基础与创新”“作物育种新方法和新品种选育”3 个研究方向，结合实验室的研究特点和基础，瞄准学科前沿，在作物遗传与种质创新领域开展卓有成效的科学研究。

18）水稻生物学国家重点实验室

水稻生物学国家重点实验室是以原农业部重点开放实验室为基础，结合浙江大学相关学科开展建设。2003 年 11 月，通过科技部组织的实验室建设计划的专家论证，12 月被列入国家重点实验室建设项目。依托单位为中国水稻研究所和浙江大学。

① 医学免疫国家重点实验室建设验收会议顺利召开. http：//www.gov.cn/gzdt/2009-11/05/content_1456881.htm[2010-11-5]

② 医药生物技术国家重点实验室. http：//biopharm.nju.edu.cn/WZXX.aspx?cModuleID=sysgk01[2011-7-5]

实验室以水稻资源学研究和分子育种为重点，开展水稻生物学研究，为水稻作物科技发展提供先进的资源平台、技术平台和理论平台。围绕此中心任务，确定以水稻种质改良与创新的遗传学、水稻发育生物学、水稻环境生物学和分子育种为主要研究方向。具体研究内容为：①水稻种质改良与创新的遗传学基础研究，包括优异种质资源的发掘、创新和利用，水稻的演化、遗传多样性及保护生物学研究，遗传学重要研究材料构建及重要性状的遗传研究；②水稻产量与品质基础理论研究，包括杂种优势机理，理想株型塑造理论，品质形成机理；③水稻环境生物学研究，包括水稻与环境的相互作用，水稻有害生物的可持续控制，转基因水稻的环境安全性；④水稻分子育种研究，包括基因定位与克隆，转基因技术，分子标记辅助选育技术，分子设计和生物反应器等[①]。

19）微生物技术国家重点实验室

山东大学微生物学于 1987 年被评为国家重点学科，同年经国家批准，由世界银行贷款 120 万美元，国内配套 362 万元人民币投资建设，筹建国家重点实验室，1995 年 11 月通过国家验收，正式命名为微生物技术国家重点实验室，开始运行和对外开放。

该实验室主要研究方向包括：①微生物资源及其应用基础研究，主要包括微生物资源的搜集、整理、系统鉴定及利用系统生物学的理论和方法，全面深入地研究微生物在生态环境中的作用、代谢调控机制，以及群落形成行为等，为微生物菌株的分子生物技术改造提供理论基础；②资源开发及转化微生物技术，主要包括可再生的生物质资源，特别是木质纤维素资源的微生物转化和利用技术、环境的微生物降解及其转化、难开采矿产资源及海洋微生物资源的开发等；③微生物及其酶的分子生物学和代谢工程改造，主要是通过对微生物和酶的分子生物学及代谢工程改造来生产具有重要意义的生物基化学品、生物技术食品和生物技术药物等[②]。

20）作物生物学国家重点实验室

作物生物学国家重点实验室是在“小麦栽培生理与遗传改良”农业部重点开放实验室，以及“植物遗传工程”“果树生物学”“植物分子生物学”3 个山东省重点实验室的基础上，于 2003 年 1 月经科技部批准组建的首批省部共建国家重点实验室，2006 年通过科技部组织的生命科学国家和部门重点实验室的评估，2007 年 4 月经科技部批准成为国家重点实验室。

① 水稻生物学国家重点实验室. http：//www.ricelab.cn/aboutus/aboutus.htm[2012-9-20]

② 微生物技术国家重点实验室. http：//www.mbtech.sdu.edu.cn/contents/introduction.html[2012-9-20]

该实验室主要以小麦、玉米、果蔬等主要作物为对象，利用现代生物学研究手段和多学科交叉融合，从分子、个体与群体水平上研究作物高产、优质、高效、生态、安全等重要科学和技术问题。其研究方向主要包括作物生理生态、作物分子生物学、作物种质创新等①。

21）病毒学国家重点实验室

病毒学国家重点实验室于 2004 年批准立项建设，是我国开展病毒学基础理论与应用基础研究、培养病毒学高层次人才、促进病毒学及其相关领域国际国内科研合作与学术交流的重要基地之一。

该实验室以引起重大和突发性疾病的病毒为主要研究对象，利用病毒学及现代生物技术，从病毒、宿主细胞、机体和人群等不同层面，研究病毒感染的分子过程及其伴随的生命现象，揭示病毒免疫、致病、致癌的分子机理，以及病毒病的流行规律；完善我国病毒资源与信息库；发展病毒病诊断、预防和治疗的新技术。实验室主要研究方向为：病毒遗传变异与分子流行病学、病毒与细胞相互作用的分子机理、病毒的免疫与致病机理、病毒病的防治基础研究。

22）作物遗传改良国家重点实验室

作物遗传改良国家重点实验室依托于华中农业大学，1992 年 3 月由国家批准建设，1994 年通过国家验收并正式对外开放。

该实验室以水稻、玉米、油菜、棉花等农作物为主要研究对象。其研究方向主要包括功能基因组研究、杂种优势与雄性不育研究、种质资源创新及遗传多样性研究、生物技术与育种研究、作物生理遗传②。

23）农业微生物学国家重点实验室

农业微生物学国家重点实验室依托于华中农业大学建设，是在中国科学院院士陈华癸教授创建的微生物学国家重点学科的基础上逐步发展，并主要整合校内优势学科，即国家重点学科生物化学与分子生物学和省级重点学科预防兽医学等的相关研究力量而组成。1990 年由农业部批准建设，2003 年 12 月，经科技部批准立项建设“农业微生物学国家重点实验室”，2006 年 10 月通过科技部验收。该实验室的研究方向主要包括以下三个方面。

（1）动物病原微生物研究：以禽流感病毒、猪链球菌、结核分枝杆菌等重要人畜共患传染病病原，以及猪繁殖与呼吸综合征病毒、猪胸膜肺炎放线杆菌、副

---

① 作物生物学国家重点实验室. http：//klab.sdau.edu.cn/direct_view.asp?c_id=75[2013-6-7]

② 病毒学国家重点实验室. http：//www.virology.chinalab.gov.cn/vlabch/way/way.htm[2013-9-11]

猪嗜血杆菌等重大动物传染病病原为主要研究对象，开展病原生态学与流行病学、病原基因组学与蛋白质组学、分子致病与免疫机理、基因工程疫苗、分子诊断试剂的研究与开发。

（2）农业环境微生物研究：以土壤重金属和废弃物转化、污水治理、生物质能源相关微生物和极端环境微生物等为研究对象，研究其代谢途径和适应环境机理，发掘和利用废弃物转化、污水治理、抗重金属、抗有毒物质污染、生物质能源开发利用的微生物资源，重点解决环境污染和新能源开发的问题。

（3）作物杀虫抗病微生物研究：以苏云金芽孢杆菌、链霉菌、盾壳霉、真菌病毒等为主要研究对象，针对农业生产中虫害和病害的实践需求，发掘或揭示病虫害防治中的新资源、新基因、作用机制，解决农业可持续发展中病虫害的微生物防治中的基础理论问题，并提供技术支撑[①]。

24）有害生物控制与资源利用国家重点实验室

有害生物控制与资源利用国家重点实验室依托中山大学建设，原名“生物防治国家重点实验室”，1989 年由蒲蛰龙院士创建，1995 年通过验收正式成为国家重点实验室。2005 年 4 月经科技部批准更为现名。

该实验室针对我国尤其是华南地区的重大有害生物，开展成灾机理、可持续控制的基础和应用技术研究，在害虫生物防治、水生经济动物病害控制、海洋动物免疫机制、RNA 科学与技术，以及植物适应性进化等领域形成了自己的特色和优势，是我国有害生物控制研究和技术创新的主要基地之一。其研究方向主要包括植物病虫害生物防治、水产畜禽病害控制、海洋生物基因资源与功能、生物适应性进化[②]。

25）新发传染性疾病国家重点实验室

新发传染性疾病国家重点实验室是首间在内地以外设立的国家重点实验室，也是中国唯一的新发传染性疾病国家重点实验室。

新发传染性疾病国家重点实验室设在香港大学医学院，实验室包括新落成的达到生物安全三级的实验室和病毒、细胞以及分子生物学实验室。其研究方向的重点为新发传染性疾病，包括病毒、细菌、真菌及抗药性等[③]。

26）生物治疗国家重点实验室

生物治疗国家重点实验室于 2005 年 3 月经科技部批准建设，于 2007 年 12 月经科技部验收正式成立。

① 农业微生物学国家重点实验室. http：//hzaml.hzau.edu.cn/sysjj/yjfs/[2013-8-23]

② 有害生物控制与资源利用国家重点实验室. http：//sklbc.sysu.edu.cn/News/fullinfo.aspx?typeid=2[2013-9-17]

③ 香港大学成立新发传染性疾病国家重点实验室. http：//www.biotech.org.cn/information/18693[2009-11-11]

该实验室的研究内容主要包括[①]：①肿瘤、感染性疾病等重大疾病生物治疗研究；②功能基因组学及蛋白质组学研究；③干细胞与组织工程研究；④化学生物学/化学基因组学及纳米生物技术研究；⑤新药临床前评价和新药临床试验（生物治疗）。

27）家畜疫病病原生物学国家重点实验室

家畜疫病病原生物学国家重点实验室是在依托于中国农业科学院兰州兽医研究所的“农业部畜禽病毒学重点开放实验室”“甘肃省动物寄生虫病重点实验室”“国家口蹄疫参考实验室”的基础上组建的。

实验室按病原类型分工开展研究，设立口蹄疫、传染病、寄生虫病、人兽共患病研究单元，主要研究方向包括：①病原功能基因组学；②感染与致病机理；③病原生态学；④免疫机理；⑤疫病预警和防治技术基础[②]。

28）传染病诊治国家重点实验室

传染病诊治国家重点实验室依托于浙江大学，是科技部于 2007 年批准筹建的 27 个国家重点实验室之一。

该实验室针对我国传染病现状，依据国家对重大传染病防治的战略规划，围绕传染病的诊断和治疗等科学前沿问题开展研究，重点研究解决严重危害人类健康的传染病发病机制与诊治的关键问题[③]。

29）呼吸疾病国家重点实验室

呼吸疾病国家重点实验室依托于广州医学院，是科技部于 2007 年批准筹建的 27 个国家重点实验室之一。

该实验室以严重影响人们健康的重大、常见和多发呼吸疾病为研究对象，研究呼吸疾病的流行病学及影响因素，认识呼吸疾病的发病机理和发展规律，紧密结合基础研究与临床研究，探索呼吸疾病的临床诊治要点，制定和完善该领域的临床诊治指南，提高我国呼吸疾病的预防及临床诊治水平[④]。

30）食品科学与技术国家重点实验室

食品科学与技术国家重点实验室是在原江南大学食品科学与安全和南昌大学食品科学两个教育部重点实验室的基础上建立起来的国内食品科学领域第一

---

① 生物治疗国家重点实验室. http：//sklb.scu.edu.cn/science/?type=detail&id=3[2013-6-13]

② 家畜疫病病原生物学国家重点实验室. http：//www.caas.net.cn/caasnew/ky/kjpt/zdsys/gjzdsys/51589.shtml [2013-6-13]

③ 传染病诊治国家重点实验室（浙江大学）通过论证. http：//www.gov.cn/gzdt/2007-10/15/content_776442.htm [2010-10-15]

④ 呼吸疾病国家重点实验室（广州医学院）通过论证. http：//www.gov.cn/gzdt/2007-10/16/content_777189.htm [2010-10-16]

个国家重点实验室。2007 年 9 月通过专家论证，2007 年 10 月由科技部批准建设，2011 年 3 月通过科技部组织的国家重点实验室评估。

实验室围绕食品与人体健康这一科学主题，以食品组分、功能因子及相互作用，健康调控与食物干预，食品加工过程的安全性控制，健康食品的精准设计和加工控制理论，功能性食品与配料的生物加工，食品加工新技术原理及应用等为主要研究方向，从分子水平上深入研究与揭示影响食品品质、健康与安全性的因素及本质，形成食品加工过程控制理论和相关的加工新技术体系，为促进食品行业技术进步、增进人民健康等提供强有力的理论和技术支撑①。

31）蛋白质组学国家重点实验室

蛋白质组学国家重点实验室依托中国人民解放军军事医学科学院，开展人类重要生理功能与重大疾病蛋白质组学研究。

实验室致力于建立具有国际先进水平的蛋白质组学、功能基因组学及生物信息学“三维一体”的科学和技术体系，探索细胞基本生命活动过程的蛋白质功能网络和特征，揭示重大疾病发生发展的蛋白质（群）调控规律，发现特异性标志物和药物靶标分子。重点开展肝脏和神经系统的蛋白质组学研究。主要研究内容包括：人类肝脏蛋白质组组成及其功能网络研究；重大疾病相关的蛋白质组学研究；基于蛋白质组学的系统生物学研究；蛋白质组学新技术新方法研究②。

附图 1 为生物安全相关国家重点实验室统计分析，由图可见，在生物安全相关国家重点实验室中，传染病相关实验室所占比重最大，达 27.6%；其次是农业相关实验室，占 24.1%；再次是医药相关实验室，占 20.7%。这也正说明日益增多的传染病问题是国家的研究重点，受到重视。

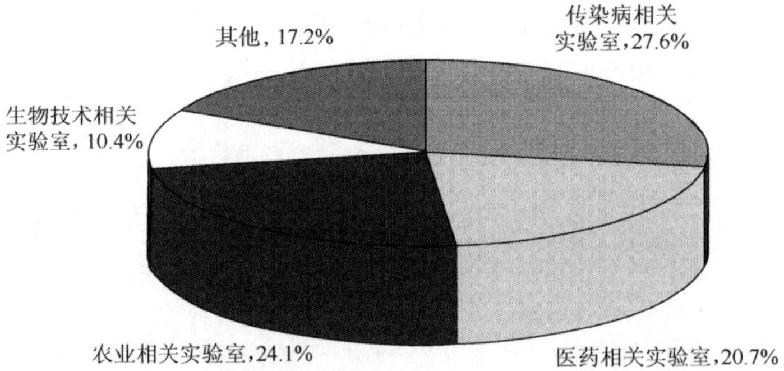

附图 1　生物安全相关国家重点实验室在各领域的分布

① 科技部评选出首个食品科学与技术国家重点实验室. http：//www.gov.cn/jrzg/2007-04/17/content_585958.htm[2013-4-17]

② 解放军疾病预防控制中心. http：//www.bmi.ac.cn/channels/21.html[2013-4-17]

3. 国家重大科技基础设施

国家重大科技基础设施是国家基础设施的重要组成部分，是科学技术前沿取得重大突破和经济社会可持续发展的重要保障。“十一五”期间，着眼于国家经济社会全面、协调、可持续发展和国家安全对科技进步的重大需求，围绕支撑原创性基础研究、缓解资源环境约束、突破战略性高技术产业的科技“瓶颈”，面向国际科学技术前沿，在我国具有相对竞争优势，以及国家现代化建设需要的战略性高技术领域，坚持科学预测、及早谋划、突出重点、整合创新，高起点、高水平地建设一批战略性、标志性的国家重大科技基础设施。

根据《国民经济和社会发展第十一个五年规划纲要》的部署，“十一五”期间，我国建设的重大科技基础设施包括散裂中子源、强磁场装置、大型天文望远镜、海洋科学综合考察船、航空遥感系统、结冰风洞、大陆构造环境监测网络、重大工程材料服役安全研究评价、蛋白质科学研究设施、子午工程、极低频探地工程、农业生物安全研究设施等 12 项国家重大科技基础设施[①]。生物安全相关的国家重大科技基础设施见附表 12。

附表 12　生物安全相关国家重大科技基础设施名单

项目名称	所有组建单位	主管部门	城市
蛋白质科学研究（上海）设施	中国科学院上海生命科学研究院	中国科学院	上海
农业生物安全研究设施	中国农业科学院	中国农业科学院	北京

1）蛋白质科学研究设施

蛋白质科学研究（上海）设施由中国科学院上海生命科学研究院负责建设。2010 年 12 月，上海设施已全面完成各项准备工作，2010 年 12 月 26 日起正式开工建设，目前还在建设中。

该设施主要开展蛋白质结构生物学相关研究，分析蛋白质修饰和相互作用，阐释蛋白质与化学小分子之间的相互作用机理；以新药物靶点的发现为突破口，研究蛋白质药物新靶标的功能活动的结构特征；支撑提升我国生命科学领域及生物技术领域的核心竞争力，促进我国生物技术与医药产业、农业与环境保护、重要生物资源的开发与利用等的快速发展[②]。

① 中华人民共和国国家发展和改革委员会高技术产业司. http：//gjss.ndrc.gov.cn/cxtx/zstd/t20061230_107680.htm[2013-2-8]

② 蛋白质科学研究（上海）设施开工建设. http：//www.cas.cn/xw/yxdt/201012/t20101227_3050321.shtml [2010-12-27]

2）农业生物安全研究设施

农业生物安全研究设施中国农业科学院负责建设，目前还在建设中。该设施主要包括高危植物病源实验室、高危昆虫实验室、高危植物实验室等研究设施。建成后，将形成具有国际先进水平的农业生物安全自主创新研究平台，能够较大程度提升我国农业生物安全科学研究的基础及应用基础研究水平、提高高危农业有害生物等方面的核心和关键技术研究能力①。

4. 国家工程研究中心

国家工程研究中心是国家科技创新体系的重要组成部分，是国家发展和改革委员会根据建设创新型国家和产业结构优化升级重大战略需求，以提高自主创新能力、增强产业核心竞争能力和发展后劲为目标，组织具有较强研究开发和综合实力的高校、科研机构和企业等建设的研究开发实体，旨在通过建立工程化研究、验证的设施，以及有利于技术创新、成果转化的机制，培育、提高自主创新能力，搭建产业与科研之间的“桥梁”，促进产业技术进步和核心竞争能力的提高。截至 2009 年年底，全国共有 127 个国家工程研究中心立项建设。生物安全相关国家工程研究中心名单见附表 13。

附表 13　生物安全相关国家工程研究中心名单

国家工程研究中心名称	依托高校	技术领域
纳米技术及应用国家工程研究中心	上海交通大学、复旦大学、华东师范大学等	材料
微生物农药国家工程研究中心	华中农业大学，湖北沙隆达集团	生物农业
人类干细胞国家工程研究中心	中南大学、中信惠霖干细胞工程有限公司	生物农业
基因工程药物国家工程研究中心	暨南大学	生物农业
农业生物多样性应用技术国家工程研究中心	云南农业大学	生物农业
生物芯片国家工程研究中心（北京）	北京博奥生物芯片有限责任公司、清华大学	医药卫生

“国家工程研究中心”与“国家工程技术研究中心”的区别包括以下两点。

（1）国家工程研究中心由国家发展和改革委员会负责。国家发展和改革委员会组织具有较强研究开发和综合实力的高校、科研机构和企业等建设的研究开发实体，是国家创新体系的重要组成部分。而国家工程技术研究中心由科技部负责，

①中华人民共和国国家发展和改革委员会高技术产业司．http：//gjss.ndrc.gov.cn/cxtx/zstd/t20061230_107712.htm[2013-2-8]

是科技部根据国情需要，统筹规划，统一安排，作为国家研究开发条件能力建设的重要内容。

（2）国家工程研究中心与国家工程技术研究中心职能不同。国家工程研究中心的主要职能包括：根据国家和行业发展需要，以及相关批复文件的要求，实现设定的研究开发和成果转化目标；主动组织、参与产业关键共性技术开发，并为行业提供技术开发及成果工程化的试验、验证环境；承担国家和行业下达的科研开发及工程化研究任务，并依据合同按时完成任务；将承担国家和行业任务所形成的技术成果通过市场机制向行业转移和扩散，起到科研与产业之间的桥梁和纽带作用。国家工程技术研究中心的主要职能包括：根据国家和产业发展的需求，研究开发产业技术进步和结构调整急需的关键共性技术；以市场为导向，把握技术发展趋势，开展具有重要市场价值的重大科技成果的工程化和系统集成；通过市场机制实现技术转移和扩散，持续不断地为规模化生产提供成熟的先进技术、工艺及其技术产品和装备；通过对引进技术的消化吸收再创新和开展国际合作交流，促进自主创新能力的提高；提供工程技术验证和咨询服务；为行业培养工程技术研究与管理的高层次人才①。

1）纳米技术及应用国家工程研究中心

纳米技术及应用国家工程研究中心是经国家发展和改革委员会于 2003 年 10 月批准成立的，专门从事纳米技术研究的国家工程研究中心。该中心由上海纳米技术及应用国家工程研究中心有限公司负责日常管理，并于 2009 年获得高新技术企业证书。

该中心的主要研究方向包括：纳米环境材料与技术；纳米能源材料与技术；纳米功能材料与技术；纳米生物医药技术；纳米信息材料及表面工程技术②。

2）微生物农药国家工程研究中心

微生物农药国家工程研究中心是经国家发展和改革委员会批准，依托华中农业大学，并联合相关企业组建的国家级工程研究中心，是我国开展微生物农药及其他微生物产品等工程技术研究与开发、科技成果转化、高层次创新人才和管理人才培养和聚集、科技合作与交流的国家级研究基地和平台。

该中心根据国家中长期发展战略，结合我国农业资源和环境的重大需求，围绕现代农业与食品安全，以市场为导向，利用现代生物技术和发酵工程技术，以保护环境为主要内容，形成微生物杀虫、微生物杀菌、植物免疫与生物保鲜、发

---

① 国家工程研究中心. http：//baike.baidu.com/view/3804545.htm[2013-5-17]

② 纳米技术及应用国家工程研究中心. http：//kejichu.sjtu.edu.cn/info/1371/8289.htm[2013-5-17]

酵工程和微生物遗传与种质资源五个研发方向，将科技成果进行了行业及产业关键共性技术的研发和技术扩散与转移。形成了微生物杀虫剂、抗病微生物农药、植物免疫与保鲜、发酵工程与制剂、污水生物净化及微生态制剂十一个技术群，总体水平达到国内领先、国际先进[①]。

3）人类干细胞国家工程研究中心

人类干细胞国家工程研究中心依托湖南光琇高新生命科技有限公司，于2002年经科技部批准组建。该工程中心的主要任务是提供干细胞研究领域技术咨询，参与制订国家本产业领域发展规划，承担国家和省重大研究及产业化项目，开发具有独立自主知识产权的干细胞新技术、新产品和新材料，建立以企业为主体的干细胞技术创新体系，成为现代医疗技术的产生基地。同时创造一流的工作条件，建立有效的约束和激励机制，吸引与培养高素质的科学研究人员，输送干细胞研究的高水平学科带头人及培养具备干细胞技术工程综合集成能力的复合型人才。组织开展国内外学术和技术交流，为我国生命科学研究和干细胞技术产业的发展及产品开发、研制和规模化生产创造机会[②]。

4）基因工程药物国家工程研究中心

基因工程药物国家工程研究中心成立于 2006 年，是国家发展和改革委员会在基因工程药物领域正式批复组建的第一个国家级工程研究中心，通过提供完善的运作机制和先进的科研设备与技术条件，旨在建立一个良好的基因工程药物研发和成果转化的孵化器。

该工程中心在基因工程技术研究及药物开发领域经验丰富，“十五”期间围绕生长因子系列药物开展了大量富有成效的工作，获得了国家“863“计划、“973”计划和国家自然基金等数十个科研课题，获得了 5 个国家一类新药临床批件[③]。

5）农业生物多样性应用技术国家工程研究中心

云南农业大学农业生物多样性应用技术国家工程研究中心于 2002 年批准筹建，2009 年 6 月完成建设任务并通过验收。

该中心建立了包括遗传多样性研究，农作物多样性营养、光热利用研究，农

① 微生物农药国家工程研究中心. http：//nercmp.hzau.edu.cn/Article/ShowArticle.asp?ArticleID=150 [2012-3-15]

② 人类干细胞国家工程研究中心. http：//www.nercsc.com/cn/about/[2012-3-17]

③ 暨南大学基因工程药物国家工程研究中心. http：//www.cnki.com.cn/Article/CJFDTotal-ZGKC201012026.htm[2010-12-17]

业生物多样性生理生化研究，农业生物多样性应用技术信息网络系统四个研究技术体系；确立了农业生物多样性时空优化配置与增加粮食产量、农业生物多样性控制病虫害及农业生物多样性资源持续利用三个研究方向①。

6）生物芯片北京国家工程研究中心

2000 年 9 月 30 日，根据国家发展和改革委员会的指示以清华大学为主要发起人，联合华中科技大学、中国医学科学院和军事医学科学院等三家科研单位共同成立生物芯片北京国家工程研究中心，并于 2001 年 10 月正式授牌。

生物芯片北京国家工程研究中心依托于博奥生物，是我国生物芯片领域产品及市场销售规模最大、研发实力最强、申请和获得专利最多的国家级研究开发机构。该中心致力于以生物芯片为平台的医学系统生物学研究与开发，先后承担并完成了国家“863”重大专项课题“生物芯片的研究与开发”，以及“973”计划、“985”计划、国家自然科学基金等重大课题和攻关项目，在生物芯片的若干关键技术领域取得了一批具有自主知识产权的原创性技术成果②。

5. 国家工程实验室

国家工程实验室（国家发展和改革委员会主管）属国家科技创新体系的重要组成部分，是依托企业、转制科研机构、科研院所或高校等设立的研究开发实体，作为重要的产业技术基础设施，国家工程实验室被纳入《国家中长期科学和技术发展规划纲要（2006—2020 年）》，以提高产业自主创新能力和核心竞争力，突破产业结构调整和重点产业发展中的关键技术装备制约，强化对国家重大战略任务、重点工程的技术支撑和保障。推进战略性、前瞻性、关键性技术等核心技术开发与实验能力的整体提升，为加快中国产业发展和技术进步，建设创新型国家提供重要的技术支撑。

国家工程实验室的主要任务包括：开展重点产业核心技术的攻关和关键工艺的试验研究、重大装备样机及其关键部件的研制、高技术产业的产业化技术开发、产业结构优化升级的战略性前瞻性技术研发，以及研究产业技术标准、培养工程技术创新人才、促进重大科技成果应用、为行业提供技术服务等③。生物安全相关的国家工程实验室见附表 14。

---

① 农业生物多样性应用技术国家工程研究中心. http：//gczx.ynau.edu.cn/SubMenu.asp?lm=1[2013-6-10]

② 生物芯片北京国家工程研究中心. http：//baike.baidu.com/view/3738574.htm[2013-5-17]

③ 国家工程实验室. http：//baike.baidu.com/view/1217297.htm[2013-5-17]

附表 14　生物安全相关国家工程实验室

实验室名称	承担单位（又名法人单位）	主管单位
艾滋病疫苗国家工程实验室	吉林大学	教育部
药物基因和蛋白筛选国家工程实验室	东北师范大学	教育部
生物饲料安全与污染防控国家工程实验室	浙江大学	教育部
工业酶国家工程实验室	中科院微生物研究所	中国科学院
作物细胞育种国家工程实验室	中国农科院蔬菜花卉研究所	农业部
免疫诊断试剂国家工程实验室	曲阜裕生物科技有限公司	—

1）艾滋病疫苗国家工程实验室

2008 年 6 月，国家发展和改革委员会根据防治艾滋病的重大需求，批准吉林大学作为法人单位建设艾滋病疫苗国家工程实验室。2011 年 12 月 27 日，该实验室顺利通过建设验收。

该实验室主要开展新型艾滋病疫苗和我国流行的其他传染病疫苗研究工作，主要目标和任务包括：围绕我国艾滋病和其他重大传染病防治等方面的迫切需求，开展艾滋病等重大疾病疫苗关键技术攻关和新品种开发，以及疫苗生产工艺研究和优化；建立艾滋病疫苗研制公共资源库，为相关研究机构提供艾滋病疫苗构建所需要的原材料；建立艾滋病疫苗临床试验的标准化程序以及艾滋病疫苗评价体系，为艾滋病疫苗的研究提供参照依据；为我国生物工程和疫苗研究方面培养高水平技术人才①。

2）药物基因和蛋白筛选国家工程实验室

药物基因和蛋白筛选国家工程实验室是国家发展和改革委员会在生物技术领域首批建立的十个国家工程实验室之一。

该实验室的主要任务是，根据国家生物医药产业创新与发展的重大战略需求，建立和完善医药产品与技术的创新体系，开展成药基因、蛋白和中药成分筛选，为制药企业提供具有自主知识产权的候选药物，满足药物开发的源头创新需要②。

3）生物饲料安全与污染防控国家工程实验室

2008 年，国家发展和改革委员会发文批准，浙江大学“生物饲料安全与污染防控国家工程实验室”予以正式授牌。这是生物饲料安全与污染防控领域唯一的、

① 吉大艾滋病疫苗国家工程实验室通过验收. http：//www.99aids.com/thread/2011-12/45809-1.htm[2011-12-27]

② 药物基因和蛋白筛选国家工程实验室.http：//neldgps.net/3[2013-3-11]

也是浙江大学获批建设的第一个国家工程实验室。

生物饲料安全与污染防控国家工程实验室紧密围绕生物饲料产业可持续发展需要，针对养殖业和饲料工业面临的饲料资源短缺、环境污染严重和动物源食品安全隐患突出等瓶颈问题，开展动物产品安全的营养调控，安全性评价与监测等技术研发，研制具有自主知识产权的抗菌抗病毒肽、功能性微生态制剂、生物免疫增强剂、有毒有害物质吸附添加剂等高技术生物饲料产品，为生物饲料产业发展提供技术支撑①。

4）工业酶国家工程实验

工业酶国家工程实验室以中国科学院微生物研究所为依托单位，以中国科学院天津工业生物技术研究与发展中心（筹）为建设执行单位，并由中国科学院上海生命科学研究院、江南大学、吉林大学、中国农业科学院生物技术研究所、清华大学、天津科技大学共同建设。

该实验室的主要目标是整合学术界以及工业界的现有优势技术，解决酶制剂发现与评估、低成本生产和应用开发等关键产业技术问题，形成从基因到酶产品的完整、高效、可自我良性循环的酶制剂研发价值链，并在此基础上开发新酶、新工艺，制定和完善相关行业的技术标准，提高酶制剂工业的国际竞争力，推动我国传统行业的改造，满足新兴生物制造业对酶制剂的需求，为酶制剂及其相关行业培养工程技术创新人才，支撑酶制剂工业的持续发展②。

5）作物分子育种国家工程实验室

国家发展和改革委员会于 2008 年 11 月 17 日发文批准建设作物分子育种国家工程实验室，法人单位为作物科学研究所，总投资 4079 万元，其中国家安排投资 1200 万元。

中国农业科学院作物科学研究所作物分子育种国家工程实验室围绕水稻、小麦、玉米、大豆等主要作物生产的重大需求，瞄准国际前沿，以培育突破性新品种为目标，以构建高效作物分子育种技术体系为主要任务，重点突破大规模基因发掘技术、实用化基因型选择技术和品种设计工程技术；开发重要性状基因及其实用分子标记，研发标记检测技术，构建高效的分子育种技术体系，开展种质创新，培育高产优质抗逆高效新品种；通过与上游和下游的有机衔接，搭建分子育种与种子产业之间的桥梁，构筑产学研一体化新体系；创建国家分子育种信息库，实现全国共享，大幅度增强我国作物分子育种及产业化创新能力③。

① 浙大获批建设“生物饲料安全与污染防控国家工程实验室”. http：//www.ebiotrade.com/newsf/2008-9/200891793348.htm[2008-9-18]

② 中国科学院天津工业生物技术研究所. http：//www.tib.cas.cn/jgsz/zdsys/gymgjgcsys/[2013-7-13]

③ 中国农业科学院. http：//www.caas.net.cn/caasnew/ky/kjpt/gczx/gjgcsyshgcyjzx/51753.shtm[2013-5-13]

6）免疫诊断试剂国家工程实验室

免疫诊断试剂国家工程实验室依托于曲阜裕隆生物科技有限公司、湖南景达生物工程有限公司和中国人民解放军军事医学科学院基础医学研究所。实验室主要包括染色体工程、细胞工程、单倍体工程和分子细胞工程 4 个研发平台。

该实验室有效地整合军事医学科学院基础医学研究所重组抗原及单克隆抗体方面的技术优势，在湖南景达生物工程有限公司内建设传染病抗原及标记抗原、传染病抗体及标记抗体、免疫 PCR、酶联免疫斑点检测、免疫诊断小分子标志物筛选检测共五个研发平台，围绕重大疾病和传染病防治的迫切要求，研究免疫诊断试剂核心原材料、标记免疫等关键技术，开发免疫诊断试剂新品种及其规模化生产和质量控制工艺。

6. 国家工程技术研究中心

国家工程技术研究中心是依托于科技实力雄厚的科研院所、高等院校或企业，拥有国内一流的工程技术研究开发、设计和试验专业人才队伍，具有较完备的工程技术综合配套试验条件，能够提供行业公益性服务，具有自我良性循环发展机制的技术研究开发平台。

国家工程技术研究中心是国家重大创新基地和国家创新体系的重要组成部分，旨在在社会主义市场经济条件下，探索科技与经济结合的新途径，加强科技成果向生产力转化的中心环节，提高科技成果的成熟性、配套性和工程化水平，为国民经济和社会发展提供技术创新支撑。

截至 2011 年年底，经过 20 年的建设与发展，国家工程技术研究中心总数达到 294 个，包含分中心在内 307 个，分布在全国 29 个省（自治区、直辖市）。工程技术研究中心涵盖了农业、电子与信息通信、制造业、材料、节能与新能源、现代交通、生物与医药、资源开发、环境保护、海洋、社会事业等领域①。生物安全相关国家工程技术研究中心见附表 15。

附表 15　生物安全相关国家工程技术研究中心名单

中心名称	依托单位
国家传染病诊断试剂与疫苗工程技术研究中心	厦门大学、养生堂有限公司
国家大豆工程技术研究中心吉林分中心	黑龙江省大豆技术开发研究中心、吉林省农业科学院
国家干细胞工程技术研究中心	中国医学科学院血液学研究所

① 国家工程研究中心. http：//www.cnerc.gov.cn/index/centers/index.aspx[2013-5-17]

续表

中心名称	依托单位
国家果蔬加工工程技术研究中心	中国农业大学
国家联合疫苗工程技术研究中心	武汉生物制品研究所
国家免疫生物制品工程技术研究中心	中国人民解放军第三军医大学
国家纳米药物工程技术研究中心	华中科技大学
国家农产品保鲜工程技术研究中心（天津）	天津市农业科学院
国家农产品保鲜工程技术研究中心（珠海）	珠海真绿色技术有限公司
国家肉类加工工程技术研究中心	中国肉类食品综合研究中心
国家肉品质量安全控制工程技术研究中心	南京农业大学、江苏雨润食品产业集团有限公司
国家生物防护装备工程技术研究中心	军事医学科学院
国家生物医学材料工程技术研究中心	四川大学生物材料工程研究中心
国家手性制药工程技术研究中心	临沂鲁南制药集团股份有限公司
国家饲料工程技术研究中心	中国农业大学农业部饲料工业中心和中国农科院饲料研究所
国家天然药物工程技术研究中心	中国科学院成都生物研究所和中国科学院成都地奥制药公司
国家应急防控药物工程技术研究中心	军事医学科学院
国家新药开发工程技术研究中心	中国医学科学院药物研究所
国家中药制药工程技术研究中心	上海中药制药技术有限公司
国家中药现代化工程技术研究中心	丽珠医药集团股份有限公司和广州中医药大学
国家中成药工程技术研究中心	辽宁华源本溪三药有限公司、沈阳药科大学
国家大容量注射剂工程技术研究中心	四川科伦药业股份有限公司
国家蛋品安全生产与加工工程技术研究中心	北京德青源农业科技股份有限公司

1）国家传染病诊断试剂与疫苗工程技术研究中心

国家传染病诊断试剂与疫苗工程技术研究中心由厦门大学和养生堂有限公司共同组建，作为厦门大学下属独立核算机构组建、管理及运营。

该中心主要从事传染病诊断试剂与疫苗研发工作，旨在获得具有明确应用前景的独创性研究成果，并促进实现其产业化[①]。

① 国家传染病诊断试剂与疫苗工程技术研究中心(厦门大学). http：//nidvd.xmu.edu.cn/bigclassb.asp?typeid=4&bigclassid=20[2013-5-17]

2）国家大豆工程技术研究中心吉林分中心

国家大豆工程技术研究中心吉林分中心依托吉林省农业科学院和黑龙江省大豆技术开发研究中心，从事包括转基因植物在内的植物分子育种基础研究为核心的综合性农业生物技术研究所。主要针对东北地区重要农作物，如玉米、大豆和水稻等，开展以现代农业生物技术为核心的新品种遗传改良战略储备研究和产业化应用基础研究。目前已经建立起“植物转基因育种与生物反应器”“分子标记辅助育种”“植物应用基因组学与生物信息学”和“转基因生物安全研究”4个学科，开展了重要农艺性状相关功能基因挖掘、主要农作物转基因新品种培育、分子标记辅助选择新品种培育、转基因生物环境安全评价等相关研究工作①。

3）国家干细胞工程技术研究中心

国家干细胞工程技术研究中心依托中国医学科学院血液学研究所。2002年4月12日，科技部正式下发批复文件，批准在天津建立目前我国唯一的“国家干细胞工程技术研究中心”。

该技术研究中心的主要任务包括：创造条件吸引和培养干细胞及相关生命科学技术高级研究人员，成为聚拢该领域优秀人才的基地；承担国家重大重点的研究和产业化项目的工程研究，成为代表国家水平的干细胞工程技术的新项目发生器；集中力量进行优选项目的产业化技术的工程化研究和产业化生产系统集成，以及规模化生产的中期试验；成为具有国际先进水平的干细胞新产品孵化器、规模化生产的推进器；向干细胞工程产业化基地及其他高新技术企业输出新产品、新项目和新技术，以成果转化或技术入股、资金入股和直接参与经营管理等方式，在干细胞工程技术研究中心周围形成一批参股或控股的干细胞高新技术产业群②。

4）国家果蔬加工工程技术研究中心

国家果蔬加工工程技术研究中心依托中国农业大学，2011年3月25日通过科技部审批，建设期为3年。

该技术研究中心是国家科技发展计划的重要组成部分，旨在促进科技与经济的有效结合，推动传统产业技术进步，促进新兴产业崛起。其在现代果蔬加工新技术、新产品和新装备的研究开发方面，开展了长期深入研究，取得了一系列科技成果，在多个领域处于国内领先水平。该中心还积极推进成果转化和产业化示范，推动成果的广泛应用③。

---

① 吉林省农业科学院生物技术研究中心. http：//brc.cjaas.com/html/zxjj.htm[2013-5-17]

② 国家干细胞工程技术研究中心. http：//www.cnerc.gov.cn/index/centers/detail.aspx?id=249[2013-5-17]

③ 国家果蔬加工工程技术研究中心通过审批. http：//caunewspaper.cuepa.cn/show_more.php?doc_id=418049 [2013-5-17]

5）国家联合疫苗工程技术研究中心

国家联合疫苗工程技术研究中心依托武汉生物制品研究所，2011 年获得立项批准。

该技术研究中心的建立有利于我国进一步扩大免疫规划的实施，有利于推广促进疫苗产品的开发和升级换代，可尽快缩小我国与发达国家在联合疫苗产业领域的技术差距，推动企业技术进步，使我国传染病预防制剂研发及生产技术达到国际水平①。

6）国家免疫生物制品工程技术研究中心

2009 年，在科技部计划司的大力支持下，中国人民解放军第三军医大学获批建设国家免疫生物制品工程技术研究中心。

该中心建设以来，中国人民解放军第三军医大学依托免疫学与药学等优势学科，与国内生物医药领域大中型骨干企业、科研院所开展联合创新，建立了多学科融合、多团队协同、多技术集成的重大研发与应用平台，形成产学研用融合发展的技术转移模式，先后承担国家重大新药创制、“863”计划、“973”计划等科研项目或产业化项目 61 项，研发超级细菌 MRSA 疫苗、破伤风抗体等新成果 12 项②。

7）国家纳米药物工程技术研究中心

国家纳米药物工程技术研究中心依托华中科技大学。2009 年 2 月 9 日，科技部发文批准华中科技大学组建国家纳米药物工程技术研究中心，2013 年 1 月，国家纳米药物工程技术研究中心正式通过科技部验收，并予以正式命名。

该技术研究中心主要从事纳米药物制剂、纳米生物医用材料和纳米诊断试剂的技术开发、产品研制及工程化研究。它将有助于进一步提升我国在生物医药领域的源头创新能力，加速纳米药物技术成果的转化扩散③。

8）国家农产品保鲜工程技术研究中心（天津）

国家农产品保鲜工程技术研究中心（天津）是由科技部批准，依托天津市农业科学院组建的，集科研和开发于一体的企业化管理试点单位，在天津新技术产业园区登记注册的天津绿达保鲜工程技术有限公司是该技术研究中心的经营实体。

该技术研究中心具备国家工程中心科研、孵化、生产、开发一条龙产业化工程体系，下设农产品加工研究室、果品蔬菜采后生理及调控技术研究室、采后病理及控制技术研究室、储运保鲜新材料研究室、储运保鲜新设备研究室、农产品

① 武汉生物制品所“国家联合疫苗工程技术研究中心”获科技部立项. http：//www.cnki.com.cn/Article/CJFDTotal-ZYSW201102011.htm[2011-2-13]

② 重庆市承建的国家免疫生物制品工程技术研究中心通过现场验收评估. http：//www.most.gov.cn/dfkj/cq/zxdt/201211/t20121102_97600.htm[2012-11-5]

③ 国家纳米药物工程技术研究中心. http：//www.cnerc.gov.cn/index/centers/detail.aspx?id=148[2013-5-17]

安全与质量检测室等6个研究室。所属企业天津绿达保鲜工程技术有限公司下设供应部、生产部、市场部、科技部与财务部[①]。

9）国家农产品保鲜工程技术研究中心（珠海）

国家农产品保鲜工程技术研究中心（珠海）于1998年由科技部批准，依托珠海真绿色技术有限公司组建。

自成立以来，中心以全国的果蔬等农产品储运保鲜为目标，重点研发生化保鲜、气调保鲜、保鲜包装材料、保鲜设备、优质采前农药、果实套袋栽培、作物化控等农产品急需的实用配套技术和产品[②]。

10）国家肉类加工工程技术研究中心

国家肉类加工工程技术研究中心依托中国肉类食品综合研究中心。

该工程技术研究中心主要开展以下研究：肉类加工工艺技术开发与新型肉制品开发；传统中式肉制工业化生产技术开发；肉类与肉制品保鲜技术开发；畜产品血制品加工利用技术；肉制品添加剂技术；肉类加工企业环境控制与污水处理技术与装备开发；肉类加工设备设计与研制；肉类加工科技与学术交流；肉类、肉制品、肉制品添加剂质量检测服务；肉类加工技术培训服务；肉制品与添加剂开发经营[③]。

11）国家肉品质量安全控制工程技术研究中心

国家肉品质量安全控制工程技术研究中心实行管理委员会领导下的主任负责制。

该中心在冷却肉加工与质量安全控制、传统肉制品现代化加工、低温肉制品加工与质量安全控制、肉类分级、肉的成熟机理及传统肉制品风味形成机理、食品凝胶形成机理等肉品科学前沿问题方面开展了系列研究工作，多项成果处于国内领先、国家先进水平[④]。

12）国家生物防护装备工程技术研究中心

国家生物防护装备工程技术研究中心于2003年12月经科技部批准正式依托军事医学科学院组建。

该中心的总任务是围绕突发公共卫生事件和生物恐怖袭击中的侦、检、消、防、治等5个控制环节，研究解决我国生物与医学防护领域中的关键技术与装备

① 国家农产品保鲜工程技术研究中心（天津）. http：//www.cnerc.gov.cn/index/centers/detail.aspx?id=253[2013-5-17]

② 国家农产品保鲜工程技术研究中心（珠海）. http：//www.cnerc.gov.cn/index/centers/detail.aspx?id=133[2013-5-17]

③ 国家肉类加工工程技术研究中心. http：//www.cnerc.gov.cn/index/centers/detail.aspx?id=3[2013-5-17]

④ 国家肉品质量安全控制工程技术研究中心. http：//www.cnerc.gov.cn/index/centers/detail.aspx?id=105[2013-5-17]

问题，加快研发具有自主知识产权的高效防护系列新产品和装备，完善相应的标准体系，推动生物防护装备产业化[①]。

13）国家生物医学材料工程技术研究中心

国家生物医学材料工程技术研究中心是科技部 2000 年批准组建的我国第一个开放性国家级生物医学材料研究开发机构，是中国生物材料委员会的挂靠单位。

该中心集科、工、贸、产、学、研为一体，技术主要依托四川大学生物材料工程研究中心，从事生物材料领域的科学研究、高级人才培养及新产品新技术开发和服务，具有国内一流工程化研究条件和创新能力，拥有较高国际知名度，按市场经济规律并结合研究工作特点运作的股份制法人实体[②]。

14）国家手性制药工程技术研究中心

国家手性制药工程技术研究中心是在 2005 年山东省科技厅批准建立的山东省手性药物工程技术研究中心的基础上筹建的国家级工程技术研究中心，2011 年通过科技部验收。

国家手性制药工程技术研究中心经科技部批准组建后，获得科技部和省科技厅的重点扶持（启动扶持资金科技部 500 万元，省科技厅配套 500 万元），在已有的手性药物拆分、合成、质量控制等研究成果基础上，进一步加快手性制药的工程技术研究与产业化，建成我国手性药物产业化的重要基地，辐射带动制药产业的全面发展[③]。

15）国家饲料工程技术研究中心

国家饲料工程技术研究中心是 2000 年 6 月经科技部批准立项成立、我国饲料行业唯一的国家级工程技术研究中心。

自批准成立以来，该中心以中国农业大学农业部饲料工业中心和中国农科院饲料研究所为依托，按照国家计划，大胆探索技术和体制的创新机制，在技术开发、工程转化、技术辐射和开放服务等方面取得成果[④]。

16）国家天然药物工程技术研究中心

国家天然药物工程技术研究中心是由科学技术部批准组建，以中国科学院成都生物研究所和中国科学院成都地奥制药公司为依托单位的国家级专业从事天然药物工程技术研究的科研开发实体。

该中心重点开发适合天然药物规模化生产的关键技术，促进天然药物科研

① 国家生物防护装备工程技术研究中心. http：//www.cnerc.gov.cn/index/centers/detail.aspx?id=53[2013-5-17]

② 国家生物医学材料工程技术研究中心. http：//www.cnerc.gov.cn/index/centers/detail.aspx?id=16[2013-5-17]2

③ 国家手性制药工程技术研究中心. http：//www.cnerc.gov.cn/index/centers/detail.aspx?id=74[2013-5-17]

④ 国家饲料工程技术研究中心. http：//www.cnerc.gov.cn/index/centers/detail.aspx?id=46[2013-5-17]

成果的转化，为企业生产技术改造、产品升级换代，以及引进、消化、吸收国外先进技术提供技术支撑，同时进行具有市场前景和商业价值的天然药物新品种的研制[①]。

17）国家应急防控药物工程技术研究中心

依托单位：军事医学科学院

18）国家新药开发工程技术研究中心

国家新药开发工程技术研究中心是经科技部批准，由卫生部、中国医学科学院、中国医学科学院药物研究所共同支持组建的国家级工程技术研究中心。该中心依托中国医学科学院药物研究所，以药物所的人才和科研优势作为坚实的技术后盾。

该中心主要开展新药研制开发，特别是一类新药和高技术含量新药的研制开发，含手性中心药物的拆分、定向合成及检测研究，对引进的产品、工艺技术和先进设备吸收、熟化，并在其基础上创新发展[②]。

19）国家中药制药工程技术研究中心

国家中药制药工程技术研究中心于 1994 年经科技部批准筹建，由国家中医药管理局和上海市科学技术委员会直接领导，1998 年在中药行业内首家通过科技部验收，1999 年被科技部优化为第二期再建的 15 个国家级工程中心之一。该工程中心依托于上海中药制药技术有限公司，拥有上海张江生物医药基地开发有限公司、上海医药（集团）有限公司、上海新药研究开发中心等 7 家股东单位共同参加组建，现坐落在国家生物医药基地——上海张江高科技园区中医药创新园。

该中心大力研制高新技术的新剂型及体现中医药特色和优势的新产品，具备提供中药制药工程技术、检测技术、GMP 等最新信息能力。作为国家级研发中心，该中心有机集成与应用国内领先/国际先进的中药/天然药物最新提取技术（超临界、微波、高速逆流色谱等）、最新制剂技术（软胶囊、脂质体、纳米囊、透皮制剂等）与配套最新中药高通量生物筛选技术（体外肝系统、体外血清实验法、抗病毒、体外脑脊液实验法等）于产品研发当中，在中药新药研发/生产、中药饮片研发、天然保健食品研发/生产，以及中药/天然药物制药工程技术综合服务领域，居国内领先地位[③]。

---

① 国家天然药物工程技术研究中心. http：//www.cnerc.gov.cn/index/centers/detail.aspx?id=158[2013-5-17]

② 国家新药开发工程技术研究中心. http：//www.cnerc.gov.cn/index/centers/detail.aspx?id=21[2013-5-17]

③ 国家中药制药工程技术研究中心. http：//www.cnerc.gov.cn/index/centers/detail.aspx?id=178[2013-5-17]

20）国家中药现代化工程技术研究中心

国家中药现代化工程技术研究中心是经科技部批准，旨在推动国家《中药现代化科技产业行动计划》而成立的中药行业骨干研究中心。1997 年，由科技部、国家中医药管理局、广东省科学技术厅、珠海市科技工贸和信息化局、丽珠医药集团、广州中医药大学等共同出资筹建，依托于丽珠医药集团股份有限公司和广州中医药大学，主管部门为国家中医药管理局和广东省科学技术厅。2001 年 10 月经专家认证，该中心已具备良好的发展“中药现代化”硬件基础和技术优势，完成组建任务项目，通过国家验收，正式挂牌成立。该中心按照小核心、大网络的架构建设，下设具有法人资格的载体公司——珠海现代中药高科技有限公司①。

21）国家中成药工程技术研究中心

国家中成药工程技术研究中心依托辽宁华源本溪三药有限公司、沈阳药科大学。

该中心现有配置先进的基础研究实验室、工程化研究室、符合 GMP 标准的中试固体制剂车间和产业化生产基地，已初步形成与中成药工程技术研究相配套的工程化、产业化能力。其基础研究实验室以沈阳药科大学作为技术支撑，在中药、天然药物的基础研究方面具有较强的实力；在工程化研究方面，立足于国际化的发展方向和对行业的示范带动作用，以中药现代化为着眼点，已研究开发出中药低农药残留技术、中药标准化提取物技术、中药标准品制备技术、中药浸膏粉直接压片技术、喷雾干燥技术、CO_2 超临界萃取——CD 包合技术等国内领先的研究成果。在中成药开发方面，开发的气滞胃痛颗粒剂、尪痹颗粒剂、乙肝清热解毒颗粒已成为国内名牌产品②。

22）国家大容量注射剂工程技术研究中心

国家大容量注射剂工程技术研究中心是科技部下属的国家级专业工程中心，2009 年 6 月，经四川省推荐，由四川科伦药业股份有限公司为依托单位申报国家大容量注射剂技术研究中心，2009 年 10 月，得到科技部的正式批复同意。四川科伦药业股份有限公司联合四川大学、中国药科大学、成都普什公司建设该中心。

该中心在提高大容量注射剂制造工艺水平和产品质量，加速成果转化，促进行业持续健康发展中发挥积极作用③。

23）国家蛋品安全生产与加工工程技术研究中心

以北京德青源农业科技股份有限公司为依托单位的国家蛋品工程技术研究

---

① 国家中药现代化工程技术研究中心. http：//www.cnerc.gov.cn/index/centers/detail.aspx?id=132[2013-5-17]

② 国家中成药工程技术研究中心. http：//www.cnerc.gov.cn/index/centers/detail.aspx?id=189[2013-5-17]

③ 国家大容量注射剂工程技术研究中心组建启动. http：//istock.jrj.com.cn/article,002422,4147243.html [2013-5-17]

中心项目于2009年11月经科技部批准并正式列入2009年国家工程技术研究中心首批组建项目计划，2010年7月15日，国家蛋品工程技术研究中心在北京德青源农业科技股份有限公司揭牌。

该中心通过对鸡蛋安全生产、储藏保鲜、深加工、环境控制、动物营养和疾病防治等项目研究解决蛋品行业发展过程中的一系列关键工程技术问题，同时作为蛋品行业的技术平台集合各方技术优势，积极推动新技术的工程化、产业化进程，面向全国研究并推广蛋品安全生产与加工技术，建立相关蛋品标准①。

附录4　相关的人才计划

人才是指具有一定的专业知识或专门技能、进行创造性劳动并对社会做出贡献的人，是人力资源中能力和素质较高的劳动者。人才是我国经济社会发展的第一资源。

我国正处在改革发展的关键阶段，深入贯彻落实科学发展观，全面推进经济建设、政治建设、文化建设、社会建设以及生态文明建设，推动工业化、信息化、城镇化、市场化、国际化深入发展，全面建设小康社会，实现中华民族伟大复兴，必须大力提高国民素质，在继续发挥我国人力资源优势的同时，加快形成我国人才竞争比较优势，逐步实现由人力资源大国向人才强国的转变。

一、人才工程

《国家中长期人才发展规划纲要（2010—2020年）》明确指出，需要实施以下人才工程。

1. 创新人才推进计划

为积极应对国际科技竞争，提高自主创新能力，着眼于培养造就一批世界水平的科学家，在我国具有相对优势的科研领域设立100个科学家工作室；瞄准世界科技前沿和战略性新兴产业，每年重点支持和培养一批具有发展潜力的中青年科技创新领军人才；着眼于推动企业成为技术创新主体，每年重点扶持1000名科技创新创业人才；依托一批国家重大科研项目、国家重点工程和重大建设项目，建设若干重点领域创新团队；以高等学校、科研院所和高新技术产业开发区为依

① 国家蛋品工程技术研究中心揭牌. http：//mall.cnki.net/magazine/Article/ZGJQ201014018.htm[2013-8-23]

托，建设300个创新人才培养示范基地。

2. 青年英才开发计划

着眼于人才基础性培养和战略性开发，提升我国未来人才竞争力，在自然科学、哲学社会科学和文化艺术等重点学科领域，每年重点培养扶持一批青年拔尖人才；在高水平研究型大学和科研院所的优势基础学科建设一批国家青年英才培养基地，按照严入口、小规模、重特色、高水平的原则，每年选拔一批拔尖大学生进行专门培养；为培养造就未来国家所需的高素质、专业化管理人才，每年从应届高中及大学毕业生中筛选若干优秀人才送到国外一流大学深造，进行定向跟踪培养。

3. 企业经营管理人才素质提升工程

着眼于提高我国企业现代化经营管理水平和国际竞争力，到2020年，培养一批具有世界眼光、战略思维、创新精神和经营能力的企业家；培养1万名精通战略规划、资本运作、人力资源管理、财会、法律等专业知识的企业经营管理人才。

4. 高素质教育人才培养工程

为建设一支高素质、创新型教育人才队伍，通过研修培训、学术交流、项目资助等方式，每年重点培养和支持2万名各类学校教育教学骨干、“双师型”教师、学术带头人和校长，在中小学校、职业院校、高等学校培养造就一批教育家、教学名师和学科领军人才。

5. 文化名家工程

为更好地推动宣传思想文化工作，进一步提高国家文化软实力，着眼于培养造就一批造诣高深、成就突出、影响广泛的宣传思想文化领域杰出人才，每年重点扶持、资助一批哲学社会科学、新闻出版、广播影视、文化艺术、文物保护名家承担重大课题、重点项目、重要演出，开展创作研究、展演交流、出版专著等活动。到2020年，由国家资助的宣传思想文化领域文化名家达到2000名。

6. 全民健康卫生人才保障工程

适应深化医药卫生体制改革、保障全民健康需要，加大对卫生人才培养支持力度。到2020年，培养造就一批医学杰出骨干人才，给予科研专项经费支持；

开展住院医师规范化培训工作，支持培养5万名住院医师；加强以全科医师为重点的基层卫生人才队伍建设，通过多种途径培训30万名全科医师，提高基层医疗卫生服务能力。

7. 海外高层次人才引进计划

重点围绕国家发展战略目标，在中央、国家有关部门及地方分层次、有计划地引进一批能够突破关键技术、发展高新技术产业、带动新兴学科的战略科学家和创新创业领军人才。其中，中央层面实施海外高层次人才引进计划（简称“千人计划”），建设一批海外高层次人才创新创业基地，用5～10年时间引进2000名左右海外高层次人才回国（来华）创新创业。

8. 专业技术人才知识更新工程

围绕我国经济结构调整、高新技术产业发展和自主创新能力的提高，在装备制造、信息、生物技术、新材料、海洋、金融财会、生态环境保护、能源资源、防灾减灾、现代交通运输、农业科技、社会工作等重点领域，开展大规模的知识更新继续教育，每年培训100万名高层次、急需紧缺和骨干专业技术人才，到2020年，累计培训1000万名左右。依托高等学校、科研院所和大型企业现有施教机构，建设一批国家级继续教育基地。

9. 国家高技能人才振兴计划

适应走新型工业化道路、加快产业结构优化升级的需要，加强职业院校和实训基地建设，培养造就一大批具有精湛技艺的高技能人才。到2020年，在全国建成一批技能大师工作室、1200个高技能人才培训基地，培养100万名高级技师。

10. 现代农业人才支撑计划

适应建设社会主义新农村、加快发展现代农业的需要，加大对现代农业的人才支持力度。到2020年，选拔一批农业科研杰出人才，给予科研专项经费支持；支持1万名有突出贡献的农业技术推广人才，开展技术交流、学习研修、观摩展示等活动；选拔3万名农业产业化龙头企业负责人和专业合作组织负责人、10万名生产能手和农村经纪人等优秀生产经营人才，给予重点扶持。

11. 边远贫困地区、边疆民族地区和革命老区人才支持计划

为促进边远贫困地区、边疆民族地区和革命老区加快发展，实现基本公共服务均等化目标，在职务、职称晋升等方面采取倾斜政策，每年引导 10 万名优秀教师、医生、科技人员、社会工作者、文化工作者到边远贫困地区、边疆地区和革命老区工作或提供服务。每年重点扶持培养 1 万名边远贫困地区、边疆地区和革命老区急需紧缺人才。

12. 高校毕业生基层培养计划

着眼于解决基层特别是中西部地区基层人才匮乏问题，培养锻炼后备人才，积极引导和鼓励高校毕业生到基层创业就业。实施一村一名大学生计划，用 5 年时间，先期选派 10 万名高校毕业生到村任职，到 2020 年，实现一村一名大学生目标。统筹各类大学生到基层服务创业计划。通过政府购买工作岗位、实施学费和助学贷款代偿、提供创业扶持等方式，引导高校毕业生到农村和社区服务、就业和自主创业。

二、重点人才计划

近年来，国家推出的人才计划中，重点计划包括千人计划、海外赤子为国服务行动计划（简称“赤子计划”）、百人计划和自然科学基金委员会杰出青年计划，下面针对这些计划做简要介绍。

1. 千人计划

2008 年 12 月，中共中央办公厅转发《中央人才工作协调小组关于实施海外高层次人才引进计划的意见》。海外高层次人才引进计划，主要是围绕国家发展战略目标，从 2008 年开始，用 5～10 年，在国家重点创新项目、重点学科和重点实验室、中央企业和国有商业金融机构、以高新技术产业开发区为主的各类园区等，引进并有重点地支持一批能够突破关键技术、发展高新产业、带动新兴学科的战略科学家和领军人才回国（来华）创新创业①。

海外高层次人才引进工作小组负责千人计划的组织领导和统筹协调。工作小组由中央组织部、人力资源和社会保障部会同教育部、科技部、中国人民银行、国务院国有资产监督管理委员会、中国科学院、中共中央统一战线工作部、外交部、国家发展和改革委员会、工业和信息化部、公安部、财政部、国务院侨务办

① 中华人民共和国科学技术部. 国家中长期人才发展规划纲要. http：//www.most.gov.cn/yw/201006/t20100607_77850.htm[2010-6-8]

公室、中国工程院、自然科学基金委员会、国家外国专家局、中国共产主义青年团中央委员会、中国科学技术协会等单位组成。在中共中央组织部人才工作局设立海外高层次人才引进工作专项办公室，作为工作小组的日常办事机构，负责“千人计划”的具体实施①。2011 年“千人计划”生物安全相关领域部分人员名单见附表 16。

附表 16　“千人计划”生物安全相关领域部分人员名单

姓名	性别	出生日期	推荐单位	专业领域	毕业院校	现任职单位	现任职务
光寿红	男	1974 年 4 月	中国科学技术大学	研究真核生物中病毒起源的无内含子 RNA 的表达和调控机制	2004 年 12 月毕业于〔美〕威斯康星大学	〔美〕威斯康星大学	研究员
汪阳明	男	1979 年 12 月	北京大学	非编码小核酸在胚胎干细胞中功能的研究	2006 年 2 月毕业于〔美〕伊利诺伊大学厄巴纳—尚佩恩分校	〔美〕加州大学旧金山分校	博士后
黄亿华	男	1971 年 10 月	中国科学院生物物理研究所	通过研究参与细胞膜重要组分生成的膜蛋白或膜蛋白复合体的结构和功能来理解生物膜生成这一重要生物学过程，并为新型抗菌药物的研发奠定基础	2004 年 2 月毕业于〔美〕康奈尔大学	〔美〕休斯医学研究所/西南医学中心	讲师
侯百东	男	1971 年 10 月	中国科学院生物物理研究所	Toll 样受体（TLR）信号传导在感染和炎症中的作用	2001 年 7 月毕业于协和医科大学	〔美〕加州大学旧金山分校	副研究专员
晏为力	男	1973 年 1 月	西南交通大学	从事纳米技术在药物和疫苗输送方面的研究	2006 年 6 月毕业于〔美〕肯塔基大学	〔美〕奥本大学	助理教授

注：年龄及工作年限计算截至 2011 年 1 月 31 日

2. 赤子计划

“赤子计划”是人力资源和社会保障部 2009 年提出来的一项智力报国计划，具体包括以下六类：①人力资源社会保障部组织的示范性留学人员为国服务活动；②人力资源社会保障部留学人员和专家服务中心组织的留学人员为国服务活动；③人力资源社会保障部与各地方人民政府联合主办大型留学人员人才项目交流及为国服务活动；④人力资源社会保障部资助支持由地方人力资源社会保障部门具体组织的留学人员为国服务活动；⑤人力资源社会保障部资助支持由有关部

① 千人计划. http：//www.1000plan.org/qrjh/section/2?m=rcrd[2013-9-17]

门具体组织的留学人员为国服务活动；⑥人力资源社会保障部资助支持由海外留学人员团体具体组织的为国服务活动[①]。

3. 百人计划

“百人计划”是1994年中国科学院启动的一项高目标、高标准和高强度支持的人才引进与培养计划。朱日祥、曹健林、卢柯等14人成为1994年首批支持对象。该项目原计划在20世纪的最后几年中，以每人200万元的资助力度从国外吸引并培养百余名优秀青年学术带头人。十几年来，百人计划为中国科学凝聚了大批优秀人才，其中从海外引进的杰出青年人才上千名[②]。

4. 自然科学基金委员会杰出青年计划

为促进青年科学技术人才的成长，并鼓励海外学者回国工作，加速培养、造就一批进入世界科技前沿的跨世纪优秀学术带头人，国家特设立国家杰出青年科学基金，并由科学基金委员会负责组织实施，进行日常管理。国家杰出青年科学基金资助国内与尚在境外和即将回国定居工作的优秀青年学者，在国内进行自然科学的基础研究和应用基础研究。

国家杰出青年科学基金支持在基础研究方面已取得突出成绩的青年学者自主选择研究方向开展创新研究，促进青年科学技术人才的成长，吸引海外人才，培养造就一批进入世界科技前沿的优秀学术带头人。该基金资助全职在中国内地工作的优秀华人青年学者从事自然科学基础研究工作。本基金所指的中国内地，系指我国除港、澳、台地区之外的省（自治区、直辖市）。国家杰出青年科学基金每年受理一次[③]。

附录5　统 计 数 据

一、传染病报告发病和死亡情况

从附表17可以看出，2012年，全国共报告甲类传染病发病76例，死亡1人，报告发病率为$0.0056/10^5$，比2011年上升194.74%，死亡率为$0.0001/10^5$，与2011年持平。乙类传染病除传染性非典型性肺炎、脊髓灰质炎和白喉无发病、

① 赤子计划. http：//www.1000plan.org/qrjh/channel/57[2013-9-17]

② 中科院百人计划. http：//www.1000plan.org/qrjh/channel/7[2013-9-17]

③ 自然科学基金杰出青年计划. http：//www.1000plan.org/qrjh/channel/52[2013-9-17]

死亡报告外，其他共报告发病 3 216 856 例，死亡 16 720 人。报告发病率为 238.75/10^5，死亡率为 1.24/10^5，分别较 2011 年下降 1.66%和上升 9.02%（既往已报告的 HIV 感染者转化艾滋病病例为新增纳入发布数据，2012 年度不参与报告发病率同期比）。报告发病数居前 5 位的病种依次为病毒性肝炎、肺结核、梅毒、细菌性和阿米巴性痢疾及淋病，占乙类传染病报告发病总数的 94.55%，报告死亡数居前 5 位的病种依次为艾滋病、肺结核、狂犬病、病毒性肝炎和流行性出血热，占乙类传染病报告死亡总数的 98.38%。

附表 17　全国甲乙类传染病报告发病及死亡数　　（单位：人）

病名	发病例数		死亡人数	
	2012 年	2011 年	2012 年	2011 年
鼠疫	1	1	1	1
霍乱	75	24	0	0
传染性非典型性肺炎	0	0	0	0
艾滋病	41 929	20 450	11 575	9 224
艾滋病病例中既往 HIV 感染者转化病例	17 894	—	—	—
病毒性肝炎	1 380 800	1 372 344	747	830
脊髓灰质炎	0	20	0	1
人感染高致病性禽流感	1	1	1	1
甲型 H1N1 流感	1 072	9 360	3	75
麻疹	6 183	9 943	8	10
流行性出血热	13 308	10 779	104	119
狂犬病	1 425	1 917	1 361	1 879
流行病乙型脑炎	1 763	1 625	59	63
登革热	575	120	0	—
炭疽	237	309	1	3
细菌性和阿米巴性痢疾	207 429	237 930	13	24
肺结核	951 508	953 275	2 662	2 840
伤寒和副伤寒	11 998	11 798	3	1
流行性脑脊髓膜炎	195	228	24	25
百日咳	2 183	2 517	1	2
白喉	0	0	0	0

续表

病名	发病例数		死亡人数	
	2012 年	2011 年	2012 年	2011 年
新生儿破伤风	656	785	51	52
猩红热	46 459	63 878	2	1
布鲁氏菌病	39 515	38 151	1	0
淋病	91 853	97 954	1	1
梅毒	410 074	395 182	79	75
钩端螺旋体病	440	396	5	5
血吸虫病	4 802	4 483	4	2
疟疾	2 451	4 088	15	30
合计	3 216 932	3 237 558	16 721	15 264

从附表 18 可以看出，丙类传染病共报告发病 3 734 546 例，死亡 594 人，报告发病率为 $277.18/10^5$，死亡率为 $0.04/10^5$，分别较 2011 年上升 20.57%和 9.98%。报告发病数居前 5 位的病种依次为手足口病、其他感染性腹泻病、流行性腮腺炎、流行性感冒和风疹，占丙类报告发病总数的 98.97%。报告死亡数较多的为手足口病和其他感染性腹泻病。

附表 18　全国丙类传染病报告发病及死亡数　　（单位：人）

病名	发病例数		死亡人数	
	2012 年	2011 年	2012 年	2011 年
流行性感冒	122 140	66 133	4	4
流行性腮腺炎	479 518	454 385	0	1
风疹	40 156	65 549	1	0
急性出血性结膜炎	32 333	34 262	0	0
麻风病	122 140	66 133	4	4
斑疹伤寒	2 102	2 360	0	1
黑热病	218	293	1	0
包虫病	3 234	2 909	1	0
丝虫病	0	1	0	0
其他感染性腹泻病	885 678	836 591	17	23
手足口病	2 168 737	1 619 706	567	509
合计	3 734 546	3 082 541	594	538

二、食物中毒事件报告情况

1. 食物中毒事件报告月度分布

从附表 19 可以看出，2011 年食物中毒事件报告起数、中毒人数、死亡人数以第三季度（7～9 月）最高，分别占全年总数的 38.62%，38.73%和 44.53%。食物中毒事件报告起数、中毒人数、死亡人数最多的月份为 8 月，分别占全年总数的 15.34%，21.02%，21.90%。

附表 19　2011 年食物中毒事件报告月度分布　（单位：人）

月份	报告起数	中毒人数	死亡人数
1	8	143	7
2	4	89	3
3	5	206	2
4	14	1335	3
5	17	977	5
6	20	274	23
7	21	741	24
8	22	935	13
9	23	760	13
10	22	419	38
11	11	628	10
12	7	178	5

从附表 20 可以看出，2012 年 5～10 月食物中毒事件报告起数、中毒人数和死亡人数分别占全年总数的 70.1%，61.4%和 79.4%。

附表 20　2012 年食物中毒事件报告月度分布　（单位：人）

月份	报告起数	中毒人数	死亡人数
1	7	393	9
2	3	159	2
3	3	14	5
4	15	642	8

续表

月份	报告起数	中毒人数	死亡人数
5	26	1366	13
6	16	650	8
7	21	635	15
8	29	1750	30
9	23	839	16
10	22	982	14
11	14	447	8
12	10	447	9

2. 食物中毒原因分类

从附表 21 可以看出，2011 年的食物中毒事件报告中，微生物性食物中毒事件的报告起数和中毒人数仍为最多，分别占总数的 41.27%和 61.67%；化学性食物中毒事件的死亡人数最多，占总数的 41.61%。

附表 21　2011 年食物中毒原因分类　（单位：人）

中毒原因	报告起数	中毒人数	死亡人数
微生物性	78	5133	14
化学性	30	730	57
有毒动植物及毒蘑菇	53	1543	51
不明原因	28	918	15
合计	189	8324	137

从附表 22 可以看出，2012 年的食物中毒事件报告中，有毒动植物及毒蘑菇引起的食物中毒事件的报告起数和死亡人数最多，分别占总数的 41.4%和 67.8%；微生物性食物中毒事件中毒人数最多，占总数的 56.1%。

附表 22　2012 年食物中毒原因分类　（单位：人）

中毒原因	报告起数	中毒人数	死亡人数
微生物性	56	3749	16
化学性	21	395	19
有毒动植物及毒蘑菇	72	990	99
不明原因	25	1551	12
合计	174	6685	146

与 2011 年相比，微生物性食物中毒事件的报告起数和中毒人数分别减少 28.2%和 27.0%，死亡人数增加 2 人；化学性食物中毒事件的报告起数、中毒人数和死亡人数分别减少 30.0%，45.9%和 66.7%；有毒动植物及毒蘑菇引起的食物中毒事件的报告起数和死亡人数分别增加 35.8%和 94.1%，中毒人数减少 35.8%。

3. 食物中毒场所分类

从附表 23 可以看出，2011 年的食物中毒事件报告中，发生在家庭的食物中毒事件报告起数和死亡人数最多，分别占总数的 45.50%和 72.26%；发生在集体食堂和家庭的中毒人数较多，分别占总数的 32.83%和 30.95%。

附表 23　2011 年食物中毒场所分类　（单位：人）

中毒场所	报告起数	中毒人数	死亡人数
集体食堂	44	2733	4
家庭	86	2576	99
饮食服务单位	28	1516	3
其他	31	1499	31
合计	189	8324	137

从附表 24 可以看出，2012 年的食物中毒事件中，发生在家庭的食物中毒事件报告起数和死亡人数最多，分别占总数的 55.2%和 87.7%；发生在集体食堂的食物中毒事件中毒人数最多，占总数的 46.3%。

附表 24 2012 年食物中毒场所分类 （单位：人）

中毒场所	报告起数	中毒人数	死亡人数
集体食堂	42	3096	3
家庭	96	1615	128
饮食服务单位	12	324	8
其他	24	1650	7
合计	174	6685	146

与 2011 年相比，发生在集体食堂的食物中毒事件的报告起数减少 4.5%，中毒人数增加 13.3%，死亡人数减少 1 人；发生在家庭的食物中毒事件报告起数和死亡人数分别增加 11.6%和 29.3%，中毒人数减少 37.3%；发生在饮食服务单位的食物中毒事件报告起数和中毒人数分别减少 57.1%和 78.6%，死亡人数增加 5 人。

4. 学生食物中毒事件情况

从附表 25 可以看出，2011 年共报告学生食物中毒事件 30 起，中毒 1901 人，死亡 1 人。学生食物中毒事件的报告起数和中毒人数分别占全年总数的 15.87%和 22.84%。其中，25 起发生于学校集体食堂，中毒 1682 人，无死亡。

附表 25 2011 年学生食物中毒事件情况 （单位：人）

中毒原因	报告起数	中毒人数	死亡人数
微生物性	18	1270	0
化学性	4	181	1
有毒动植物及毒蘑菇	4	247	0
不明原因	4	203	0
合计	30	1901	1

从附表 26 可以看出，2012 年共报告学生食物中毒事件 35 起，中毒 2754 人，死亡 4 人。学生食物中毒事件的报告起数、中毒人数和死亡人数分别占全年总数的 20.1%，41.2%和 2.7%。其中 34 起发生在集体食堂，中毒 2669 人，死亡 3 人。与 2011 年相比，学生食物中毒事件的报告起数和中毒人数分别增加 16.7%和 44.9%，死亡人数增加 3 人。

附表 26　2012 年学生食物中毒事件情况　（单位：人）

中毒原因	报告起数	中毒人数	死亡人数
微生物性	19	1512	1
化学性	3	137	2
有毒动植物及毒蘑菇	6	385	0
不明原因	7	720	1
合计	35	2754	4

5. 食物中毒情况分析

（1）从食物中毒原因来看，2011 年，微生物性食物中毒事件的报告起数和中毒人数均居首位，主要是由于食品储存、加工环节操作不当导致食品变质或受污染。化学性食物中毒、有毒动植物及毒蘑菇食物中毒是造成食物中毒事件人员死亡的主要原因，引起中毒的物质主要为剧毒鼠药、有机磷农药、亚硝酸盐和毒蘑菇；2012 年微生物性食物中毒事件报告中毒人数最多，主要是由沙门氏菌、蜡样芽孢杆菌、副溶血性弧菌、大肠杆菌、肉毒毒素、葡萄球菌肠毒素、变形杆菌、气单胞菌、志贺氏菌、肺炎克雷白杆菌、椰毒假单胞菌等引起的细菌性食物中毒。有毒动植物及毒蘑菇引起的食物中毒事件报告起数和死亡人数最多，也是食物中毒事件的主要死亡原因，中毒因素包括毒蘑菇、河豚毒素、未煮熟四季豆和草药，其中以毒蘑菇为主。化学性食物中毒事件的中毒因素包括亚硝酸盐、有机磷农药、剧毒鼠药及甲醇等，其中以亚硝酸盐为主。

（2）从食物中毒发生的场所看，2011 年发生在家庭的食物中毒事件报告起数和死亡人数最多，病死率也最高，达 3.84%。发生在集体食堂和家庭的食物中毒事件中毒人数居前两位，共占中毒总人数的 63.78%。集体食堂食物中毒事件主要由于食品储存、加工不当导致食品变质或受到污染。学校集体食堂及周边食品摊点是学生食物中毒事件的主要场所。农村地区自办宴席是食物中毒事件的高发因素，这与部分农村地区群众缺乏基本的食品安全知识和良好的饮食卫生习惯有关；2012 年发生在家庭的食物中毒事件报告起数及死亡人数最多，误食误用引起的有毒动植物及毒蘑菇中毒事件和化学中毒事件是死亡的主要原因。发生在集体食堂的食物中毒事件中毒人数最多，占总中毒人数的 46.3%；中毒原因主要是食物污染或变质、加工不当及交叉污染等。

（3）2011 年和 2012 年的第三季度都是食物中毒事件报告起数、中毒人数、死亡人数最多的季度，这与往年相同。第三季度气温较高，气候潮湿，食物易腐败变质，一旦储存或加工不当，极易发生微生物性食物中毒。第三季度也正值各种有毒植物及毒蘑菇的采食期，若缺乏相应毒物的鉴别能力，容易发生误食中毒。

（4）2011 年，全国共收到 2 起重大食物中毒事件报告，均发生在 8 月份。一起是发生在西北某省份的氟乙酸钠中毒事件，造成 107 人中毒，11 人死亡。另一起是发生在西南某省份的沙门氏菌引起的食物中毒事件，造成 174 人中毒，1 人死亡。2012 年无特别重大和重大食物中毒事件报告。报告较大食物中毒事件 105 起，中毒 2857 人，死亡 146 人；一般食物中毒事件 69 起，中毒 3828 人。

三、动物疫情

2011 年，我国重大动物疫情形势总体保持平稳，疫病流行强度不断下降，发病频次大幅降低，发病范围显著缩小，总体疫情控制在较低水平。截至 2011 年 12 月，全国已连续 30 个月未发生亚洲 I 型口蹄疫疫情，连续 21 个月未发生 A 型口蹄疫疫情。全国仅发生 1 起家禽高致病性禽流感疫情，部分省份散发 7 起 O 型口蹄疫疫情、2 起高致病性猪蓝耳病疫情。疫情发生后，农业部及时指导各地果断处置疫情，通过采取免疫、监测、扑杀、检疫监管等各项综合防控措施，迅速控制和扑灭了疫情，未发生扩散蔓延。有效防堵了非洲猪瘟、疯牛病等外来动物疫病传入，猪瘟、新城疫等其他疫情继续保持平稳。

据农业部报道，2012 年全国动物疫情形势总体保持平稳，未发生区域性重大动物疫情和重大动物产品质量安全事件，有效保障了养殖业生产安全、动物产品质量安全和公共卫生安全。[①]

附录 6　食品安全大事记

1. 双汇瘦肉精事件

曝光时间：2011.3.15

地点：河南

罪魁祸首：瘦肉精

① 相关数据见《中国卫生统计年鉴 2012》

央视在“3·15”消费者权益日播出的《“健美猪”真相》节目中披露，河南济源双汇公司收购使用含“瘦肉精”的猪肉。

2. 河南南阳毒韭菜事件

时间：2011.3.25
地点：河南南阳
罪魁祸首：残余农药（磷）严重超标
2011 年 3 月下旬，河南南阳 4 个家庭的 10 口人因食用韭菜中毒。中毒原因系在流动菜贩购买残余农药超标的韭菜。

3. 甘肃平凉牛奶亚硝酸盐中毒事件

发生时间：2011.4.7
地点：甘肃平凉
罪魁祸首：亚硝酸盐
2011 年 4 月 7 日，甘肃省平凉市崆峒区发生牛奶中毒事件，39 名中毒患者被送往当地两家医院救治，患者以 14 岁以下儿童居多。其中，3 名婴幼儿死亡，均不到 2 岁，最小的不到 2 个月。最终该事件确认为亚硝酸盐特大投毒案件。

4. 三黄鸡遭曝光

曝光时间：2011.4.10
罪魁祸首：化学合成色素
2011 年 4 月 10 日，有记者曝光整体颜色色泽鲜亮，呈橙黄色，看上去十分诱人的三黄鸡是用有毒性的化学合成色素染成的。而大小餐馆中的红烧肉等“美味佳肴”同样是用省钱还好看的色素染成的。

5. 染色馒头事件

曝光时间：2001.4.11
地点：上海
罪魁祸首：防腐剂、甜蜜素
2011 年 4 月 11 日，央视“消费主张”曝光上海华联等超市多年销售染色馒头，其添加防腐剂、甜蜜素等，生产日期随意更改。

6. 多地曝光用牛肉膏让猪肉变牛肉

曝光时间：2011.4.13
地点：安徽
罪魁祸首：牛肉膏

安徽查获一种名为“牛肉膏”的添加剂，经过腌制，可让猪肉在 90 分钟内迅速变身“牛肉”。牛肉膏中含有的各种氨基酸、I+G、味精、水解蛋白等，它是一种复合添加剂，用量过多则可能致癌。

7. 黑芝麻浸泡成“墨汁”疑染色

曝光时间：2011.4.15
地点：北京
罪魁祸首：未知

有记者称，北京某批发市场一摊点销售的黑芝麻在水中浸泡十多分钟后变成“墨汁”，消费者怀疑黑芝麻被染色。

8. 青岛福尔马林浸泡小银鱼事件

曝光时间：2011.4.15
地点：山东青岛
罪魁祸首：福尔马林

青岛查获一批使用福尔马林和工业烧碱浸泡的小银鱼，浸泡过的小银鱼更好看、体积增大、有弹性、不容易腐烂。但是食用这种小银鱼后会造成消化道灼伤，严重的可以导致消化道穿孔，甚至休克。特别是长期接触甲醛会导致植物神经紊乱，生殖能力缺失，甚至是白血病。

9. “毒生姜”事件

曝光时间：2011.4.15
罪魁祸首：硫磺

2011 年 4 月 15 日，湖北省宜昌市万寿桥工商所执法人员接到群众举报，在辖区一座大型蔬菜批发市场内，查获两个使用硫磺熏制“毒生姜”的窝点，现场查获“毒生姜”近 1 吨。

10. 毒豆芽事件

地点：辽宁沈阳

曝光时间：2011.4.17

罪魁祸首：各种添加剂

2011 年 4 月 17 日，沈阳警方查获一黑豆芽加工点，该黑加工点生产的豆芽使用了至少 4 种违法添加剂，其中尿素严重超标。

11. 北京部分影院爆米花桶被曝含致癌荧光增白剂

曝光时间：2011.4.22

地点：北京

罪魁祸首：银光增白剂

2011 年 4 月 22 日，国际食品包装协会在北京发布了对北京 5 家影院爆米花桶的调查报告，报告显示，从影院售卖的爆米花桶的颜色上来分基本上可以分为两种，一部分爆米花桶内侧颜色较白较亮，另一部分爆米花桶内侧呈现乳白色。颜色较白的纸筒在紫外分析仪下呈限量刺眼的蓝色，说明纸筒在生产过程中使用了含有致癌物的荧光增白剂。

12. 重庆“毒花椒”事件

曝光时间：2011.4.28

地点：重庆

罪魁祸首：罗丹明 B

罗丹明 B 俗称“大红粉”，呈红色粉末状，部分不良商贩将其作为苏丹红替代品，属于非食品原料，会导致人体皮下组织生肉瘤，具有致癌和致突变性。2008 年，我国明确规定禁止将其用作食品添加剂。2011 年 4 月 28 日，重庆市九龙坡区分局通报称，当地警方查明一起销售毒花椒案件，查获上万斤毒花椒，该毒花椒中含有致癌物罗丹明 B。3 月 25 日，重庆市九龙坡区质监局从重庆某食品生产基地送检的火锅底料和麻辣鱼底料中检验出罗丹明 B。

13. 塑化剂事件

曝光时间：2011.4

地点：我国台湾

罪魁祸首：塑化剂

2011 年 4 月，我国台湾岛内卫生部门例行抽验食品时，在一款“净元益生菌”粉末中发现，里面含有有害健康的塑化剂“邻苯二甲酸(2-乙基己基)酯”(DEHP)，浓度高达 600 微克/毫升。

14. 爆炸西瓜

曝光时间：2011.5.13
地点：江苏镇江
罪魁祸首：干旱及其他因素

2011 年 5 月 8 日开始，江苏省镇江市丹阳市延陵镇大吕村某瓜农种植的 40 多亩西瓜还没有成熟就纷纷炸裂开来，截至 5 月 13 日此事件被各大媒体曝光，其数十亩西瓜已满地“开花”。因该瓜农使用了膨大剂，各媒体纷纷把“膨大剂”推至风口浪尖。

15. 北京黑心烤鸭被曝光

曝光时间：2011.5
地点：北京
罪魁祸首：伪劣北京烤鸭

2011 年 5 月，消费者反映在北京前门等地购买的袋装便宜“北京烤鸭”肉质异常，随后记者调查发现，该“黑心烤鸭”包装上的信息是假的。

16. 广东发现含高浓度亚硝酸盐的毒燕窝

曝光时间：2011.6.3
地点：广东
罪魁祸首：亚硝酸盐

2011 年 6 月 3 日，广东查获一批用白燕窝染色而成的染色燕窝，所用的是质量差、外观不好看的低价白燕窝，其中亚硝酸盐含量很高。

17. 老堂客回收火锅底料制售火锅老油

曝光时间：2011.7.26
地点：广东
罪魁祸首：“废油”“老油”

2011 年 7 月 26 日，中央电视台的“消费主张”栏目报道了老堂客回收顾客食剩的火锅底料，制售火锅老油的消息。废油脂中的黄曲霉素（毒性是砒霜的 100 倍）是目前发现的最强化学致癌物质，长期摄入低剂量黄曲霉素可使动物患上肝癌、胃腺癌、肾癌、直肠癌，以及乳腺、卵巢、小肠等部位癌肿。

18.“毒油条”事件

曝光时间：2011.7.26
地点：北京
罪魁祸首：洗衣粉

有媒体曝光，南方一些城市商贩用洗衣粉“炸油条”，即炸油条时，在面粉里放少量的洗衣粉，炸出来的油条外观口感比其他油条好。

19. 快餐业勾兑事件

曝光时间：2011.8
地点：上海
罪魁祸首：豆浆粉、勾兑液

2011 年，快餐业巨头味千拉面、肯德基等先后陷入“骨汤门”“豆浆门”，另外还有山西老陈醋勾兑事件，以及香港媒体报道的“化学酱油”等一系列事件。

20. 地沟油

曝光时间：2011 年
地点：全国
罪魁祸首：地沟油

“地沟油”又被业内人士称为“毛油”，其来源主要有：下水道中的油腻漂浮物；宾馆、酒楼的剩饭、剩菜经过简单加工、提炼出的油；用于油炸食品的油使用次数超过规定要求，或是劣质猪肉、猪内脏、猪皮加工以及提炼后产出的油。被捞回的“地沟油”通常会在勾兑一些新油之后流入食品、餐饮行业。据实验测定，长期摄入“地沟油”将会对人体造成伤害，如发育障碍、易患肠炎，并有肝、心和肾肿大以及脂肪肝等病变。此外，“地沟油”受污染产生的黄曲霉素不仅易使人发生肝癌，也有可能引发其他部位癌变，如胃腺癌、肾癌、直肠癌及乳腺癌、子宫癌、肠癌等。

21.“蒸功夫”香精包

曝光时间：2011.9
地点：北京
罪魁祸首：香精

2011 年 9 月，有媒体报道北京朝阳区一些“蒸功夫”包子铺在制作包子时使用香精，媒体经暗访调查发现，数家打着“蒸功夫”招牌的包子店均在店外隐蔽之处制作包子馅料，除卫生条件差外，都“偷偷”使用各种香精。其中一种“veltol”品牌的“肉味香精”被广为使用。

22. 速冻水饺被爆细菌超标

曝光时间：2011.10
地点：全国
罪魁祸首：金黄色葡萄球菌

截至2011年11月中旬，思念、三全、湾仔码头，国内速冻食品三大品牌均陷入“细菌门”。金黄色葡萄球菌属于高致病菌，人体感染后可引起局部化脓，也可引起肺炎、伪膜性肠炎、心包炎等，甚至败血症、脓毒症等全身感染。按照我国现行食品安全相关规定，金黄色葡萄球菌在食品安全检查中为不得检出物质，需加热30分钟才可杀灭。

23. 立顿铁观音稀土超标

曝光时间：2011.11.8
地址：全国
罪魁祸首：稀土

11月8日，国家质检总局在其官方网站公布了最新的37种产品质量抽检结果，有19种乌龙茶产品不符合标准规定。其中，联合利华（中国）有限公司生产的“立顿”牌铁观音产品（规格型号为50克/盒，生产日期为2011-01-14）被判不合格，不合格项目是稀土，标准值要求≤2.0毫克/千克，而产品实测值为3.2毫克/千克，比标准值2.0毫克/千克高出60%。稀土是十多种元素的总称，稀土超标后容易在人体内蓄积，一旦过多能对人体造成多种影响，包括致癌、肝肾功能衰竭，影响神经系统等，具体影响与其浓度相关。

24. 可口可乐美汁源果粒奶曝含杀虫剂

曝光时间：2011.11.28
地点：长春
罪魁祸首：氨基甲酸酯类杀虫剂（万灵）

11月28日，长春一对母子饮用可口可乐美汁源果粒奶优（清新草莓味）后中毒，中毒男孩已死亡。警方鉴定剩余饮料含有剧毒杀虫剂。当地已发生2起同类事件，共4人中毒。

25. 南京鸭血黑作坊含多种添加剂

曝光时间：2011.11.30
地址：南京
罪魁祸首：添加剂

媒体报道，在南京六合大厂丁家山路上有一处黑作坊非法生产鸭血，无证无照，在生产过程中还添加多种不明添加剂。

26. 日本明治奶粉检测出放射性核素铯

曝光时间：2011.12.6
地点：日本
罪魁祸首：铯

2011 年 12 月 6 日，日本食品巨头明治公司公布调查结果称，该公司生产销售的“明治 STEP”奶粉中检测出最高每千克 30.8 贝克勒尔的放射性核素铯。检测出的超标物质虽未达到人体危害标准，出于安全考虑，明治计划对约 40 万罐奶粉实施免费更换。

27. 满记甜品细菌超标事件

曝光时间：2012.1.11
地点：北京
罪魁祸首：细菌

北京市食品安全办公室公示了 14 种不合格食品黑名单。其中，香港知名连锁甜品品牌“满记甜品”的一款芒果布丁，菌落总数实测值是标准值的 13 倍，大肠菌群数值也超标 3 倍多。

28. 思念汤圆创可贴事件

曝光时间：2012.2.5
地点：山东
罪魁祸首：创可贴

2012 年 2 月 5 日，山东济南网友“李小鸦”在微博爆料，称自己于当晚吃思念牌黑芝麻大汤圆时吃到创可贴。

29. 红牛添加剂事件

曝光时间：2012.2.9

地点：哈尔滨

罪魁祸首：添加剂

2012 年 2 月 9 日，哈尔滨食品药品监督部门负责人在接受当地媒体采访时表示，红牛饮料存在标注成分与国家批文严重不符、执行标准和产品不一致等一系列问题。

30. 三全馒头保质期内发霉事件

曝光时间：2012.2.10

地点：张家界

罪魁祸首：霉菌

2012 年 2 月 10 日，张家界网友称其购买的“三全奶香馒头”生产日期是 2011 年 12 月 5 日，保质期是 12 个月，馒头都有不同程度的发霉。

31. 毒胶囊事件

曝光时间：2012.4.15

地点：河北

罪魁祸首：工业明胶

2012 年 4 月 15 日，央视“每周质量报告”节目《胶囊里的秘密》曝光河北一些企业用生石灰处理皮革废料，熬制成工业明胶，卖给绍兴新昌一些企业制成药用胶囊，最终流入药品企业，进入患者腹中。由于皮革在工业加工时，要使用含铬的鞣制剂，这样制成的胶囊，往往重金属铬超标。经检测，修正药业等 9 家药厂 13 个批次药品，所用胶囊重金属铬含量超标。

32. 松香鸭事件

曝光时间：2012.4

地点：湖南

罪魁祸首：工业松香

2012 年 4 月初时，央视“焦点访谈”“东方时空”曝光湖南长沙杨家山禽畜批发市场用工业松香烟鸭毛现象。据了解工业松香内含有铅等有毒物质，对皮肤具有刺激性，可引起皮肤血疹及疱疹等症状。而工业松香在被用来加工鸭子时，通过热胀的鸭子毛孔渗入鸭子体内，并会附着在鸭嘴角、鸭翅膀等隐蔽处，人食用后会导致铅中毒，不仅损害肝肾，甚至会致癌。

33. 问题蜜饯事件

曝光时间：2012.4.25
地点：浙江
罪魁祸首：卫生差、添加剂

2012年4月25日，央视曝光了浙江余杭多家蜜饯加工厂的制作过程违规严重，生产环境差、工人随意添加添加剂、伪造检测报告、随意更改生产日期等内幕。

34. 兰州拉面含致癌物事件

曝光时间：2012.4.27
地点：重庆
罪魁祸首：蓬灰

2012年4月27日，央视财经评论员“牛刀”在腾讯转发一条微博称，所有兰州拉面馆都在使用拉面剂，拉面剂主要成分是蓬灰，这种化学物质含有大量致癌物质——砷。

35. “立顿”事件

曝光时间：2012.4
罪魁祸首：农药

2012年4月，据国际环保组织“绿色和平”的报告：“立顿”绿茶、茉莉花茶和铁观音袋泡茶，均含有被国家禁止在茶叶上使用的剧毒农药灭多威，这些农药被证明可能影响男性生育能力和胎儿健康。此外，“立顿”铁观音还有被禁用的三氯杀螨醇，而“立顿”绿茶则含有国家规定不得在茶树上使用的硫丹。

36. 台湾“毒饮料”事件

曝光时间：2012.5
地点：我国台湾
罪魁祸首：塑化剂

2012年5月下旬，我国台湾首次发现有香料公司为节省成本，在食品添加剂中违法添加致癌的“塑化剂”，供应给多家饮料制品厂。经追查发现有9种饮料遭污染。

37. 双汇肋排“蛆虫门”事件

曝光时间：2012.5.27

地点：郑州

罪魁祸首：蛆虫

2012 年 5 月 27 日，消费者刘先生发布微博称在双汇肋排中发现蛆虫。微博发布后，中国网络电视台对此事进行了报道。

38. 喜之郎果冻含工业明胶

曝光时间：2012.5.31

地点：南京

罪魁祸首：工业明胶

2012 年 5 月 31 日，有媒体报道称，国内果冻龙头企业南京生产基地果冻使用含有防腐剂的水果罐头，色香味是调的，引起各界广泛关注。

39. “蓝矾韭菜”事件

曝光时间：2012.5

地点：南京

罪魁祸首：蓝矾

2012 年 5 月，南京市民反映其购买的韭菜掉蓝色粉末，择完韭菜手指上有蓝色残留，怀疑是菜贩为了使韭菜保持鲜绿色的卖相，给韭菜喷了保鲜用的蓝矾。

40. “甲醛白菜”事件

曝光时间：2012.5

地点：山东

罪魁祸首：甲醛

2012 年 5 月，山东媒体曝光称，部分菜贩使用甲醛对长途运输的大白菜保鲜。当地记者从市场上购买了大白菜进行检测，有两份白菜样本显示含有甲醛。

41. “药袋苹果”事件

曝光时间：2012.6.2

地点：山东

罪魁祸首：退菌特、福美胂

2012 年 6 月 2 日，有记者报道，烟台红富士的主产区栖霞和招远使用药袋包裹幼果直到成熟，白色药末直接与苹果接触。药品成分是违禁的退菌特和福美胂。

42.“注胶虾”事件

曝光时间：2012.2.7
地点：天津
罪魁祸首：胶水
天津市民发现购买的大虾里面注了胶水，俗称“注胶虾”。

43. 雅培配方奶粉质量不达标

曝光时间：2012.3.22
罪魁祸首：质量不达标
CER Research（一家英国研究公司，专注中国市场及投资）发布的研究报告称雅培的配方奶粉质量远远没有达到国际标准和中国标准所能接受的最低标准，其送检样品中乳清蛋白与酪蛋白的比例很低。

44. 非法制作“酱油”事件

曝光时间：2012.5.23
地点：广东
罪魁祸首：工业盐水
广东佛山某大型调味品公司为节约成本，购置760吨工业盐水制造上万箱酱油。

45. 婴幼儿奶粉汞含量异常事件

曝光时间：2012.6.13
罪魁祸首：汞
国家质检总局发布通报称，监测结果显示，伊利集团公司所属婴幼儿乳粉生产企业的个别批次产品汞含量异常。

46. 利用地沟油制药事件

曝光时间：2012.8
地点：河南
罪魁祸首：地沟油
各大媒体爆出：健康元全资子公司——河南焦作健康元生物制品有限公司涉嫌采购地沟油制药，并用于生产制药原料。

47. 乳制品含“乳矿物盐”事件

曝光时间：2012.9
罪魁祸首：乳矿物盐
光明、蒙牛和合生元的乳制品前后出现含违禁物“乳矿物盐”。

48. 新西兰进口奶粉碘含量不达标

曝光时间：2012.10
罪魁祸首：碘含量不达标
国家质检总局公布的一批进境不合格食品通报名单中，新西兰“奥兰超级金装婴儿配方奶粉”共26吨因碘含量不符合国家标准要求而被退货。

49. 酒鬼酒塑化剂含量超标

曝光时间：2012.11.19
罪魁祸首：塑化剂
酒鬼酒被媒体曝光塑化剂含量超标高达260%，继酒鬼酒后，茅台、五粮液、泸州老窖等高档白酒纷纷陷入塑化剂丑闻。

50. “速成鸡”事件

曝光时间：2012.11.23
罪魁祸首：速成鸡
中国经济网曝光了山西粟海集团原料鸡为“速成鸡”。该集团为肯德基、麦当劳及诸多大型超市提供原料。